간추린 서양 의학사

A SHORT HISTORY OF MEDICINE

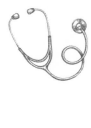

간추린 서양 의학사

서구 사회가 건강과 질병의 관점에서
몸을 이해해가는 과정

에르빈 H. 아커크네히트 지음 | 김주희 옮김

모티브북

폴 크레인필드와 찰스 로젠버그에게

이 책을 바친다.

일러두기 ────────────────────────────────────

1. 인명, 지명 등의 고유명사는 국립국어원 외래어표기법을 참고하여 국적에 맞게 표기했다.
2. 질병, 수술 등에 관한 의학 용어는 대한의사협회 의학용어집 제6판을 참고하여 표기했다.
   각 용어에 관한 띄어쓰기의 경우 의학용어집 제6판에 맞추어 모두 붙였다.
   (예: 결핵성골염, 교감신경절제, 이동실조)

차례

추천사

찰스 E. 로젠버그

    나는 에르빈 H. 아커크네히트의 《간추린 서양 의학사》 개정판을 출간할지 여부에 관한 질문을 듣고 답변하기를 주저했다. 수십 년 전 출간된 이 책은 의학사를 이해하기 쉽게 소개하는 안내서다. 폭넓은 주제를 다루지만 분량이 적어서 읽기 편하다. 그런데 의학사의 특정 시대에 도출된 성과를 유기적으로 엮는 구조, 그리고 위대한 인물들과 그들의 업적을 중심으로 구성한 줄거리는 이제 진부하지 않을까? 《간추린 서양 의학사》는 서구 사회가 건강과 질병의 관점에서 몸을 이해해온 과정을 안내한다. 짧지만 독자적인 이 책은 주제가 명료하며 이해하기 쉽다는 것이 장점이다. 게다가 내용도 수준이 무척 높다.

    동시대의 다른 의학사학자들과 달리 아커크네히트는 의학에는 치료 효율을 높이고 인체를 정밀하게 이해하도록 돕는 지식 이상의 의미가 있다고 생각했다. 시대의 흐름에 따라 나타난 인체에 대한 통찰들을 기록한 그는 의학이 인체에 대한 정확한 이해와 효과적인 의술을 합한 것보다 더욱 가치 있다는 사실을 독자에게 주지시켰다. 인간은 늘 아프고 고통과 장애를 겪으며 호의와 보살핌을 바랐다. 치료사는 그 시기에 사용할 수 있는 지적 도구를 최대한 활용하는 수밖에 없었다. 어느 시대이든 사람들은 그 시대에 알아볼 수 있는 대상만 인식할 수 있기 때문이다. 이 전문가들이 내세운 의학은 가정이나 병원 침상에서 일어나는 의료 관행과 같지 않았다. 아커크네히트는 그러한 유구한 이야기들을 독자에게 알리면서도 서양 의학사의 표준을 바꾸지는 않았으며, 복잡한 의학을 이해하는 하나의 방식을 제시했다. 다른 책들과 달리 《간추린 서양 의학사》는 의학에 관해 포괄적으로 이야기한다. 아커크네히트는 서양 의학이 지적으로 발전하자 그에 관한 임상학도 함께 진보했다는 사실을 강조하고, 그 발전의 흐름을 더욱 광범위한 문화적, 역사적, 도덕적 체계 안에서 설명하려고 노력했다. 그는 이렇게 말했다. "의사는 한낱 기술자 혹은 과학자에 불과해서는 안 된다. 인격을 갖추고 인간의 도리를 지키며 인본주의를 중시해야 한다. 무질서한 신진대사나 특정 감염병 혹은 종양이 아니라 병든 사람을 다루기 때문이다."(23쪽)

　오늘날 의사와 시민들 대부분이 의학은 의사가 연구하고 신뢰하는 대상이라 여긴다(의사는 이 의학을 바탕으로 환자에게 처방한다). 서양 의학의 역사는 기본적으로 발견과 변화를 중심으로 구성된 '진보'의 이야기다. 이 이야기는 히포크라테스에서 출발하여 갈레노스, 베살리우스, 윌리엄 하비, 토머스 시드넘, 루이 파스퇴르, 로베르트 코흐, 파울 에를리히, 그리고 빌헬름 콘라트 뢴트겐에 이른다. 역사적으로 일상적인 질병과 치유의 경험은 큰 줄기에 딸린 배경 소음으로 간주되었다. 그러한 경험이 사회사학자나 인구통계학자와는 연관이 있겠지만 주류 의학사학자와는 관련이 없었다. 아커크네히트는 책에서 의학의 권위자들과 그들의 사상을 간결하고 쉽게 설명하며 인류가 현재 의학 수준에 어떻게 도달했는지 밝히고, 한편으로는 색다른 측면에서 의학을 설명하려 했다.

이것이 아커크네히트가 《간추린 서양 의학사》를 '선사병리학'과 '원시 의학'에서 출발한 결정적인 이유다. 의학이라는 다면적 존재의 본질을 이해하는 과정에서 생물학과 문화 모두에 초점을 맞추기 위해서였다. 뼈는 기록된 문헌의 도움 없이도 우리에게 이야기를 건네지만, 무척 복잡한 이야기의 단면에 불과하다. 가령 뼈는 당시 식단에 관한 단서를 제공하지만, 당시 사람들의 믿음과 경험을 알리는 실마리는 제공하지 못한다. 사회인류학자는 문화적 믿음과 행위가 질병과 치유, 출생과 죽음에 영향을 준다고 지적한다. 그러한 의미에서 인간은 '원시'적이고, 욕구와 한계에 구속되며, 특정 시대와 장소와 문화로 구성된 틀 안에서 만들어진다. '원시 의학'이라는 용어가 시대착오적으로 보일지 모르겠다. 여기에는 역사학자 대부분이 민족지학적 자료를 무시한 시대이자 아커크네히트가 인류학을 공부한 1930년대의 사회과학적 선입견이 반영되어 있다. 아커크네히트가 보기에 모든 치료 체계는 이치에 맞는다. 어느 시대든 환자는 치료를 받으면 효험을 보았다. 학자의 임무는 과거에 치료법이 나름대로 어떻게 작동했는지, 그 치료가 해당 시대와 공간에서 환자와 가족에게 어떤 의미였는지 이해하는 것이다. 의사에게 환자가 치유되는 과정을 돕는 일은 의학 지식을 아는 일만큼 중요하다. 아커크네히트는 질병이 발생하는 주요 원인 중 하나는 심리 요인이며, 이 요인은 환자가 치유되는 과정에도 중요하다고 강조했다. 건강과 질병에 관한 이해가 깊어진 현대에도 시대를 초월하는 본질은 바뀌지 않았다.

아커크네히트가 보기에 질병은 이해하기 어렵고 정의가 모호하며 시대를 초월한다. 20세기 질병의 범주로는 과거 질병의 정의를 명확하게 추적하지 못한다. 각 사회는 다양한 기준을 적용하여 질병에 꼬리표를 붙이는데, 이는 현대 의학자들이 우울증이나 주의력결핍과다활동장애attention deficit hyperactivity disorder, ADHD를 논의하는 과정에도 드러난다. 그렇다고 해서 임상의가 제시한 다양한 질병의 특징과 정체성에 아커크네히트가 의문을 제기하고 실험실에서 직접 해답을 찾은 것은 아니다. 결핵균이 발견되자, 우리가 결핵이라 부르는 다면적 질병은 의미가 정확하게 규정되고, 강화되고, 합리화되었다. 아커크네히트는 그러한 발견의 중요성에 이의를 제기하지는 않았지만, 질병에 대한 이해가 실험실 문턱에서 멈춘다고 믿지는 않았다. 이를테면 결핵의 발병률과 사망률은 사람과 결핵균의 물리적 접촉뿐만 아니라 환경적, 경제적 요인에도 영향을 받는다고 조심스럽게 강조했다.

다른 예를 들자면 말라리아를 전파하는 매개체 모기와 말라리아 원충을 발견한 업적은 놀라운 성과였으나, 결핵균을 발견한 일이 결핵 치료법을 가져다주지 않았듯 말라리아 문제도 저절로 해결되지는 않았다. 아커크네히트는 "현재의 의학 지식은 그러한 질병을 근절할 만큼 축적되었지만, 사회 환경 때문에 질병이 영속된다"라고 설명했다(252쪽). 그가 결핵이라는 질병이 존재하며 이 질병이 특정 세균과 관련 있다는 사실을 의심한 것은 아니다. 다만 "세균이 질병의 유일한 원인은 아니었다. 세균과 숙주의 물리적 접촉을 뛰어넘는 훨씬 더 많은 요소를 고려해야 했다. 세균학에 대한 맹목적인 신뢰 탓에 수십 년간 방치되었던 사회적, 지리적, 체질적 요인을 재고해야 했다"라고 지적한 것이다(252쪽). 게다가 질병이 발생하는 과정은 환자

마다 달라서, 세균이나 대사과정의 특성으로만 환원할 수 없다.

실험실 과학의 본질은 추상적이며, 환자는 이해하기 까다로운 존재라는 사실을 아커크네히트는 잘 알았다. 그가 보기에 실험실에서 관찰하는 인체는 자연으로부터 부여받고 양육을 거치며 획득한 특성뿐만 아니라, 개인의 감정과 욕구와 인식으로 추상화된 상태다. 아커크네히트는 현대 의학에 내재한 긴장 상태, 즉 보편성과 특이성, 집단성과 개별성 간의 긴장에 관해 언급했다. 그가 역설적으로 표현했듯이 히포크라테스는 좋든 싫든 질병이 아닌 환자를 치료했다.

아커크네히트가 의학사학계에 남긴 가장 중요하고도 영원히 남을 업적은 도서관에서 병상, 병원, 그리고 실험실로 이어지는 의학의 발전사를 요약하고, 기초 생물학과 임상 관행 사이의 복잡하며 상호 의존적인 관계를 발견한 점이다. 이 같은 의학의 지적 진화 단계는 아커크네히트가 《1794~1848년 파리 병원의 의학*Medicine at the Paris Hospital, 1794-1848*》에서 다룬 주제였고, 이후 많은 의학사학자에게 영향을 주었다. 그가 제시한 의학 발전 단계의 틀은 프랑스에서 독일로, 병상에서 실험실로, 그리고 19세기 전반에서 후반까지 진보한 최신 의학을 추적하는 보편적인 방식이 되었다.

현대사회의 우리는 병원의 병동, 질병을 고치는 제품, 생물의학 연구소 실험실이 합쳐진 세계, 혹은 그런 세계를 능가하는 새로운 세계로 들어섰다. 좀 더 우아하게 표현할 용어가 따로 없으니, 우리가 사는 이 세계를 거대한 의학의 세계라고 부르자. 거대한 의학의 세계는 병원과 실험실뿐만 아니라 근거에 기반한 의학이 규정하는 공공 정책, 기업의 전략, 관료 체제로 구성된다. 여기에서 기초 및 응용 연구에서 도출된 의학적 진리가 축적된다. 이러한 세계에서 각 개인은 건강에 관한 위험 종합 분석표와 사회제도를 바탕으로 의료 행위를 선택한다. 이 때문에 일부 사회비평가는 사람들이 거대 데이터의 추상적이고 흐릿한 진실에 파묻히며, 질병분류표 코드와 분자반응으로 환원될 수 있다고 우려한다.

이 복잡한 다차원 세계는 끊임없이 변화하고 있다. 현재 인류는 몹시 불안정한 환경에서 살고 있으므로 다음 세대의 의학이 어떠한 모습일지 알아맞히는 사람은 거의 없을 것이다. 세계화와 환경 변화, 신기술과 인구 변동은 건강과 질병과 의료 관행과 예방의학을 새로운 형태로 배열할 것이다. 이 불확실한 순간에 사회적, 도덕적 세계를 이해하려면, 아커크네히트가 제시한 견해를 도구로 삼아야 한다. 역사는 개인을 더욱 거대한 구조 및 가치와 연결하고 통합해나갈 것이다. 그리고 인류가 개인이자 사회 구성원으로서 선택한 대상의 본질을 이해하도록 도울 것이다. 의학이 강력한 지적 치료 도구이긴 하지만, 단순한 기술로 치부해서는 안 된다. 의학은 사회적 관계, 개인의 성향, 그리고 현대사회의 공공 정책이 융합한 결과물이다. 아커크네히트가 밝혔듯이 역사는 우리가 내린 선택을 이해하도록 도와주고, 갈수록 발전하는 기술보다 더욱 강력한 존재는 불확실성과 겸손함임을 의료인에게 가르쳐준다. 이러한 의미에서 아커크네히트의 《간추린 서양 의학사》 개정판 출간은 참으로 시의적절하다.

머리말(1982년 판)

이 책의 개정판과 번역판이 계속 발행된다는 사실에서 알 수 있듯, 의학의 역사를 다루는 책은 여전히 수요가 있다. 1945년 미국에서 나의 첫 번째 저서 《1760~1900년 미시시피강 상류 계곡의 말라리아*Malaria in the Upper Mississippi Valley, 1760-1900*》를 출간한 존스홉킨스 대학교 출판부가 이 책의 영문 개정판도 낸다는 소식을 듣고 특히 기뻤다. 이 책의 형태가 충분히 만족스러웠기에 나는 책의 기본적인 목적과 틀을 바꾸지는 않았다. 그럼에도 특히 책의 후반부에 많은 내용을 추가하고 수정했다. 인류의 의학 및 역사 지식이 발전한 데다, 무엇보다 지난 20년간 의술이 빠르게 진화했기에 반드시 해야 하는 작업이었다. 이 얇은 책을 재발행하며, 40년 전 고독한 난민이었던 나를 받아준 미국에 감사의 마음을 전한다. 이제 미국은 나의 조국이자, 내 자녀와 손주의 조국이 되었다.

에르빈 H. 아커크네히트
스위스 취리히
1981년 7월

　오랫동안 학생들을 가르치고 의료계 종사자와 만나다 보면, 장황하고 상세한 논문을 애써서 읽지 않고서도 독자가 의학사와 친밀해질 수 있도록 돕는 간략하면서 체계적인 의학사 안내서가 필요하다는 사실을 깨닫는다. 그러한 측면에서 이 책을 의학에 관심 있는 일반인은 물론 의대생, 업무로 바쁜 의사에게도 도움이 되도록 구상했다.

　이 책에서 나는 인류가 발전시킨 의학과 과학에 얽힌 매혹적인 이야기를 20가지 항목으로 나누어 요약했다. 이 이야기는 마법과 돌칼로 질병을 퇴치하려 했던 고대 인류의 서투른 첫 시도로 시작된다. 그리고 이집트, 아시아, 미국 초기 문명에서 전개된 의학 활동, 히포크라테스부터 갈레노스에 이르는 위대한 고대의 권위자들이 남긴 업적, 침체한 중세 의학, 그리고 16세기 르네상스 의학이 이룩한 진보를 설명한다. 이후 19세기의 급속한 의학 발전에도 각별한 관심을 쏟는다. 마지막으로 미국 의학사를 소개하고, 오늘날 전 세계 학자들이 남긴 의학적 성과를 짧게 설명하며 끝을 맺는다. 사실상 이 책에서 1800년 이후는 다른 시대보다 그리 중요하지 않지만, 현대를 살아가는 독자에게는 1800년 이후의 의학사가 다른 시대와 비교할 수 없을 만큼 친근한 데다 의미도 클 것이다.

나의 목표는 과거 의학자들이 경험한 난관과 성공을 재조명하여 현재 및 미래의 의학에서도 발견되는 당혹스러운 문제에 독자가 익숙해지도록 돕는 것이다. 이러한 방식의 논의는 조심스럽게 진행해야 한다. 나는 학자 개인의 업적만을 나열하는 방식은 피하고, 발전의 거대한 흐름을 또렷하게 표현하는 데 주력했다. 그리고 주요 학자의 이름은 같은 주제를 탐구한 학자 집단의 상징으로 취급했다. 이름을 언급하지 않은 학자 가운데 일부는 이름을 거론한 학자만큼이나 의학사에 의미가 있다. 이름들만 언급하는 것은 의학 발전의 큰 흐름을 나타내는 데 별로 도움이 되지 않는다. 나는 발전의 흐름을 강조한다는 목표를 세우고, 그 목표에 부합하도록 의학의 역사와 당대 사회·문화적 배경, 학문으로서의 의학과 의료 관행, 임상의학과 예방의학 간의 균형을 합리적으로 맞추려고 노력했다.

참고 문헌 목록은 이 책의 성격과 기능만 따져서 만들었다. 내가 책을 집필하며 참고한 자료 모두가 목록에 들어가지는 않았지만, 여기 수록된 문헌은 독자가 본문을 더욱 깊이 이해할 수 있도록 도울 것이다. 대부분은 도서관에서 쉽게 열람할 수 있으며, 영어로 작성되어 있다. 나는 의학 고전서를 한 권도 읽지 않으면 의학사를 제대로 이해하지 못한다고 생각하기에, 어느 의학 고전 재판본과 번역본을 목록에 넣을지를 두고 진지하게 고민했다.

《간추린 서양 의학사》와 같은 책은 집필하면서 수많은 자료를 참고해야 하는데, 한정된 지면에 그 많은 참고 자료를 일일이 나열하기는 곤란하다. 나는 일반 의학사를 설명하는 대목에서 필딩 H. 개리슨 Fielding H. Garrison, 막스 노이부르거Max Neuburger, 샤를 다렘베르Charles

Daremberg의 저술을 폭넓게 참고했다. 요한 헤르만 바스Johann Hermann Baas, 율리우스 파겔Julius Pagel, 카를 분더리히Carl Wunderlich, 하인리히 헤저Heinrich Haeser의 저술도 도움이 되었다. 스승인 故 헨리 E. 지거리스트Henry E. Sigerist, 친구이자 동료인 오우세이 템킨Owsei Temkin과 故 조지 로젠George Rosen 덕분에 나는 여러 해 동안 배우며 성장할 수 있었다. 이외에 의학, 역사학, 인류학계에서 존경받는 수많은 동료가 내게 풍부한 정보와 영감을 주었지만 아쉽게도 모든 사람의 이름을 언급하지는 못했다. 마지막으로 이야기하지만, 누구보다 중요한 조력자는 나와 함께 세미나를 진행하고 박사학위 논문을 작성하는 제자들이다. 이 책에 기록된 오류와 오해는 모두 나의 책임이다.

의학에는 어두운 역사가 없다. 인류가 다른 분야에 남긴 역사와 비교하면 전반적으로 희망이 넘친다. 그리고 흥미로운 사건과 유용한 교훈이 가득하다. 비록 이 책에는 여러모로 한계가 있지만, 인류가 오랫동안 질병과 싸우며 걸어온 긴 여정을 연구하며 내가 느낀 감동과 열정이 독자에게 가닿기를 바란다.

에르빈 H. 아커크네히트

미국 위스콘신주 매디슨

1955년 6월

왜 의학사를 알아야 할까?

|

의학사를 연구하는 방법은 많고, 연구하는 이유도 다양하다. 누군가는 역사를 폭넓고 깊이 있게 이해하기 위해 의학사를 공부한다. 의학과 질병은 인류 역사에 크고 폭넓게 영향을 주었다. 특정 시기의 의학적 행동에는 당대의 문화가 총체적으로 투영되어 있다. 사회가 질병을 어떻게 생각하는지, 병든 사람을 어떻게 치료하는지를 알면 우리는 그 사회를 온전히 파악할 수 있다.

의학사를 공부하는 가장 일반적인 이유는 의학 자체를 이해하고, 의학의 구조와 기술, 근본 사상을 파악하고 싶어서일 것이다. 의학을 이해하려는 욕구가 의료계 종사자에게만 있는 것은 아니다. 의료 행위의 대상인 환자도 의학에 개인적으로 관심을 가진다. 그리고 오늘날에는 모든 사람이 환자나 다름없다. 우리는 이아고 걸드스턴lago Galdston(러시아 출신 정신과 전문의 겸 의학사학자-옮긴이)이 말했듯 '사망률이 질병률로 전환'된 시대를 산다. 역설적인 것은, 사람들이 과거 어느 시기보다도 자주 의학적 치료를 받고 있으나 질병과 치료의 의미는 전보다 훨씬 모호해졌다는 점이다.

과거와 현재 의료 체계의 차이점과 유사점을 살펴보면 양쪽에서 교훈을 발견할 수 있다. 과거 의료 체계는 오늘날과 크게 달랐다. 하지만 그 의료 체계가 당시에 제대로 작동하며 임무를 수행했음을 항상 기억해야 한다. 그러한 관점에서 의학사를 연구하면 의학에 대한 이해를 돕는 동시에 냉정함을 되찾아주는 효과가 있어, 수소폭탄 시대를 사는 콧대 높은 시민들이 자만심에서 조금은 벗어날 수 있도록 돕는다. 한편으로 과거 의학 체계는 이론과 기술이 낯설긴 하지만 현재와 비슷한 면도 있다. 의학이 마주한 문제는 언제나 비슷했다. 따라서 과거 의학이 어떤 방식으로 의술에 접근하여 답을 찾았는지 혹은 놓쳤는지를 분석하면 오늘날 해결책을 구하거나 적어도 문제를 이해하는 과정에 도움이 된다. 의학의 역사에는 거대한 흐름이 있다. 현재 우리에게 주어진 문제의 답은 과거에 이미 얻었던 답의 연속이라 생각하면 이해하기 편하다.

현대 의학을 이해하는 과정에 맞닥뜨리는 가장 큰 장애물은 복잡성이다. 현대에는 서로 관련 없어 보이는 세부 요소가 믿기지 않을 만큼 많다. 그러한 복잡성은 의학의 전문화로 이어졌고, 전문화는 복잡성을 더욱 강화했다. 의학사 연구는 이 방대한 세부 요소에 질서와 일관성을 부여하는 가장 좋은 도구다. 역사학에 근거하여 세부 요소들을 정리하면 현대 의학적 사고와 행동을 지배하는 근본 사상이 드러나기 시작하며, 관찰자는 그 사상을 현대에 적용할 수 있다. 의대생은 베살리우스 이후 의학의 발전에서 해부학이 어떤 역할을 했는지, 화학을 통해 의학이 얻은 성과는 무엇인지, 19세기 중반 이후 임상의학이 실험실에서 어떤 업적을 남겼는지, 물리적 치료가 자연 치유를 대체할 수 있다는 꾸준한 믿음이 의학에 어떠한 영향을 주었는지 파악해야 한다. 그러면 현대 의학의 본질적 특징과 경향을 명확하게 이해할 수 있을 것이다. 의학을 총체적으로 제시하는 유일한 학문인 의학사는, 의학자들이 줄곧 불평해왔으나 피할 수는 없었던 의학의 전문화에서 생겨난 부정적 사고방식을 바로잡는 값진 수단이다.

의학자는 대개 발생학으로 유기체를 분석하고, 병력으로 환자 상태를 판단하는 데 익숙하다. 그런데 의학자와 그를 따르는 비전문가들은 역사적 관점에서 의학 기술을 이해하기를 쉽게 포기하곤 한다. 그러한 까닭에 유용한 기술과 사상이 모두 근래에 발명되었으며, 여러 중대한 문제는 조금만 시간이 흐르면 완전히 해결되리라고 잘못 생각한다. 의학사를 제대로 몰라서 발생하는 문제는 '기적의 약'이나 '기적의 수술'과 같은 표현이 끊임없이 등장하는 현실에도 반영되어 있다. 이러한 현실은 현대의 수많은 사람이 석기시대나 중세의 선조들처럼 본인이 마법의 세계에서 산다고 믿는다는 사실을 보여준다. 역사적 관점에서 볼 때, 의학은 초자연적 요소를 상실해왔다. 그리고 여전히 복잡하고 흥미롭긴 하지만 이해할 수 있는 현상이 되었다.

의학사는 이따금 '낡은 이론'을 다룬다고 비난당한다. 이러한 비난은 현대 의학이 과거만큼 뚜렷하지는 않지만 과거의 특정 철학적 가정과 과학 이론에 여전히 의존한다는 사실을 간과한 결과다. 현대 이론은 미래의 '과거 이론'이 될 것이다. 현대인들도 과거의 선조들처럼 당대에 알아볼 수 있는 것만 인식할 수 있다. 근본적으로 새로운 대상을 살피려면 새로운 시각이 준비되어야 한다. 따라서 좋든 싫든 의학사의 가장 가치 있는 특성은 어느 시대에 어느 이론이 중요한 역할을 했는지를 아는 것이다. 요즘도 환자 가운데 상당수가 석기시대, 고대 그리스 시대, 파라켈수스Paracelsus 혹은 스코틀랜드인 존 브라운John Brown 시대로 거슬러 올라가야 만날 수 있는 다양한 의학적 믿음에 집착하고 있다는 점을 감안하면, 의사도 오래된 이론에 관한 지식이 있으면 특히 유리하다. 게다가 상대적으로 중요하지만 알아내기 어려운 지식은 과거 의사들이 이미 밝혀낸 것이다. 이론과 실제는 때때로 상당히 다르다.

의학사 공부는 단순한 '두뇌 훈련'을 뛰어넘는 의미가 있다. 임상 관찰과 치료, 특히 질병의 역사를 알맞게 활용하면 새로운 통찰에 필요한 자료를 얻을 수 있다. 그러므로 의학사는 당장 유용한 요소가 없더라도 공부할 가치가 있다. 과학적 의학은 당장 유용하지 않은 분야라 하더라도 연구를 장려해야 발전할 수 있다. 최근 몇 년 동안 미국에서 의학이 급속도로 성장한 시기는, 당장 유망하지는 않은 분야라도 의학 교육 과정에 도입한 시점과 거의 일치한다. 반면 '유익'한 세부 분야가 순식간에 쓸모를 잃어 교육 과정에서 사라지기도 했다.

우리는 질병이 개인이 겪는 생리적, 심리적 붕괴를 뛰어넘는다는 점을 유념해야 한다. 강력한 사회 요인은 사람이 병에 걸리거나 걸리지 않게 하고, 병에 걸린 사람이 치료를 받고 얻는 결과를 결정한다. 의사가 본인 직업이 사회의 일부이자 산물이며 종교, 철학, 경제, 정치, 그리고 인류의 모든 문화와 항상 밀접하게 얽혀 있다는 사실을 일찍부터 깨닫기는 힘들다. 의사가 받는 교육, 사회에서 획득한 지위, 벌어들이는 수입, 직업적 전문화는 사회의 취향과 결정에 달렸다. 다른 의학 분야와는 다르게 의학사는 그러한 의학의 비과학적인 사회적 배경을 깨닫게 하고, 건강과 질병의 문제를 온전히 이해하지 못하도록 막는 사회 요인에 눈뜨게 한다.

의학은 과학일 뿐만 아니라 기술이기도 하다. 과학은 주로 분석적이고, 기술은 종합적이다. 의학은 우리가 아무리 더 과학적으로 바꾸고 그 과학적 내용을 통달하려 노력한다 해도, 계속해서 기술로 남을 것이다. 의학은 비인격적인 원자, 원소, 열대 식물, 본능 기제를 지닌 동물이 아니라 '영혼'과 '자유의지'를 가진 인간을 다룬다. 그러므로 의사는 한낱 기술자 혹은 과학자에 불과해서는 안 된다. 인격을 갖추고 인간의 도리를 지키며 인본주의를 중시해야 한다. 무질서한 신진대사나 특정 감염병이나 종양이 아니라 병든 사람을 다루기 때문이다. 디기탈리스digitalis나 항생제의 효능조차도 의사와 환자 사이에 형성된 인간관계에 부분적으로 의존할 것이며, 의사들의 진료의 50~70퍼센트를 차지할 '정신신체psychosomatic'적 질병 치료에 그러한 인간관계가 중요함은 더 말할 것도 없다.

이 같은 의사의 역할에 과학은 지금까지 거의 도움이 되지 못했다. 기술 교육은 사실상 그와 반대 방향으로 나아갔다. 의사들이 실험용 동물을 다룬 경험을 인간에게도 그대로 드러내도록 내버려두었다. 그 결과 과학의 추상적인 관념이 인간 본성에 관한 지식을 대체했다. 일상적인 진료에서 시행착오를 겪으며 지식을 습득할 수도 있지만, 이 방식은 시간과 비용이 많이 든다. 의학사는 인간을 강점과 약점이 어우러진 다채로운 결과물로 규정하고 균형 있는 관점에서 의학을 보여주기에, 시행착오 기간을 줄이는 데 도움이 된다. 의학사학 수업에서 다루는 인간 역사와 행동에 관한 일반 지식의 단면조차도 때로는 의사들에게 절실히 필요한 인간 본성에 관한 깊은 깨달음을 던지며 이해의 폭을 넓혀준다.

의학 교육은 미래의 의사가 도덕적, 윤리적 가치를 인식해야 완성된다. 의사도 결국 인간이고 본인과 가족을 위해 괜찮은 삶을 살 권리가 있기에, 의사직을 수행하는 동안 희생과 정당한 이익 사이에서 건전한 균형을 찾아야 했다. 그런데 돈과 인기를 얻으려면 의사로서의 수준을 낮춰야 한다는 압력과 유혹을 수없이 많이 접한다. 그러한 경우에도 의학사는 값진 역할을 해내는데, 이 역할은 지식을 전달하는 역할 다음으로 중요하다. 히포크라테스Hippocrates의 가르침과 앙브루아즈 파레Ambroise Paré, 조지프 리스터Joseph Lister, 루이 파스퇴르Louis Pasteur, 윌리엄 오슬러William Osler 같은 인물의 삶을 깊이 이해하면, 그들에게서 끊임없이 흘러나오는 도덕적 힘의 원천을 발견할 것이다.

의학사에 대한 지식이 없어도 유능한 의사가 될 수 있다. 하지만 의학사에 정통하면 더 좋은 의사가 될 수 있다. 윌리엄 오슬러, 윌리엄 S. 할스테드William S. Halsted, 윌리엄 H. 웰치William H. Welch, 하비 쿠싱Harvey Cushing, 가브리엘 앙드랄Gabriel Andral, 루돌프 피르호Rudolf Virchow, 카를 분더리히, 클로드 베르나르Claude Bernard, 장 마르탱 샤르코Jean Martin Charcot, 루이 파스퇴르Louis Pasteur, 찰스 셰링턴Charles Sherrington, 한스 진서Hans Zinsser, 샤를 리셰Charles Richet, 프리드리히 뢰플러Friedrich Loeffler, 에밀 베링Emil Behring, 페르디난트 자워브루흐Ferdinand Sauerbruch 등 지난 1백 년간 등장한 위대한 의사들 가운데 상당수가 의학사에 관심이 많았으며 의학사를 주제로 탁월한 저술을 남긴 것은 우연이 아니다.

의학사를 탐구하면 모든 사람이 보람을 느낄 수 있지만, 그중에서도 의대생이 가장 많은 이득을 얻을 것이다. 의학사는 의사와 환자에게 고통을 안기는 시행착오 기간을 대폭 줄일 것이다. 그리고 의료계에서 어떤 식으로 의약품과 기기가 등장했다가 사라졌는지, 현실에서 암시suggestion가 환자 치유에 얼마나 자주 효과를 발휘했는지, 오늘날 유용한 의학적 요소를 더욱 유용한 요소가 얼마나 빠르게 대체했는지, 그리고 비이성적 접근, 반쪽짜리 진실, 순수한 경험에서 출발하여 긍정적인 성과를 얻은 사례가 얼마나 많은지를 진료하면서 스스로 깨닫기에 훨씬 앞서 가르쳐줄 것이다. 오늘의 진실이 내일의 오류가 되는 현장을 목격한 사람은 더욱 독자적이며 비판적인 태도를 갖출 것이고, 새로운 진리를 받아들일 준비를 잘해낼 것이다. 어느 시대에나 의료계의 많은 사람이 비이성적인 보수주의를 받아들이는 동시에 비합리적으로 최신 유행에 몰두하면서 기이한 혼합물을 창출했다는 사실을 감안하면 이는 무엇보다도 중요한 일이다. 의술과 과학의 더디고 고통스러운 성장 과정에 동참하는 사람, 의학자들이 그간 얼마나 많은 업적을 달성했으며 앞으로 얼마나 많은 성과를 도출해야 하는지 아는 사람, 지금은 당연하게 여기는 지식을 쌓는 데 수백 년 내지 수천 년이 걸렸다는 사실을 아는 사람만이 균형 잡힌 시각으로 과학을 인식할 수 있다. 또한 의학계에서 아마도 가장 오래된 직업인 의사로 활동하면서 올바른 자부심을 느끼는 한편 겸손해질 수 있다.

1장

선사병리학과
선사 의학

역사상 최초로 인류가 의학의 역사를 기록한 문서는 고대 이집트의 파피루스다. 작성 시기를 따지면 4천 년 전이다. 하지만 문자가 발명되기 전의 수백만 년간 어떠한 일이 있었는지 알아내는 방법이 있다. 이 방법은 선사학자와 고생물학자, 그리고 질병과 치료법의 기원을 연구하는 의학사학자가 사용한다. 의학사학자는 치아와 뼈(화석일 때도 있음), 미라, 선사시대 예술품을 연구한다. 그리고 전염병이 신체에 일으키는 면역반응을 살펴보기도 하는데, 전염병의 기원과 연대에 관한 단서를 어느 정도 확보할 수 있기 때문이다. 물론 이렇게 얻는 단서는 매우 단편적이다. 뼈의 변화만 관찰해서는 연조직과 기관에 생기는 수많은 질병을 포착하지 못한다. 게다가 부식되거나, 고대사회의 일반적인 장례 방식이었던 화장을 거치고 나면 뼈는 거의 남지 않는다. 그럼에도 뼈에 일어나는 많은 변화를 관찰하면 몇 가지를 해석할 수 있다. 이처럼 선사시대 유물과 고생물학적 근거를 바탕으로 질병을 연구하는 학문을 선사병리학paleopathology이라 한다.

풀리지 않은 의문점이 있긴 하지만, 선사병리학이 들려주는 이야기는 한결같다. 거의 모든 문화권에서 전해져 내려오는 옛이야기에 따르면 먼 과거에 아름답고 행복하며 질병이 없는 시절이 있었다고 하지만, 질병은 아주 오래전에 탄생했고 인류보다 먼저 세상에 등장했으며 사실상 지구 생명체만큼 나이를 먹었다. 또 질병은 수백만 년간 근본적으로 같은 형태를 유지해왔다.

5억 년 전에 형성된 지층에서 오늘날의 그람양성구균micrococci과 비슷한 세균 화석이 발견된다. 그 세균이 병원균이었는지 판단하기란 당연히 불가능하다. 샤를 니콜Charles Nicolle은 지구에 처음 등장한 병원균으로 내생포자 형성(필수 영양분이 고갈되면 내생포자를 형성하여 휴면 상태에 들어가는 특성-옮긴이) 그람양성균을 꼽았다(그람양성균이라는 명칭은 그람염색법으로 처리하면 색을 띠는 특성에서 유래함). 그리고 다음으로는 내생포자 비형성 그람양성균, 그다음으로는 그람음성균이 등장했다고 보았다. 또한 고도의 기생력과 분화력을 지닌 바이러스가 병원성 유기체 중에서 최후에 등장했을 것으로 추정했다.

3억 5천만 년 전 고생대에 살았던 조개 화석에는 다른 기생 생물과 외상이 유발한 형태 변형이 남아 있다. 2억 년 전에 살았던 대형 파충류의 뼈에서는 질병을 앓았던 흔적이 발견된다. 이 시기 공룡과 수생 파충류와 악어는 골절fracture을 자주 당했는데, 부러진 뼈는 대부분 그럭저럭 저절로 치유되었다. 술을 마시지도, 담배를 피우지도, 현대 문명의 불균형한 식단을 따르지도 않았지만, 당시 파충류는 오늘날 의료계에서 주요 질병으로 분류하는 만성 관절염arthritis의 징후를 보인다. 골수염osteomyelitis, 골골막염osteoperiostitis 같은 염증성 뼈 질환은 물론 양성종양(골종osteoma, 혈관종hemangioma)과 충치도 관찰된다.

파충류 화석은 상당수가 활모양강직opisthotonos(척추가 활처럼 과도하게 젖혀짐)이 일어난 형태로 발견된다. 활모양강직은 뇌척수막염의 징후이므로, 이들 파충류가 앞에서 언급한 병원균에 감염되어 죽었다고 가설을 세우는 건 적절하지 않다.

6천만 년 전에는 포유류가 번성했다. 포유류 화석도 대형 파충류 화석과 근본적으로 같은 병리학적 징후를 보인다. 이들에서도 골절, 골관절염osteoarthritis, 감염성 뼈 질환, 종양 등이 발견된다. 선사병리학 연구에 최초로 쓰인 홍적세Pleistocene epoch의 동굴곰 뼈에는 관절염 징후가 뚜렷하다. 그런 까닭에 선사시대 동물에서 발견되는 그 질병을 '동굴통풍cave gout'이라고 부른다. 하지만 동굴통풍이라는 명칭은 이치에 맞지 않는데, 골관절염은 습한 동굴뿐만 아니라 덥고 건조한 지역에 사는 사람과 동물도 앓기 때문이다. 동굴통풍을 처음으로 설명한 독일 병리학자 루돌프 피르호Rudolf Virchow는 동굴곰 정강이뼈에서 발견되는 흔적이 콜럼버스의 발견 이전 시대에 살았던 아메리카 원주민의 뼈에서 나타나는 매독syphilis의 흔적과 똑같은 경우도 종종 있다는 사실을 강조했다.

선사시대의 생물 대부분이 멸종되었다는 사실을 알면, 기후변화나 알려지지 않은 다른 요인보다 질병이 주요 원인일지도 모른다는 의문이 떠오르게 된다. 그러나 앞에서 설명한 뼈 질환만으로는 질병이 멸종의 원인이라고 단언하기 힘들다. 그런 만성질환은 동물에게 고통을 안기는 골칫거리였겠지만 치명적이지는 않았다. 어쩌면 뼈 질환이 아닌 다른 질병으로 동물이 멸종했는지도 모른다. 미국의 제3기층에서 발견되었고 체체파리tsetse와 형태가 유사한 파리 화석을 통해서도 유추할 수 있다. 아프리카에 분포하는 체체파리는 인간과 소에게 치명적인 기생충 감염증인 파동편모충증trypanosomiasis을 전파한다.

생물은 질병이 빈번하게 창궐해도 생존할 수 있다. 이 가설은 찰스 다윈Charles Darwin의 주장과 정면으로 배치되지만, 현대 야생동물에 대한 연구가 뒷받침한다. 특히 말레이시아에서 긴팔원숭이 군집을 몰살하고 해부한 아돌프 슐츠Adolph Schultz의 연구가 눈여겨볼 만하다. 슐츠는 긴팔원숭이가 높은 비율로 골절(대부분 잘 치유됨), 관절염, 골염osteitis을 앓았을 뿐만 아니라 90퍼센트는 사상충증filariasis, 10퍼센트는 말라리아malaria, 40퍼센트는 일종의 파동편모충증에 걸렸다는 것을 알아냈다. 그리고 결핵성골염caries, 부비동염sinusitis, 탈장hernia, 잠복고환cryptorchism(고환이 내려오지 않음), 척추갈림증spina bifida 징후도 발견했다. 인간과 긴팔원숭이의 관계에 비추어볼 때, 우리 선조들도 비슷한 질병을 앓았을 가능성이 있다.

약 50만 년 전 등장한 초기 인류에서도 질병의 흔적이 발견된다. 1891년 외젠 F. 뒤부아Eugène F. Dubois가 자바섬에서 발굴한 뒤 수십 년간 가장 오래된 초기 인류로 알려졌던 피테칸트로푸스Pithecanthropus는 넓적다리뼈에 뼈돌출증exostosis(뼈 성장 이상) 흔적이 크게 남아 있다. 피테칸트로푸스 이후 등장한 초기 인류 네안데르탈인 화석은 유럽과 아프리카와 근동에서 발굴되는데, 관절염과 농양을 잃은 흔적이 또렷하게 관찰된다. 구석기시대(기원전 2만 5000년) 유물로서 '비너스'라는 모순된 이름으로 불리는 뚱뚱한 여인 조각상들 역시 병리학적 징후를 드러내는 것인지도 모른다.

뼈 상태로 미루어볼 때, 현생 인류는 신석기시대(기원전 1만 년)에 유럽을 떠도는 동안 외상, 관절염, 부비동염, 종양, 척추갈림증, 선천고관절탈구congenital dislocation of hip로 고통받았다. 독일에서 발굴된 신석기시대 유골에는 척추결핵(포트병Pott's disease)을 앓은 흔적이 있다. 스칸디나비아와 영국에서 발굴된 신석기 유골에서는 각각 구루병ricket과 회색질척수염poliomyelitis 징후가 나타났으나, 두 사례 모두 논란의 여지가 있다.

선사병리학적 증거가 가장 방대하게 발견된 지역은 뼈와 더불어 미라도 연구할 수 있는 이집트다. 아르망 루페르Armand Ruffer, 그래프턴 앨리엇 스미스Grafton Elliot Smith, 우드 존스Wood Jones 등의 학자들이 집념을 발휘해 미라 3만 6천여 구를 조사했다. 이집트 유골들도 앞에서 언급한 내용과 비슷한 이야기를 들려준다. 기원전 4000년의 뼈에는 관절염 흔적이 남아 있다. 기원전 3400년의 유골에는 회색질척수염, 기원전 2700년의 고관절과 기원전 2000년의 척추에는 결핵tuberculosis을 앓은 징후가 있다. 여러 유골에서 대부분 잘 치유된 골절 흔적이 발견되며, 염증(꼭지돌기염mastoiditis)과 종양(골종, 골육종osteosarcoma)과 내반족club foot이 발병했던 증거도 자주 나타난다. 이러한 질병들은 당시 예술 작품에도 반영되어 회색질척수염, 내반족, 포트병, 연골발육부전왜소증achondroplastic dwarfism으로 고통받는 사람들이 묘사되었다. 이집트인들의 유골에는 매독이나 구루병의 흔적은 남아 있지 않다. 악성 골종양의 징후는 기원전 4000년과 기원전 3000년의 두개골에서 보인다. 반면 현대 유럽인에게 거의 발병하지 않는 두개골 골다공증(골절을 입을 가능성이 큰 상태)은 흔히 발견된다.

미라에서 조직을 떼어내 분석하면 질병을 바라보는 시야가 넓어질 뿐만 아니라, 뼈만 연구해서는 밝힐 수 없는 과거의 병리학도 명확히 알 수 있다. 이집트 미라에서는 폐렴pneumonia, 가슴막염pleurisy, 신장결석kidney stone, 담낭결석gallstone, 충수염appendicitis과 더불어 심각하게 진행된 동맥경화증arteriosclerosis도 나타난다. 오늘날에도 이집트에 만연한 주혈흡충증schistosomiasis은 3천 년 된 신장에서도 발견된다. 일부 미라에서 발견되는 피부 병터skin lesion는 어쩌면 중세 시대에 처음 나타난 질병으로 알려진 천연두smallpox(기원전 1100)의 흔적인지도 모른다. 자궁 및 내장 탈출증, 출산 사고의 후유증 흔적도 이집트 미라에 남아 있다.

아메리카 대륙도 상황이 비슷하다. 이 지역에서는 페루 원주민 유골이 가장 많이 발견된다. 이 유골들에서 관절염, 부비동염, 골종양(골육종과 다발골수종multiple myeloma), 골다공증의 징후가 나온다. 근래에 안토니오 레케나Antonio Requena와 윌리엄 리치William Ritchie가 발견한 증거로 볼 때, 콜럼버스 이전 시대부터 아메리카 원주민은 척추결핵을 앓았던 게 분명하다. 콜럼버스 이전 시대의 수많은 아메리카 원주민의 유골에서 발견된 병변은 매독의 흔적인 듯하다. 콜럼버스 이전 시대부터 구대륙(아시아, 유럽, 아프리카와 주변 섬 지역-옮긴이)에도 매독이 존재했음을 뒷받침하는 선사병리학적 증거가 나온다. 그럼에도 아메리카 원주민 유골에는 원인을 알 수 없는 골염의 흔적이 있다고 해석하는 편이 훨씬 현명하고 사실에 가깝다. 현재 기술로는 이보다 더 확실한 결론을 내리기 힘들다.

페루 미라에도 이집트 미라처럼 동맥경화증을 앓은 흔적이 있다. 선사시대 북아메리카 원주민 문화권, 다른 말로 바스켓메이커 Basketmaker 문화권 미라에서는 기관지폐렴bronchopneumonia, 규폐증 silicosis 징후가 발견된다. 관절염은 지역과 상관없이 널리 퍼져 있었으나 생물의 종種과 속屬, 인종, 문명에 따라 양상이 다르다. 문명마다 질병 양상이 다르다는 측면에서 선사병리학 자료는 개인뿐만 아니라 사회를 연구할 때도 귀중하게 쓰인다.

초기 인류의 병리학은 이쯤에서 마무리하겠다. 초기 인류의 의학에 관한 문제를 제기할 때면, 그것을 뒷받침하는 증거가 불충분함을 인정할 수밖에 없다. 과거에 선사 의학paleomedicine(여기서 선사 의학이란 초기 인류의 의학을 뜻하며, 현대 원시 부족의 원시 의학primitive medicine과 구별해서 씀)과 밀접하다고 해석되었던 여러 유물은 실제로는 아무런 의학적 의미가 없다. 이를테면 동굴 벽화에 묘사된 손가락이 잘려나간 손은 아마도 종교의식의 결과일 것이다. 선사시대에 주술 치료사medicine man가 소지한 물품으로 알려진 지휘봉은 현대 이누이트도 평범하게 쓰는 화살촉깎이로 활용된 듯하다. 선사시대 유골에 나타난 잘 치유된 골절의 흔적도 당시에 노련한 접골사가 있었음을 증명하지는 못한다. 아돌프 슐츠가 주도한 긴팔원숭이 연구에서도 골절이 잘 치유된 사례가 빈번하게 발견되었기 때문이다. 선사시대에도 의료 행위가 있었음을 분명히 드러내는 증거는 단 하나뿐이다. 그 증거는 원형절제trepanation(두개골에 구멍을 뚫는 수술-옮긴이) 흔적이 남은 신석기시대 두개골로, 유럽 전역에서 발견된다. 그러한 두개골은 페루에서도 발견되는데 가장 오래된 두개골이 2천 년 정도 된 듯

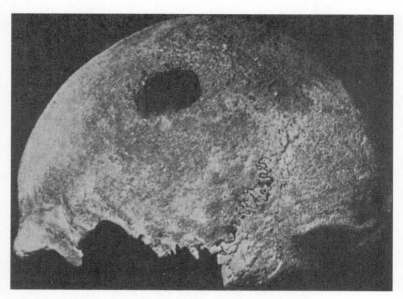

그림 1 원형절제의 흔적이 남은 신석기시대 두개골

하다. 1870년대에 원형절제 흔적이 있는 두개골을 처음 발견하고 그 흔적이 무엇을 의미하는지 해석한 연구자들은, 현대 외과 의사조차 두려워하는 수술을 초기 인류가 투박한 돌칼로 성공했다는 것을 믿지 못했다. 원형절제 흔적 가운데 일부는 기형이나 외상, 인위적인 손상에서 비롯했을 수도 있다. 그러나 원형절제 흔적이 남은 두개골이 계속 발굴되어 수가 늘어나고, 현대 원시 부족도 같은 방식으로 원형절제를 한다는 사실이 밝혀지자, 실제 신석기시대의 인류가 이 수술을 널리 성공적으로 해냈다는 결론을 피할 수는 없었다.

　석기시대 인류에게 이 위험한 원형절제가 어떠한 의미였는지는 여전히 수수께끼다. 원형절제와 그 흔적이 남은 두개골을 처음으로 연구한 프랑스의 위대한 외과 의사 겸 인류학자 폴 브로카Paul Broca는 그러한 행위가 주로 질병을 향한 초자연적 믿음에서 출발한다고 보았다. 그리고 두통이나 간질을 일으키는 악령을 몸 밖으로 내보내기 위해 두개골에 구멍을 뚫었다고 추정했다. 이 가설은 원형절제로 도려낸 원반 모양 뼛조각을 당시 사람들이 부적으로 썼다는 사실이 뒷받침한다. 하지만 브로카의 가설을 반박한 후대 연구자들은 원형절제에 실용적인 목적이 있었다고 주장했다. 오스트리아 인류학자 도미닉 뵐펠Dominik Woelfel은 두개골에 골절을 일으키는 무기가 쓰인 지역에서 원형절제가 이루어졌음을 발견했다. 그는 당시 사람들이 머리의 상처에서 뼛조각을 제거하고 두개골 압력을 낮추기 위해 원형절제를 했다고 추정했다. 뵐펠은 현대 원시 부족의 원형절제를 관찰해 의문을 풀려고 했지만, 끝내 답을 찾지 못했다. 초자연적 믿음과 현실적 목적이 동시에 발견되었기 때문이다. 주목해야 하는 건, 현대 원시 부족들이 폐쇄적인 환경에서 원형절제를 해왔다는 점이다. 게다가 이 부족민들의 원형절제는 솜씨가 형편없었다. 안데스산맥 고지대에 사는 부족은 원형절제를 철저히 비밀에 부치기도 했다. 이러한 정황은 원형절제에 초자연적 목적이 있다고 주장하는 브로카의 가설을 뒷받침한다.

2장

원시
의학

앞에서 보았듯 인류 역사 초기에 의학이 존재했는지를 보여주는 직접적인 증거는 거의 남아 있지 않다. 하지만 당시 의학에 관한 문제를 제대로 인식하고 신중하게 접근한다면, 까마득한 과거에 존재한 의학의 본질을 넌지시 가르쳐줄 간접 증거는 몇 가지 있다. 증거들은 현대 원시 부족의 의학, 이른바 원시 의학에서 발견된다. 그런데 현대 원시 부족 중에서 7천~8천 년 전의 의료 행위를 정확하게 설명할 수 있는 부족은 없으므로 원시 의학은 조심스럽게 논의해야 한다. 현대의 원시사회가 근본적으로 석기시대 수준에 머무르는 것은 사실이다. 그러나 기술과 이념, 사회조직이 크게 발전하지 못했다고 해서 그 사회가 늘 그 상태로 머물러 있었다고 단정하면 안 된다. 현대의 원시 부족사회는 역사를 기록으로 남기지는 않았지만, 우리 문화가 발생한 문명처럼 오랜 세월 동안 변화해왔다. 원시사회의 변화 속도는 폭발적으로 발전한 문명사회와 비교해 매우 느리다. 따라서 다른 분야처럼 의학 분야에도 선사시대 선조가 남긴 독특한 유산이 현대 원시사회에 고스란히 남아 있다고 추정할 수 있다.

원시 의학은 의학 역사를 통찰하려는 목적으로만 연구해도 유익할 것이다. 하지만 원시 의학에도 무척 중요한 의미가 있다. 현대 의학과 비교하면 엄연히 다르지만, 원시 의학도 의료 체계로서 충분히 제 역할을 한다는 흥미로운 특성이 있다. 이번 장에서는 그러한 기능적 관점에서 원시 의학을 분석할 것이다.

원시 의학을 파악하는 가장 적합한 방법은 특정한 현대 원시사회에서 실제로 적용되는 전형적인 의학적 치료법을 관찰하는 것이다. 아파치족 한 사람이 병에 걸렸다고 치자. 아파치족 환자와 가족은 현대인과 비슷하게 대응한다. 처음에는 환자가 느끼는 '가벼운 질환'의 원인과 특징을 깊이 고민하지 않는다. 아파치족 환자는 휴식을 취하고 가정에서 간단히 치료한다. 그렇게 대처해도 별다른 차도가 없으면 비로소 '질병'에 대해 고심한다. 여기서 질병에 대응하는 치료 방식은 두 갈래로 나뉜다. 환자는 동물의 영혼, 유령, 마법사 같은 초자연적 주체가 질병을 일으켰다고 생각한다. 따라서 과학적으로 치료하는 의사가 아닌 주술 치료사나 마법사를 부른다. 그런데 아무 주술 치료사나 부르지는 않는다. 자기 질병의 원인으로 예상하는 초자연적 주체를 상대로 특별한 힘을 발휘하는 주술 치료 전문가를 부른다.

환자의 가족과 친구들, 그리고 주술 치료사는 환자 병상에 모여 4일 밤낮으로 의식을 치른다. 의식은 기도하기, 마법 주문 읊기, 북치기, 꽃가루나 깃털 혹은 터키석 같은 신성한 물건으로 환자 문지르기 등으로 구성된다. 주술 치료사는 환자가 지난날을 회상하며 부족이 규정한 종교적, 사회적 규칙을 위반한 적 있는지 고백하도록 유도함으로써 과거 병력을 알아낸다. 그러면 주술 치료사에게 깃든 수호령이나 초자연적 힘이 환자의 질병을 진단하고 원인을 밝히며 적절한 치료법을 계시한다. 아파치족 환자가 마법사에게 제물로 바쳐진 경우라면, 주술 치료사는 뼛조각이나 결석처럼 병을 일으키는 '화살'을 환자의 몸에서 빨아낸다. 어떤 경우는 그보다 간단하게 치료한다. 환자에게 약을 처방하거나 마법이 깃든 부적을 주고, 그림자가 환자 몸에 드리워지거나 특정 음식물을 섭취하는 것을 금지한다. 즉, 환자에게 금기 사항을 제시한다.

모든 원시사회가 질병의 원인을 엇비슷하게 생각한다. 그러한 생각을 주술-종교적 관념 혹은 초자연주의적 관념이라고 부른다. 원시사회는 금기를 위반하여 분노한 유령, 영혼 또는 신이 갖가지 질병을 발생시킨다고 여긴다. 혹은 초자연적인 힘을 지닌 인간 마법사가 질병을 일으킨다고도 생각한다. 그러한 마법사는 병을 퍼뜨리는 임무를 맡았거나, 단순히 환자나 환자 가족에 불만을 품고 질병을 일으킬 수 있다.

초자연적인 힘은 환자 몸에 이물질을 넣거나 악령을 불어넣어 질병을 유발한다. 이 때문에 원시 부족은 주사를 두려워한다. 어느 원시 부족은 하나의 신체에 여러 개의 영혼이 깃든다고 믿는데, 영혼들 가운데 하나가 사라지면 질병에 걸린다고 생각한다. 질병의 원인을 초자연적으로 해석하는 사람들은 교육 수준이 낮은 미국인 계층이나 다른 문명국의 고립된 지역에도 있다. 자신의 질병을 마법 탓으로 돌리는 환자가 모두 편집병paranoia을 앓는 것은 아니다. 이들은 다만 자기 주변에서는 질병을 아직도 초자연적으로 해석한다는 점을 드러낼 뿐이다.

논리적으로 따지면, 초자연적 주체가 일으킨 질병은 초자연적 방식만으로 진단할 수 있다. 그래서 원시사회는 오랜 시간에 걸쳐 만들어진 다양한 방식으로 점을 쳐서 병을 진단했다. 점을 치는 방식은 수정 구슬 응시하기, 뼈 던지기(카드놀이의 기원으로, 본래 카드는 점을 치는 데 쓰였음), 주술 치료사의 도움을 받아 환각에 빠지기 등이 있다.

당연히 치료 방식도 초자연적이다. 질병을 일으키며 눈에 보이지 않는 이물질은 건식부항dry cupping으로 빨아내 제거해야 한다. 주문을 외고, 약을 먹거나 몸에 바르면 마법의 힘이 작용하여 부항 치료 효과가 강해진다. 이 약 중에서 몇 가지는 다행히도 실제 효능이 있다. 환자 몸에 침투한 악령은 주술-종교적인 주문을 읊고 시끄러운 소리를 내거나, 때로는 환자를 때리고 피를 흘리게 하면 몸 밖으로 빠져나온다. 그러면 주술 치료사는 스스로 혼수상태에 빠져 자기 몸으로부터 영혼을 분리하고, 그 영혼을 조종해 환자 몸 밖으로 나온 악령을 붙잡는다. 환자가 금기 사항을 위반했다면 저지른 죄를 고백하고, 제물을 바치고, 일부러 구토나 설사를 하고, 목욕하거나 특별한 음식을 먹는 등 영혼 정화 의식을 치르도록 하여 수호령을 달랜다. 이러한 과정은 환자의 심리에도 도움이 된다. 이처럼 환자의 신체와 정신을 치료하는 모든 방법에는 주술-종교적 의식의 요소가 내재하며 그 중심에 마법 주문이 있다. 가장 오래된 게르만어 문서가 사람과 동물의 출혈과 골절을 예방하는 주문이 적힌 메르제부르크 Merseburg 주술서인 것은 우연이 아니다.

원시 의학이 내세우는 질병 예방법은 이런 초자연적 특성 탓에 인정받지 못할 때가 많다. 하지만 할례 같은 신체 훼손, 제례 의식에 등장하는 보디페인팅, 부적 등 모두는 분명히 질병을 예방하기 위한 조치다. 의식 절차에 따라 신체에 내는 흉터는 실제로 천연두에 걸리거나 뱀에 물릴 경우를 대비한 예방접종이기도 하다. 비록 목적은 현대인과 다르지만, 원시 부족은 대개 위생적으로 배설물을 처리한다. 이들이 배설물을 처리하여 숨기는 이유는, 마법사가 배설물을 몰래 사용해 배설한 사람에게 마법을 걸지 모른다는 두려움 때문이다. 잘려나간 손톱과 머리카락, 그 외에 떨어져 나온 신체 일부분도 마법을 거는 데 쓰인다.

원시 의학의 기본 특성인 초자연성은 원시사회와 현대사회의 의학적 접근 방식을 구별하는 근본적인 차이다. 현대인의 눈에는 원시 의학이 기이해 보이겠지만, 인류가 출현한 이후 대체로 자연법칙보다는 초자연적 힘을 믿었다는 점에서 원시 의학 연구는 단순한 흥밋거리가 아닌 반드시 탐구해야 하는 주제다.

원시 부족이 이처럼 초자연적인 데다 비현실적인 설명과 치료법에 의존하는 이유가 궁금하다면, 질병은 현대인보다 원시 부족에게 훨씬 절박한 문제라는 사실을 깨달아야 한다. 질병의 압박에 시달리다 보면 원시 부족은 가장 그럴듯한 해석에 기대게 된다. 그 해석에 따르면, 다른 동물과 달리 출생 이후 수년간 외부에 의존해야 하는 존재(존 로크John Locke와 장 자크 루소Jean Jacques Rousseau는 이런 특성의 의미를 알고 있었다)인 인간에게 자연은 가족이자 사회다. 초자연적인 가상의 가족들, 이를테면 인간이 신성하게 여기는 동물이나 유령이나 신들은 사회 규칙을 어긴 벌로 혹은 아무 이유 없이 인간에게 질병을 일으킨다. 여기서 현대인에게는 낯선 의미가 질병에 부여된다.

초자연주의적 관념이 낳은 결과는 원시 의학의 모든 분야에서 관찰된다. 예컨대 몇몇 원시 부족은 수많은 인간과 동물의 몸을 칼로 가르지만 해부학 지식이 형편없다. 해부학 지식은 질병이 생기는 생물학적 원인에 관심이 없으면 습득하지 못한다. 따라서 '마법의 원리'를 알아내기 위해 정기적으로 시신을 부검autopsy하는 원시 부족의 해부학 지식도 부검을 전혀 하지 않는 부족만큼이나 빈약하다.

초자연주의 관념은 원시 수술에서 발견되는 모순을 설명한다. 다른 부족보다 수술 기법이 조잡한 부족도 원형절제, 제왕절개, 음경 할례처럼 무척 복잡한 몇몇 수술은 할 수 있는 사례가 종종 발견된다. 이처럼 복잡한 수술법을 발명하여 성공적으로 수행해온 부족이 다른 유용한 수술은 하지 않았다는 사실은, 그 복잡한 수술이 기술이 아닌 초자연성을 토대로 발전했다고 가정해야 이해할 수 있다. 종교나 사회규범 때문에 신체 부위를 넓게 절개하거나 팔다리를 절단하는 부족이 왜 수술 기법을 의학 분야로 발전시키지 않았는지, 예컨대 심각하게 감염되거나 손상된 팔다리를 왜 절단하지 않았는지를 이해하기도 어렵다. 이 같은 관행은 부족의 '수술'이 초자연적 영역에 포함된다고 보아야 이치에 맞는다.

원시 부족의 약전pharmacopeia(약을 만들고, 복용하고, 보관하는 기준–옮긴이)을 살펴보면 현대 약전에서도 유효하게 다루는 약재 몇 가지가 효능 없는 여러 약재와 뒤섞여 있다. 원시 약전을 이해하려면, 원시 부족은 약을 선택할 때 이전에 경험한 약의 효능이 아닌 마력을 기준으로 삼는다는 점을 감안해야 한다.

원시 의학은 현대의 정신신체의학psychosomatic medicine(육체에 생긴 질병을 정신과 연결해 연구하는 분야-옮긴이)을 다루지 않는다. 원시 부족은 보통 신체 기관과 기능에 생긴 질환을 정신 질환과 구분하지 않는다. 단순히 질병과 그 질병을 치료하는 방법만 고려한다. 그러한 질병 치료법에는 신체 요소와 정신 요소가 공존한다. 이처럼 신체와 정신을 하나의 통합된 유기체로 인식하고 치료의 대상으로 삼는 관점은 원시 의학의 두드러진 특성이다. 원시 의학은 또한 진단과 치료를 동시에 진행하고, 신체적 치료를 정신 질환에 적용하며 역으로 정신적 치료를 신체 질환에 적용한다.

현대인에게 질병은 개인이 염려하는 생물학적 현상일 뿐이며 도덕적 의미를 내포하지 않는다. 현대인은 독감이나 결핵에 걸렸을 때 세금을 내지 않거나 가족을 홀대한 탓으로 돌리지 않는다. 반면 원시 부족은 초자연주의적 관념을 토대로 질병에 커다란 의미를 부여한다. 질병을 일으키는 신과 마법사들은 보통 개인이 죄를 저지르면 분노한다. 때로는 죄지은 사람만 겨냥하지 않고, 그 사람의 친척이나 같은 부족 사람까지 벌하며 책임을 함께 지도록 만든다. 그런 이유로 원시사회 전반이 질병과 질병을 유발하는 행동, 질병 치료에 온통 관심을 쏟는다. 원시사회에서 질병이란 반사회적 행위에 대한 처벌이자 사회질서를 유지하는 중심축이다. 현대사회에서는 그러한 역할을 경찰, 판사, 성직자가 맡는다. 한편 원시사회는 생물학적 문제와 심리학적 문제를 질병 진단에만 활용한다. 생물학적, 심리학적 문제를 질병으로 진단하는가는 사회가 그런 문제를 어떻게 규정하는가에 달렸다. 예컨대 어떤 사회는 장 기생충, 배꼽탈장umbilical hernias, 말라리아, 매종yaws, 특정 피부병을 질병으로 진단하지 않는다.

원시 의학은 앞에서 언급한 일반적인 요소 외에도 연구할 만한 실질적인 가치가 있다. 피크로톡신picrotoxin, 에메틴emetine, 스트로판틴strophanthin, 세르파실serpasil, 코카인cocaine 같은 현대 의약품이 원시 부족의 약전에서 유래했다. 약물로 가치 있는 다른 물질도 훗날 원시 약전에서 발견될 것이다. 반면 죄를 고백하게 만들거나 암시를 거는 등 주술 치료사가 일반적으로 실행하는 정신요법psychotherapy은 현대 의학에서 좀처럼 찾아볼 수 없다.

주술 치료사는 성공적으로 환자를 치료했다. 앞에서 설명한 원시 사회의 분위기와 정신요법, 효능이 있는 몇몇 약재, 그리고 마사지와 목욕 같은 효과적인 물리치료 덕분일 것이다. 주술 치료사에게는 본인이 과거에 어떤 질병을 치료했는지 기억하는 일도 중요했다. 현대 의학계의 주요 문제로 손꼽히는 장티푸스typhoid, 홍역measle, 디프테리아diphtheria, 천연두, 황열병yellow fever, 콜레라cholera 등 전염병은 백인과 접촉하지 않은 원시 부족에서 드물게 나타났다. 만성 감염병은 발병률이 늘 비슷하게 유지되었다. 퇴행성 질환과 암은 유아 사망률과 사고 사망률이 높아서 기대 수명이 낮은 사회와 마찬가지로 드물었다. 주술 치료사는 주로 류머티즘rheumatism(근골격계에 생기는 각종 질병-옮긴이), 소화 장애, 호흡기 질환, 피부 질환, 부인과 질환, 그리고 전반적인 기능장애 환자를 만났다. 덕분에 이 질환들을 제법 능숙하게 다루었다.

주술 치료사는 이따금 사기꾼 혹은 정신 질환자라고 비난당했다. 치료 도중 질병을 유발하는 결석을 빨아낼 때면 사기꾼이라 불리고, 혼수상태에 빠질 때는 정신 질환자라고 매도당했다. 그런데 지난 50년간 진행된 인류학 연구 결과에 따르면, 주술 치료사는 현대 의사 못지않게 성실하다. 본인이 병에 걸리면 기꺼이 다른 주술 치료사에게 치료받기도 한다. 주술 치료사가 결석을 빨아내는 의식은 모든 종교의식에 등장하는 상징적 행위로 받아들여야 한다. 혼수상태에 빠지는 행위는 수백 년 전 우리 사회에도 있었던 평범한 종교의식이므로 정신 질환으로 보기 힘들다. 게다가 주술 치료사는 사람들을 단결시키고 사회적 지위도 높기 때문에 정신 질환자이거나 사회 부적응자일 가능성이 낮다. 실제로 남아프리카와 시베리아에는 주술 치료사가 되려고 준비하는 동안 정신 장애를 앓다가 마침내 주술 치료사가 되고 나면 정신이 온전해지는 사람들이 있다.

주술 치료사는 활동 분야가 오늘날의 의사보다 다양한 동시에 전문적이다. 치료사 겸 마법사로서 마력을 질병 치료에만 쓰는 것이 아니라, 전쟁이나 사냥 혹은 애정 관계 같은 다양한 영역에서 구사한다. 주술 치료사는 몇 가지 질병, 때로는 단 한 가지 질병을 퇴치하는 마법 주문을 구사한다는 점에서 전문적이다. 이처럼 전문 분야가 있는 이유는 관련 지식이 매우 빈약하기 때문이다. 마법 주문은 대를 이어 전해져 내려오거나, 스승에게 큰 대가를 주고 전수받거나, 환상을 보고 얻는 것이기에, 주술 치료사는 일반적으로 귀중한 주문을 몇 개만 안다. 주술 치료사의 전문 분야는 기능을 기준으로 나뉜다. 구체적으로 식물 전문가, 접골사, 내과 치료사 등이 있다. 그런데 어느 전문 분야의 주술 치료사도, 심지어 조산사midwives도 당대에 만연한 초자연주의적 관념에서는 벗어나지 못한다.

앞에서 설명한 내용은 물론 추상적이다. 모든 원시사회에서는 앞서 언급한 현상 가운데 일부만 발견될 것이며, 모든 현상이 나타나는 사회는 드물 것이다. 치료 의식이 중요한 역할을 하는지 혹은 별 효과가 없는지, 심리 요소와 경험 요소 중 어느 것을 중요하게 여기는지, 주술 치료사가 체계적으로 훈련된 전문가인지 혹은 부업으로 종종 치료에 나서는 평범한 부족민인지는 해당 문화권의 전체 맥락에 따라 달라진다. 현대 인류학 연구의 가장 놀라운 성과는 문화권이 바뀌면 비정상으로 치부하던 개념도 정상으로 바뀔 수 있음을 발견한 것이다. 따라서 한 문화권에서는 정상이었던 생물학적 현상을 다른 문화권에서는 비정상적이며 병적인 현상으로 여길 수 있다.

3장

고대 문명의
의학

구대륙의 큰 강 유역과 신대륙(아메리카와 오스트레일리아 대륙-옮긴이)의 고원지대 등 자연으로부터 혜택받은 지역에서 여러 부족 집단이 제국을 만들고 도시 문명을 발전시켰다. 제국에서는 글쓰기도 발달했다. 제국 시민들이 기록한 문헌은 고고학적으로 가치 있는 유물일 뿐만 아니라 정보도 제공한다. 여기서부터 제대로 된 인류 역사가 시작된다.

제국이 발전하면서 사회구조, 기술, 이념 전반이 변화하자 의학 분야에서도 혁신이 일어났다. 이 짧은 책에서는 제국이 발달하게 된 보편적 배경을 논하기 힘들다. 따라서 고대 이집트, 바빌로니아, 멕시코, 페루처럼 찬란한 문명을 꽃피운 몇몇 지역에서 의학이 어떻게 발전했는가에 초점을 맞추려 한다. 고대 페르시아, 페니키아, 크레타, 에트루리아, 유대 문명은 다루지 않을 예정이다.

사회 변화는 의학뿐만 아니라 병리학에도 영향을 미쳤다. 인구 밀도가 높은 제국과 대도시에서 급성 감염병이 계속 발생하고 전염병이 급속히 퍼졌다. 이러한 질병들은 걷잡을 수 없이 퍼져 나가며 제국을 지배하고 20세기까지 지배력을 유지했다.

이집트 의학은 고대에 명성이 높았다. 호메로스Homer(기원전 1000년경)는 이집트인들이 최고의 의사라고 언급했다. 기원전 5세기에 헤로도토스Herodotus는 이집트 의사들을 극찬하며 이집트인들이 유독 건강하다고 언급했는데, 이는 중세나 현대의 모습과 무척 다르다. 이집트 제5대 왕조 시기(기원전 2700년)에 기록된 비문에는 특히 궁정에 의사와 치과 의사가 있었다는 내용이 있다. 몇몇 의사에게는 '항문 수호자'라는 시적인 칭호가 붙었다. 이집트인에게 항문은 질병의 본거지였고, 심장은 생명의 중심이었다. 그리스 의사들이 등장하기 전까지는 근동 지역의 모든 궁정에서 이집트 의사들을 초빙했다.

이집트에서는 전문 의료인도 활동했지만, 종교 형태를 갖춘 초자연주의가 질병을 이해하고 치료하는 데 막강한 영향력을 미쳤다. 왕이 곧 신이었으며, 사망한 뒤에는 피라미드에 미라로 잠들 만큼 삶에 집착하고, 성직자가 주요 정치가로 활동한 이집트 문명에서 초자연주의가 강한 영향을 미쳤다는 사실은 그리 놀랍지 않다. 이집트 의사는 사원에서 교육받았는데, 중세 후기 서구 문화권에서 의사 겸 성직자로 일한 사람들처럼 일평생 대부분을 성직자로 살았을 것이다.

영혼과 악마가 끊임없이 질병을 일으켰고, 그때마다 의사들은 마법을 사용했다. 세월이 흐를수록 마법 주문은 기도로 대체되었고 악마는 신에게 힘을 빼앗겼다. 특별한 신들이 제각기 다른 질병으로부터 사람들을 보호하고 새로운 치료법을 발명한 반면, 어떤 신들은 질병을 창조했다. 때로는 하나의 신이 질병을 일으키는 동시에 치료도 했다. 이집트인들은 팔다리가 특정 신과 연결되어 있다고 생각했는데 헨리 지거리스트Henry Sigerist는 이 관념을 '신화적 해부학mythological anatomy'이라는 적절한 명칭으로 불렀다. 부적도 널리 쓰였다. 레Re, 토트Thoth, 이시스Isis는 치유의 신이었다. 전염병의 여신 세크메트 Sekhmet는 전염병을 불러오기도 하고, 없애기도 했다.

이집트 문명의 마지막 수백 년 동안 모든 이집트 신은, 치유의 신 임호텝Imhotep이 새로이 등장하자 힘을 잃었다. 임호텝은 기원전 2900년경에 파라오의 대신관으로 일했던 실존 인물이다. 임호텝이란 이름은 '평화롭게 걷는 자'를 뜻한다. 여러 분야에 수많은 업적을 남긴 그는 여러 직업에 몸담았고 의사로서도 성공했다. 역사에 이름이 기록된 최초의 의학자 가운데 한 명인 그는 아스클레피오스Asclepius처럼 후대에 의학의 영웅에서 의학의 신으로 승격했다. 그리고 아스클레피오스와 마찬가지로 임호텝의 신전에서는 환자가 잠을 자며 치유하는 '수면 의식incubation'이 시행되었다. 초자연주의적 성향이 폭넓게 자리 잡긴 했지만, 상당히 체계적으로 발달한 이집트 의학은 원시 의학에는 없었던 독특한 경험적 치료법도 있었다. 이처럼 이집트 의학은 질병과 생명을 다루는 합리적이고도 보편적인 이론의 출발점이 되었다.

우리가 알고 있는 이집트 의학 지식은 파피루스 식물 줄기로 만든 책에서만 얻을 수 있다. 파피루스 문서는 쉽게 상해서 의료 관행을 기록한 책은 몇 권만 남아 있다. 가장 최근 제작된 파피루스에는 대략 3천 년 전의 의학이 기록되어 있으며, 대부분의 파피루스는 그보다 오래된 5천~6천 년 전의 의학과 밀접하다고 추정된다. 따라서 파피루스에 담긴 의학에는 2천 년이 넘는 세월이 반영된 데다 관련 증거가 빈약하므로 이집트 의학을 대표한다고 보기는 어렵다.

의학이 기록된 최초의 파피루스로 알려진 카훈Kahun* 파피루스(기원전 2000년)는 수의학veterinary medicine과 부인과학gynecology을 다룬다. 가장 눈여겨봐야 할 파피루스는 수술을 다루는 에드윈 스미스Edwin Smith 파피루스(기원전 1600년)와 일종의 의학 교과서인 에버스Ebers 파피루스(기원전 1550년)다. 대大베를린Berlin 파피루스(기원전 1300년)와 허스트Hearst 파피루스(기원전 1500년)는 에버스 파피루스와 상당히 비슷하다. 하지만 베를린 파피루스와 허스트 파피루스는 내용이 대부분 처방전이며, 에버스 파피루스보다 마법적 요소를 더 많이 포함한다. 런던London 파피루스(기원전 1350년)에는 마법에 관한 내용만 담겼다. 소小베를린 파피루스(웨스트카 Westcar 파피루스)와 산과학을 다룬 베를린 파피루스 제3027호(브루크슈 마이너Brugsch Minor 파피루스)에도 마찬가지로 마법 요소만 담겼다.

늦게 제작된 파피루스일수록 마법 요소를 많이 포함한다는 사실은, 이집트 의학이 비교적 합리적인 관점에서 출발했다가 문명이 쇠

---

* 이집트학자들은 파피루스를 명명할 때 해당 파피루스를 최초로 손에 넣은 사람이나 보관하는 장소의 이름을 붙인다.

그림 2 이집트 의학의 신, 임호텝

퇴하면서 점점 마법 요소가 강해졌다는 믿음을 불러왔다. 유럽의 고대 및 중세 시대 후기에도 비슷한 일이 벌어졌으므로 충분히 납득할 만하다. 그러나 증거가 빈약하므로 결론을 명확하게 내리기 힘들다. 어쩌면 초기 이집트 의학은 마법적 요소가 강했지만 경험에 기반한 치료를 주로 다룬 문서가 우연히 많이 남았을지도 모른다. 그리고 초기 이후의 기록 중 경험적 치료를 다룬 것들이 유실되고, 마법을 기록한 문서가 보존되었을 수도 있다.

가장 참고할 만한 문서는 에드윈 스미스 파피루스와 에버스 파피루스다. 고대 이집트인들은 질병 사례와 질병을 일반화한 개념을 여기에 풍부하게 서술했다. 예컨대 다음과 같은 형식으로 질병 사례를 기록했다. ① 임시 진단, ② 환자 검사 방법, 그리고 환자를 진단하기 전에 눈여겨봐야 하는 징후, ③ 질병 진단 및 예후 사례, ④ 질병 처치, 약제, 마법 주문, 기도 같은 치료 방안. 이 내용은 에드윈 스미스 파피루스의 다음 기록에서 확인할 수 있다.

경추탈구에 관한 지침: 경추가 탈구된 환자를 검사하면, 팔과 다리를 인지하지 못하며 본인이 모르는 사이 음경이 발기해 정액이 새어 나오는 현상을 발견할 것이다. 환자의 몸은 가스가 차고, 눈은 충혈된다. 이러한 징후를 확인하면 환자에게 다음과 같이 알려야 한다. '팔다리를 인지하지 못하고 정액이 조금씩 흐르는 걸 보니 경추가 탈구되었다. 이 병은 치료할 수 없다.'*

---

* J. H. Breasted (ed.), *Edwin Smith Surgical Papyrus* (Chicago, 1930), Vol. I, p. 324.

비슷한 진단 지침이 에버스 파피루스에도 기록되어 있다.

어떤 사람에게 심장병이 있는지 진단하는데, 그가 몸이 쇠약해져 팔다리가 무겁게 느껴진다고 말하면 심장에 손을 대보아야 한다. 심장에서 북치는 소리가 들리고 손 아래로 무언가가 오가는 느낌이 든다면 다음과 같이 알려야 한다. '이전에 잘 먹지 못한 것은 소화 능력이 떨어졌기 때문이다.' 그리고 환자가 원활하게 배변할 수 있도록 도와야 한다. 대추야자 씨앗을 걸쭉한 맥주에 섞어 환자에게 먹이면 식욕을 되찾을 것이다. 처치가 끝나고 다시 진찰해서 환자 가슴 부위가 따뜻하고 배 부위가 차가워진 것을 발견하면, 다음과 같이 알려야 한다. '소화 능력이 회복되었다. 앞으로 구운 고기를 먹어서는 안 된다.'*

에드윈 스미스 파피루스는 48가지 질병 사례로 구성되었으며 주로 머리 부상을 다룬다. 48가지 사례는 머리끝에서부터 발끝에 이르는 순서로 나열되는데, 18세기 말까지 모든 의학 저술가가 이러한 서술 방식을 따랐다. 머리 부상으로 발생한 맥박 약화, 중풍, 난청을 설명한 내용을 보면 당시 임상 관찰 수준이 높았던 듯하다. 하지만 아쉽게도 파피루스가 완벽하게 보존되지 않은 탓에 내용이 흉부에서 끝난다. 외과학을 기록한 파피루스이지만 오늘날 외과 수술의 핵심인 수술칼 사용은 언급되지 않았다. 고대 이집트에서 발견된 원형절제의 증거 역시 어느 파피루스에도 남아 있지 않다. 당시의 원형절제를

---

* *Ebers Papyrus*, trans. by Ebbell (Copenhagen, 1937), p. 47.

언급하는 유일한 '출처'는 현대의 유명 소설과 그 소설을 바탕으로 제작된 영화다. 과거에 외과 의사가 상처 치료와 접골에만 관여했으며, 19세기 후반까지 일반적인 진료에서는 수술을 거의 하지 않았다는 사실을 떠올리게 한다. 에드윈 스미스 파피루스에는 상처 봉합, 부목을 이용한 접골, 상처를 소작(신체 일부를 뜨거운 도구로 태우는 기법-옮긴이)하는 도구가 언급되어 있다. 전염병을 퇴치하고 회춘을 돕는 마법 주문도 실려 있다. 그리고 치료사가 회복 불가능한 환자 치료를 거부한 사례도 기록되었는데, 이는 18세기까지 합법적이며 윤리적인 행위로 여겨졌다.

에버스 파피루스는 일종의 의학 교과서다. 이 책은 치료법을 처방하거나 붕대를 풀 때 사용하는 3가지 주문으로 시작된다. 주문에 뒤이어 현대인은 물론 고대 이집트인도 괴롭힌 듯한 눈병, 피부병, 사지 말단 질환, 여성 질환, 기타 잡다한 질환이 기술된 편篇이 등장한다. 여덟 번째 편은 해부학과 생리학을, 아홉 번째이자 마지막 편은 외과학을 설명한다. 에버스 파피루스는 에드윈 스미스 파피루스보다 수술을 더 본격적으로 다룬다. 이 파피루스를 보면 당시 의사들이 수많은 질병과 기관에 이름을 붙이고, 사용 가능한 감각을 총동원해 질병을 진단하려 하고, 임상학적 증상에 근거하여 질병을 규명하려 했음을 알 수 있다. 에버스 파피루스 시대에 의학이 비교적 발달했다는 의미다. 에버스 파피루스에 기록된 류머티즘, 주혈흡충증 등은 당대 미라에 대한 연구로도 어느 정도 밝혀졌다. 당뇨병 diabetes과 비슷한 질환도 묘사되어 있다. 이 파피루스는 특히 구충 hookworm, 사상충filaria, 조충taenia, 회충ascaris과 같은 기생충이 유발하는 다양한 질병을 중점적으로 다룬다. 이를 통해 이집트인이 왜 온갖 질병의 원인을 기생충 감염으로 해석했는지 알 수 있다. 에버스 파피루스에는 5백 가지가 넘는 물질로 구성된 처방전 876개가 수록되었다. 5백여 가지 물질에는 납염, 구리염 같은 무기질과 동물성 물질, 그리고 용담초gentian, 차풀senna, 피마자씨 기름castor oil seed, 무릇scilla, 사리풀henbane, 구충제로 쓰이는 석류 등 식물성 물질이 있다. 야맹증 환자에게는 생간을 처방했다. 처방전에는 갖가지 물질을 혼합한 복합 제제polypharmacy가 쓰여 있는데, 사람과 동물의 오줌과 배설물을 섞은 오물 처방전도 적지 않다. 식이요법과 사혈법venesection이 언급되지 않은 점도 놀랍다.

에드윈 스미스 파피루스와 에버스 파피루스에 날카로운 임상학적 통찰이 담겼다고 해서 고대 이집트 의학의 초자연주의적 요소를 간과해서는 안 된다. 당시 사람들은 파피루스들에서 마법 주문, 부적, 퇴마 의식을 언급했다. 이들은 청결과 위생을 강조했지만, 초자연주의 관념이 없었다고 보기는 힘들다. 오히려 청결 의식은 신앙심처럼 종교에 뿌리를 둔 듯하다. 즉, 실용을 추구해서가 아니라, 깨끗한 모습을 신에게 보이기 위해 청결을 유지했을 것이다. 신성함과 불결함 사이의 상관관계가 분명한 사회는 적다.

에버스 파피루스에 기록된 이집트 해부학은 논리적이지만 대부분 추론에 근거한다. 이집트인들이 미라를 많이 만들었으면서도 해부학 지식을 습득하지 못했다는 점이 흥미롭다. 이들이 설명하는 해부학과 생리학은 심장과 가상의 혈관 44개(혹은 22개), 그리고 생명을 불어넣는 호흡의 기능에 바탕을 둔 듯하다. 관개수로에 의존하는 나라의 국민들이 혈관을 떠올린 것은 당연한 일이다. 이들은 현대에까지 의학에 지대한 영향을 미친 기본 개념, 즉 흙, 물, 불, 공기를 포함하는 4원소 관념을 발전시켰다.

헤로도토스는 이집트 의학의 특성으로 고도의 전문화를 꼽았다. 현존하는 가장 오래된 이집트 의학 문서도 어느 의학 전문가가 집필했다는 측면에서, 이집트 의학의 전문화는 원시시대의 전문화한 의학에서 유래한 특성으로 간주할 수 있다. 그러므로 원시 의학의 전문화를 뛰어넘으려 한 에버스 파피루스 같은 문서는 오늘날에도 칭찬받을 만하다.

헤로도토스에 따르면 이집트 의학에서 돋보이는 또 다른 특성은 엄격한 전통주의였다. 이집트 문명 전반에 깔린 사고방식이 이러한 특성을 뒷받침했다. 이집트 문서에서는 세 부류의 의료인으로 의사, 퇴마사, 그리고 맥박을 느끼고 질병을 치료하는 전문가인 '세크메트의 사제priests of Sekhmet'가 언급된다. 가장 널리 알려진 의료인은 궁정의사였다. 공관, 성직자와 함께 지배 계층에 속한 이들은 사람들에게 특히 존경받았다.

현재 정치적으로는 이라크에 해당하고, 지리상으로는 유프라테스강과 티그리스강 사이에 있는 메소포타미아 지역에서도 위대한 문명이 번성했고, 이집트 문명만큼 오래 존속했다. 그런데 나일강 계곡과 다르게, 고대 메소포타미아 지역에는 정치적 통일성과 연속성이 나타나지 않았다. 북부 아카드 제국이 남부 수메르 제국을 정복했고, 그후에는 남부 바빌로니아 제국이 그 지역을 차지했으며, 바빌로니아 제국은 북부 아시리아 제국과 대립했다. 정치적으로는 혼란했지만 기본적으로는 하나의 메소포타미아 문명이 이 지역을 관통하므로 폭넓게 바빌로니아 문명이라 불렸다.

메소포타미아 지역에서 출토된 의학 문헌은 이집트 의학 문헌보다 훨씬 방대하다. 고대 메소포타미아인은 파피루스보다 보존이 잘되는 점토판에 글을 썼기 때문이다. 그런데 메소포타미아 문헌은 이집트 문헌보다 일목요연하지 않으며 내용이 허술하고 짧다. 메소포타미아 점토판은 입에서 입으로 전해 내려오는 오랜 이야기를 기록해 두는 짤막한 메모에 불과했기 때문이다. 당시 의사가 사용한 도장은 부적으로도 쓰였는데, 이는 기원전 3000년경 수메르 제국에 의사가 있었다는 의미다. 현존하는 가장 오래된 법전인 바빌로니아 함무라비 법전(기원전 2250년)은 그보다 1천 년 앞서 만들어진 수메르 법전에 뿌리를 둔다. 많은 법규가 담겨 있는 함무라비 법전에는 의료 행위에 지불하는 보수와 의료 사고를 처벌하는 규정도 있다. "의사가 칼로 종기를 도려내어 치료하거나 눈을 낫게 한 경우, 환자가 귀족이면 의사는 은화 10셰켈을 받는다. 환자가 노예라면 의사는 노예 주인에게 은화 2셰켈을 받는다. 의사가 수술칼로 수술하다가 환자를 죽게 하거나 각막을 절개하다가 환자 눈을 못 쓰게 만들면, 의사의 양손을 자른다. 의사가 수술로 노예를 죽이면 다른 노예를 데려와 배상한다."* 이러한 법률 조항은 수술이 시작된 초기의 관행을 설명한다. 함무라비 법전은 또한 '소와 당나귀를 치료하는 자', 즉 수의사에 대해서도 언급한다.

이집트 의학처럼 메소포타미아 의학의 중심에도 종교가 있었다. 수많은 신과 여신들이 건강과 질병을 지배했다. 의사, 퇴마사, 예언자,

---

* Charles Edwards, *The Hammurabi Code* (London, 1921), p. 77.

외과 의사 등은 성직자 계급에 포함되었다. 심지어는 유모도 신전에서 일하는 매춘부 중에서 모집되었으리라 추정된다. 이들 중에서도 조직 구조가 체계적이었던 궁중 의사의 기록으로부터 상세한 정보를 쉽게 얻을 수 있다.

메소포타미아인들이 주장한 질병 이론은 종교에 뿌리를 둔다. 질병은 죄악에 대한 형벌로 인간을 불결하게 만든다. 4가지 개념, 즉 죄와 질병, 형벌과 불결은 이따금 같은 용어로 표현되었을 만큼 의미가 밀접하다. 인간이 죄를 지으면, 가령 금지된 음식을 먹거나 금기 사항을 위반하면 신은 인간을 더 이상 보호하지 않는다. 그러면 인간은 메소포타미아 주위에 떼 지어 몰려든 악마와 유령의 먹이로 전락한다. 마법사 또한 악마를 부추겨 인간을 괴롭힌다.

때로는 질병이 특정 악마의 소행이라는 것이 명백해서 환자를 더 진단할 필요가 없었다. 병이 심각하면 성직자는 환자가 병에 걸린 이유를 찾을 수 있도록 온갖 죄를 환자에게 줄줄이 낭독해주었다. 그럼에도 병세에 차도가 없으면 사람들은 점을 쳤다.

미래를 알고 싶어 하는 것은 인간의 공통된 특성이다. 메소포타미아만큼 미래에 집착한 문명은 없었다. 고대 메소포타미아인들이 활용한 점술의 가짓수는 무한에 가깝다. 그러한 점술이 모두 질병 진단에 적용되었다. 여기서는 가장 중요한 점술 몇 가지만 언급하겠다. 천문학이 발달한 나라에서는 점성술astrology을 가장 중요하게 여겼다. 간점hepatoscopy은 제물로 바친 동물 간의 형태와 단단함으로 점을 치는 방식이다. 한 고고학자는, 메소포타미아 성직자가 수련생에게 간점을 치는 법을 가르치기 위해 만든 기이하면서도 해부학적으로 정확한 간 모형을 발굴했다. 그러나 메소포타미아인들은 초자연적인 목적으로 간에 관한 지식을 습득했기에, 관련 지식들은 해부학의 발전으로 이어지지 못했다.

최근 의학계에서 재조명하는 꿈도 점술에 널리 쓰였다. 인간과 동물이 출산한 기형 생물도 점을 치는 데 활용되었으며, 이 풍조는 기형 생물을 연구하는 기형학teratology이 오늘날까지 발전하는 데 밑거름이 되었다. 의사 겸 성직자들은 동물과 식물, 물과 불, 수면에 뜬 기름의 움직임으로 점을 치기도 했다.

질병 치료는 종교 개념에서 큰 영향을 받았다. 신을 달래려면 죄를 고백하고 기도하며 제물을 바쳐야 했다. 메소포타미아인들은 질병을 예방하기 위해 부적을 썼다. 때로는 악령을 몰아내기 위해 제법 시적인 마법 주문을 썼다.

> 그들은 일곱, 그들은 일곱
>
> 깊은 바닷속에 그들은 일곱
>
> 천국을 누리는 그들은 일곱
>
> 깊은 바닷속 보금자리에서 성장한 그들
>
> 암컷도 수컷도 아닌 그들
>
> 표표히 떠도는 바람 같은 그들에겐
>
> 아내도 자식도 없다네
>
> 자비도 연민도 모르는 그들은
>
> 기도도 간청도 들어주지 않는다네
>
> 언덕에서 자란 말과 같은 그들
>
> 에아Ea의 사악한 악마들
>
> 신의 옥좌를 운반한다네

길가에 서서 길을 더럽히는 그들

그들은 악마, 그들은 악마

그들은 일곱, 그들은 일곱

그들은 일곱의 갑절이라네!

하늘신이여, 그들을 몰아내주소서! 땅신이여, 그들을 몰아내주소서!*

한편으로 메소포타미아 의학은 초자연적 접근에서 벗어나기 시작했다. 메소포타미아인들은 이 시기에 제작한 점토판에 질병과 진단법, 치료에 쓰는 약재와 마법 주문을 간략히 적었다. 질병의 전조가 증상으로 변화하는 과정을 명료하게 기록하기도 했다. 기록한 내용이 이집트만큼 수준 높지는 않지만, 경험에 근거해 접근하는 방식은 비슷하다. 눈과 간과 호흡기에 발병하는 질환, 열병을 언급했으며, 임질gonorrhea 치료에 카테터catheter를 쓴 사례도 기록했다. 메소포타미아인들은 야맹증night blindness, 중이염, 신장결석, 뇌졸중, 옴scabies에 관해서도 알고 있었다. 또 오물 처방전을 비롯한 포괄적인 약전을 점토판에 기록했다. 그뿐만 아니라 크리스마스 로즈hellebore, 사리풀, 만드라고라mandrake, 아편opium에 관한 지식도 있었다.

메소포타미아 시대에는 청결의 미덕이 널리 전파되었다. 고고학자들은 탁월한 하수 처리 시설, 심지어 4천 년 전에 설치된 수세식 화장실까지 발굴했다. 고대 유대인들이 현대 문명에 전달한 여러 개념, 즉 전염에 관한 개념과 한센병leprosy 환자를 격리해야 한다는 개념,

---

* R. Campbell Thompson, *The Devils of Ancient Babylonia* (London, 1903), p. 77.

그리고 정기 휴일을 정해 쉬어야 한다는 의식도 메소포타미아에서 기원한 듯하다. 하지만 그리스의 의료 관행의 기원이 이집트와 메소포타미아라는 증거는 찾아보기 어렵다.

　중앙아메리카와 남아메리카 지역의 고대 문명이 어떠했는지를 구대륙의 고대 문명보다 구체적으로 알기는 힘들다. 가축이나 바퀴 달린 운송 수단 같은 문명의 기본 요소는 발견되지 않았지만, 고대 중남미 문명의 의학적 성과가 구대륙 못지않았다고 추정하는 데에는 그만한 이유가 있다. 고대 중남미 의학에 관한 정보는 주로 스페인 출신 역사 기록자와 그들의 아메리카 원주민 제자에게서 나왔다. 마야 상형문자와 페루 매듭문자는 아직 해독되지 않았고, 멕시코 아즈텍 문명이 남긴 상형문자는 일부만 해독되었기 때문이다. 스페인 정복자들은 원주민의 의학 수준을 높이 평가했다. 정복자 에르난 코르테스Hernán Cortés의 글에 따르면, 새로 건설한 국가에 유럽 의사가 필요 없을 정도였다. 아즈텍 의학에 대한 이 같은 찬사에는 16세기 유럽의 열등한 의학 수준이 반영되어 있다. 스페인 왕은 주치의 프란시스코 에르난데스Francisco Hernández를 멕시코로 보내며 아즈텍 의학을 연구하라고 지시했다. 에르난데스는 7년간 아즈텍 의학을 연구했다. 그러나 그의 연구 결과 가운데 일부만이 현재까지 남아 있다.

　고대 멕시코 의학도 이집트, 메소포타미아와 마찬가지로 종교가 중심에 있었다. 왕은 성직자이자 정치 수장이었다. 고대 멕시코 의학은 질병과 치유의 신을 다루었다. 그리고 질병의 원인으로 죄를 꼽으며, 병을 치료하려면 죄를 고백해야 한다는 관념을 발달시켰다. 점성술로 질병을 진단하고, 부적과 주문으로 마법에 대항했다. 그런데 바람이 질병을 불러온다는 관념(바람신이 질병을 일으킴)은 원래 종교에 뿌리를 두었으나, 이후에 멕시코 의학이 합리적으로 발전하는 길을 열었다. 경험론을 토대로 의학이 발전했다는 근거는 여러 질병 명칭에서도 드러난다.

고대 멕시코인들이 박물학natural history에 관심이 많아 방대한 관련 지식을 쌓았다는 점은 특히 흥미롭다. 아즈텍 사람들은 약용식물 1천2백 종을 알았고, 특히 마약에 조예가 깊었다. 아즈텍 왕은 약용식물이 빽빽하게 들어찬 식물원을 소유했다. 동물원과 더불어 식물원도 소유한 아즈텍 왕이 유럽의 다른 왕에게 본보기가 되었을 가능성도 상당히 크다. 폭넓은 박물학 지식은 동식물을 분류하는 데에도 도움이 된다.

한편 고대 멕시코는 인간을 제물로 바쳤기에 인체 해부학을 연구할 기회가 수없이 많았지만, 해부학 지식이 크게 발전했다는 증거는 없다. 외과학은 다른 원시사회보다 발달했던 것 같다. 고대 멕시코인들은 태아절단embryotomy을 포함한 여러 수술을 하고, 머리카락으로 절개 부위를 봉합하는 연습을 했다. 또한 훈증 소독과 사혈, 목욕과 식이 조절 등 다양한 요법을 동원해 질병을 치료했다.

고대 멕시코 의학이 고도로 전문화되어 있었다는 증거도 발견된다. 일반 내과의 외에 외과의, 사혈 전문의, 약제사, 점술가, 그리고 다양한 질병에 특화된 의사들이 활동했다. 몇몇 분야는 여성 의사에게 개방되었다. 고대 의학에서 일반적으로 발견되는 전문화는 기술이 발전한 결과가 아니라 원시 의학 관행의 잔재인 듯하다. 고대 멕시코 의학은 의료 분야가 이룩한 거대한 성과를 상징했다.

고대 페루 문명 중에서 비교적 늦게 등장한 잉카 제국은 고대 멕시코 및 고대 근동 문명과 매우 유사하다. 역사 기록가가 남긴 정보의 단편성은 특히 페루 사례에서 여실히 드러난다. 고대 페루에서 수술이 발달한 것은 분명하나, 원형절제나 사지 절단 수술 등 외과 수술이 폭넓게 시행되었음을 입증하는 문헌은 남아 있지 않다. 고대 페루인들은 신과 마법사들이 질병을 일으키며, 적절히 대응하려면 죄를 고백하거나 퇴마 의식을 해야 한다고 여겼다. 여러 원시사회에서 시행된 의식처럼 동물에게 질병을 옮기는 마법이 특히 널리 퍼졌던 듯하다. 질병 전이 의식의 대상은 주로 기니피그였다. 어쩌면 이때부터 기니피그가 의학사에서 고통받기 시작했는지도 모르겠다. 바람이 질병을 불러온다는 개념은 계절에 따라 특정 질병이 발생한다는 통찰로 발전했다. 계절병을 이해하면서 자연법칙을 인식하는 첫걸음을 뗀 셈이다. 고대 페루인들은 지구에서 가장 중요한 농작물인 감자를 개량했을 뿐만 아니라 코카인과 페루 발삼Peru balsam 등의 귀중한 물질들이 현대 약전에 쓰이는 데 기여했다.

고대 페루인들은 수술 분야에 가장 눈부신 업적을 세웠다. 원형절제, 사지 절단술, 종양 적출술처럼 어려운 수술도 해냈다. 심지어 수술에 보철물도 사용했다. 남아메리카 다른 지역과 구대륙에서도 그랬듯이 고대 페루에서는 개미 머리를 수술 봉합용 집게로 썼다. 고대 페루인들은 당대에 제작한 도자기에 수술 장면들을 묘사했다. 페루의 치무Chimu 문명기에 빚어진 도자기는 인류 역사상 가장 위대한 예술 작품으로 손꼽힌다. 페루 예술가들이 질병을 도자기에 표현하는 독특한 취향을 지녔던 것이 의학사학자에게는 행운이다. 고대 페루 도자기에는 의례 혹은 법적 절차에 따라 수족 절단 수술을 하는 장면과 수술 결과가 그려져 있다. 뿐만 아니라 페루 지역에 서식하는 기생충에 감염되어 리슈만편모충증leishmaniasis이나 페루피부리슈만편모충증uta에 걸리면 나타나는 참혹한 증상도 분명하게 묘사되어 있다. 바르토넬라증verruga peruana 또는 카리온병Carrión's disease이라 명명된 리케차병rickettsial disease이 얼마나 심각한지도 나타나 있다. 한동안은 몇몇 도자기에 표현된 질병이 매독인지 한센병인지 논란이 일었다. 이윽고 많은 연구자가 그 질병은 리슈만편모충증이라고 결론지었다.

어떠한 일도 우연에 맡기지 않은 전체주의 국가 잉카 제국이 공중보건 분야에 커다란 발자취를 남긴 것은 당연한 일이다. 잉카 제국이 주도하여 매년 치른 의식인 시투아Citua는 모든 주택을 철저히 청소하는 계기가 되었다. 노인과 신체장애인에게는 생계비와 일자리가 주어졌으며, 신체장애인의 경우 결혼이 금지되었다. 알코올 및 약물 중독은 엄격하게 통제되었다.

근대 전체주의 국가처럼 고대 잉카 제국도 인구를 대규모로 이동시켰다. 이때 잉카인들은 위생 측면에서 놀라운 통찰을 발휘했다. 극단적인 고지대 환경에서 살아온 사람들이 열대 기후의 저지대에 살아남아 정착하지 못하리라고 깨달은 것이다. 그리하여 이전 거주지와 기후가 비슷한 지역에만 사람들을 이동시켰다. 같은 이유로 고지대에 주둔하던 군대는 수개월 이상 저지대에 주둔하지 않았다. 유적지에서 발굴된 목욕 시설과 배수 설비는 잉카 문명이 공중보건 분야에 남긴 업적을 증명한다.

잉카인들이 의학 분야에 남긴 흔적 중 주목할 만한 일은 원시 의학에 기반한 전문화에서 탈피하려 시도한 것이다. 특히 잉카 제국의 황제 파차쿠텍Pachacutec은 외과의는 물론 장래에 내과의로 일할 사람도 약초학에 관한 탄탄한 배경지식을 쌓아야 한다고 강조했다.

앞에서 언급한 4대 고대 문명의 의학은 오우세이 템킨이 '고대 의학archaic medicine'이라 규정한 보편적인 형태를 띤다. 그런데 이 같은 형태의 의학이 정말 존재했을까? 우리가 찬란한 고대 문명에 도취한 나머지, 현대 원시 의학과 흡사했던 고대 의학에 실제로는 존재하지 않은 특별한 장점이 있었다고 착각하는 것은 아닐까?

현대 원시 부족의 의학에 없는 요소는 고대 의학 체계에서도 거의 발견되지 않는다. 현대 원시 의학도 고대 의학도 초자연주의 관념에서 완전히 벗어나지 못했다. 초자연주의는 의학을 지배하는 요소였고, 의사는 성직자였다. 그럼에도 앞에서 제시한 증거들, 예컨대 원시 의학의 전문화에서 벗어나게 한 경험주의 기반 치료법, 과학적 체계화, 실용적 구조화는 새롭고 독창적인 의학이 존재했다고 주장하기에 충분한 근거다.

이 새로운 의학은 질적인 측면이 아닌 양적인 측면에서 발전했다. 이 새로운 의학은 기존 의학이 전반적으로 발전한 결과였으며, 특별한 발견에서 이어진 성과는 아니었다. 성직자들이 의료 경험을 기록, 수집, 보존한 것만으로도 경험의 규모가 비약적으로 커지면서 의료 기술이 향상하고 주위로 빠르게 보급될 수 있었다. 페루의 외과 의사가 집도한 수술들은 모두 다른 원시 부족들이 한 번 이상씩은 실시한 수술이었다. 그런데 원시 부족들이 한두 가지 특정 수술에 집중하는 동안, 페루인들은 분야가 폭넓고 다채로운 수술 기법과 능력을 조합하여 수술을 발전시켰다. 더군다나 인구가 증가하면 공중보건

조치를 마련할 수밖에 없다. 규모가 작은 원시 부족은 공중보건에 대처하지 않아도 살아남을 수 있지만, 대규모 인구 집단은 공중보건에 대응하지 않으면 질병으로 몰살될 것이다. 이처럼 공중보건을 강조하는 것도 이 새로운 의학에서 발견되는 특징이다.

4장

고대 인도와
중국

앞에서 살펴본 고대 문명들은 자취를 감추었지만, 중국과 인도의 강 유역에서 발생한 동양 문명은 지금도 남아 있다. 동양의 의학 체계도 명맥을 유지하고 있다. 지금도 수많은 의사가 고대 인도와 중국 문명에서 전해 내려오는 의학 지식을 바탕으로 환자를 치료한다. 따라서 두 나라 의사들은 고대 문명의 의료 체계와 지식을 오늘날에도 중요하게 여기는데, 현대 의학을 성공적으로 도입하려면 고대 의학을 깊이 이해하고 능숙하게 다뤄야 하기 때문이다. 인도와 중국의 의학은 성직자가 주도한 고대 의학에서 벗어나 발전하다가 결국 제자리걸음을 했다. 앞에서 살펴본 고대 문명들과 달리 두 나라에서 의사는 독자적인 직업이 되었다. 그러한 변화 때문에 의료인의 사회적 지위가 낮아지자 덩달아 보수도 줄었다. 결과적으로 두 나라의 고대 의학은 현대 의학 수준에 도달하지 못했다. 다소 독단적인 철학에 매몰되기도 한 인도와 중국의 의학은 서양 중세 의학과 놀랄 만큼 비슷하다.

인도 의학의 역사는 크게 두 시기로 나뉜다. 기원전 약 800년까지 유지된 역사 전반기는 베다 시대Vedic period라고 불린다. 이 시기 의학 정보가 산스크리트어로 쓰인 4권짜리 인도 경전 《베다Vedas》에서 유래하기 때문이다. 역사 후반기는 기원전 800년부터 기원후 1000년까지 유지된 브라만 시대Brahmanic period다. 브라만 시대 이후 이슬람 세력이 인도의 많은 지역을 흡수하여 아랍 의사들이 곳곳에서 의료 행위를 했다. 인도 의학사의 후반기를 브라만 시대라고 부르는 이유는 카스트 제도에서 힌두교 성직자가 속하는 브라만 계급이 이념적으로 이 시대 문화를 지배했기 때문이다.

베다 시대의 의학은 거의 알려지지 않았으나 고대 의학과 상당히 비슷하다. 질병은 죄를 지었기에 걸리는 것이라 설명하는 한편 질병을 치료하려면 죄목을 고백하고, 퇴마 의식을 수행하고, 마법 주문을 읊고, 성가聖歌를 불러야 한다고 주장했다. 베다 경전에는 갖가지 질병이 거론된다. 열병도 자주 언급되는데, 인도는 페스트와 콜레라의 발생지인 동시에 오늘날 지구에서 말라리아가 가장 많이 발병하는 국가이기 때문이다. 베다 시대에 이미 힌두 교도들은 물로 깨끗이 몸을 정화하는 치료법을 선호했다. 또한 이들이 사용한 보형물로 짐작하건대 흔치 않은 수술 기법을 구사했다.

브라만 시대의 의사는 성직자, 전사보다 낮은 세 번째 카스트에 속했다. 이들은 자신보다 카스트가 낮은 사람을 조수로 부렸다. 의사들은 성직자 학교가 아니라 현장에서 도제식으로 교육받았다. 당시 교육법은 합리적이었고 수준도 높았다. 방대한 지식이 이론과 실습, 내과학과 외과학을 아우르는 균형 잡힌 교육 과정을 거쳐 전수되었다. 도제들은 다양한 교육용 모형으로 실습했다. 그리고 히포크라테스 선서와 비슷한 엄숙한 선서를 하고 의식을 치른 뒤에 본격적으로 의사로 일했다. 인도 의학은 그리스 의학과 여러 면에서 비슷했다. 브라만 의학이 남긴 3대 고전에는 《차라카Charaka》(기원후 초기에 집필됨), 《수스루타Susruta》(기원후 500년경), 《바그바타Vagbhata》(기원후 600년경)가 있다. 이 책들은 보다 오래전에 집필된 문헌을 참고한 듯 보이며, 일부는 《베다》에 기반을 둔다. 연대 추정이 가능한 인도 문헌을 토대로 예상하건대, 인도 고전 의학은 기원전 700년부터 기원전 200년 사이에 발전했다.

브라만 의학에도 초자연적 요소가 상당수 남아 있다. 체액병리학 humoral pathology(질병이 체액의 비정상적 상태에 의해 일어난다는 가설을 기반으로 형성된 병리학-옮긴이)뿐만 아니라 신들림, 영혼(카르마Karma)의 윤회가 등장한다. 질병은 전생에 죄를 저지른 뒤 윤회한 영혼에 가해지는 형벌이다. 브라만 시대에 작성된 의학 문헌은 신과 신화에 바탕을 둔다. 문헌 일부는 시로 쓰여 있지만, 대부분은 기도로 채워져 있다. 병의 전조omina도 질병 예후를 판단하는 데 중요하다.

기원전 6세기에 석가모니의 가르침이 종교계에 거대한 움직임을 일으키자 의학도 크게 변화했다. 그러한 변화를 계기로 인도에 병원이 설립되었는데, 서양에서 기독교인들이 병원을 설립한 시기보다 수백 년 앞선다. 종교와 의학의 긴밀한 관계는 인도 의사가 환자에게 하는 4가지 질문과 석가모니가 말한 '사성제四聖諦'가 꽤 비슷하다는 사실에서도 드러난다.

인도 의학에 내재한 과학적 요소와 종교적 요소의 중간에는 반半 과학적 요소가 있는데, 이를테면 점성술이 있다. 우주에 놓인 환자의 위치, 특정한 날이 지닌 점성학적 의미, 바람과 여섯 계절(비정상적인 계절은 죄를 저지른 결과다!)이 인도의 의학 사상에 중요한 역할을 한다.

인도 의학 사상은 그리스 및 중국 의학과 마찬가지로 사변speculative (경험은 배제하고 논리적 사고에만 의존해 현실과 사물을 인식함-옮긴이) 과학에 뿌리를 둔다. 인도 의학은 5가지 기본 원소(흙, 물, 불, 공기, 하늘)와 2가지 기본 특성(열기와 냉기), 3가지 기본 체액(공기, 담즙, 점액), 6가지 신체 구성 요소(유미乳糜[우윳빛 액체로 지방을 함유한 음식이 소화되는 동안 형성됨-옮긴이], 혈액, 근육, 골격, 골수, 정액), 그리고 생명력이 존재한다고 본다.

인도 의학 사상에 따르면, 모든 질병은 근본적으로 체액에 문제가 생긴 결과다. 질병의 증상은 체액이나 신체 구성 요소가 너무 부족하거나 많아서 발생한다. 그런데 체액의 변화가 같다고 해서 증상도 똑같이 나타나는 것은 아니다. 정신 질환이 신체 증상으로 발현하기도 한다. 인도 의학자들은 시신 해부를 권장했지만 해부학적 지식은 빈약했다.

《수스루타》에 기록된 의학의 세분화는 낯설게 느껴지긴 하지만 다방면으로 의미가 크다. 이 책에서 언급되는 의학의 세부 분야에는 ① 이물질 제거, ② 쇄골 위로 발생하는 질병, ③ 열병, 히스테리, 한센병 등 일반 질병, ④ 악마가 일으키는 질병, ⑤ 소아과학pediatrics, ⑥ 독성학toxicology, ⑦ 회춘, ⑧ 최음이 있다. 기독교인이나 유대인들이 성性에 대해 취한 엄숙주의는 고대 그리스인 및 아시아인에게는 알려지지 않았으며 이해되지도 않았다는 사실을 기억하자.

인도의 고전 서적에 언급된 질병의 원인은 다음과 같다. ① 시각장애, 난청, 지적장애아를 유발하는 난자와 정자의 결합과 임신부의 부적절한 행동, ② 정신 혹은 육체에 나타나는 특발성 질환, ③ 외상, ④ 계절성 질병, ⑤ 신이나 악마가 주는 질병, ⑥ 자발성 질병(노화, 굶주림, 갈증 등이 일으킴).

고대 인도에서 특히 발달한 분야는 질병 진단법이다. 고대 인도 치료사는 환자를 문진하면서 면밀하게 관찰하고(이를테면 체중 감소를 확인하고 폐결핵을 진단함), 촉진하고(맥박 검사가 여기에 속함), 당뇨 진단을 위해 소변을 맛보는 등 오감을 동원했다. 이들은 당뇨병 환자의 소변에서 단맛이 나는 현상을 유럽인들보다 훨씬 먼저 알았다. 다양한 유형의 통증도 진단에 참고했다.

브라만 시대 의학자들은 체질과 체격에 큰 의미를 부여했다. 예를 들어 장수하는 사람들의 외형적 특징을 알아냈다고 믿었다. 또 신체 비율을 관찰하고 7가지 기질을 구분했다. 나이와 더불어 계절도 진단에 중요한 요소였다. 브라만 의학자들은 인도를 기후에 따라 세 지역으로 나누었다.

브라만 의학자들은 히포크라테스 학파와 마찬가지로 질병 예후를 중요하게 여겼다. 즉, 병의 전조를 살피는 정도에서 예후를 진단하는 단계로 발전한 것이다. 이들은 게다가 히포크라테스 학파가 죽어가는 사람에게서 어떠한 예후를 포착하는지도 알고 있었다. 특히 '감각

지각이 변화하고 음경이 수축해 체내로 사라지는 증상'을 중요하게 여겼다. (이러한 증상은 자바섬에서 '코로Koro'라는 명칭으로 불리며 여전히 관심을 끈다. 놀랍게도 레오폴트 아우엔브루거Leopold Auenbrugger의 저작에도 코로가 등장한다.) 한센병, 결핵, 당뇨병 환자에게서 궤양이 발견되면 예후가 좋지 않다는 사실도 알았다.

인도 의학자들은 보통 불치병 환자를 치료하지 않았으므로, 예후를 상당히 중요하게 생각했다. 이들이 쓴 책에는 질병 예후에 대한 경고 문구로 가득하다.

인도 내과 의사들은 임상 지식을 폭넓게 쌓았다. 폐결핵에 걸리면 각혈한다는 것을 알았다. 한센병이 전염성 질환이라는 사실도 인식했다. 당뇨병에 걸리면 몸에 종기가 나고, 간 질환을 앓으면 배에 복수가 찬다는 점도 인지했다.

열병도 주요 관심사였다. 인도 의학자들은 말라리아에 여러 형태가 있다는 사실을 알았으며, 몇몇 불교 서적에는 모기가 말라리아 발병에 어떠한 역할을 하는지 기록되어 있다. 고대 인도인들은 페스트가 확산하기 전에 쥐가 몰살한다는 사실을 알았다. 그리고 뇌전증, 경련 장애, 파상풍tetanus, 반신마비hemiplegia, 코끼리피부병elephantiasis, 얕은연조직염erysipelas 등을 완벽하게 서술하여 책으로 남겼다. 책에서 인도인들은 '고름집'을 표제로 산후열puerperal fever과 골수염을 논하고, 고름집과 종양을 감별하는 법을 설명한다. 갑상샘종goiter과 선병질scrofulosis도 구분한다. 또 알코올의존증과 정신 질환 치료를 신체와 정신 양쪽에서 접근한다. 다른 보편적인 질병들도 광범위하게 다뤘다.

고대 인도 의사들은 질병 분류에도 열중했다. 예컨대 《수스루타》

에는 구강 질환 66가지와 귓불 질환 5가지를 열거했다. 그 결과 고대 인도에서는 라틴어나 그리스어의 도움 없이도 명명법이 놀랄 만큼 발전했다.

수술을 포함한 모든 치료에는 기도와 주문이 함께 처방된다. 악몽을 꾸는 사람에게는 신전 수면temple sleep 처방이 내려진다. 치료의 핵심은 식이요법이다. 의사들은 식품과 이들의 특성을 꼼꼼하게 조사했다. 어떠한 음식은 동시에 먹어서는 안 된다. 부종 환자에게는 무염 식단을 처방한다. 온갖 종류의 구토제, 하제下劑, cathartics(장 속 내용물을 강제로 배설시키는 약제-옮긴이), 사혈법, 거머리가 환자의 신체와 영혼을 정화하는 데 쓰였다. 그러나 구토제와 하제를 남용하면 15가지가 넘는 질병에 걸릴 수 있다고 언급되었다.

고대 인도 의학은 식이요법을 강조하는 한편 약전을 폭넓게 발전시켰다. 특정 토양은 몇몇 약초 재배에 적합하다고 알려졌다. 약초는 성질이나 맛, 혹은 5가지 기본 원소나 효능에 따라 분류되었다. 주요 약재로 물, 우유, 포도주, 암컷 코끼리의 소변이 쓰였다. 처방전은 여러 가지 요소로 구성되는데, 철분을 한센병 환자에게 처방하거나 당뇨병 특효약으로 제시하는 등 엉터리 주장도 포함되었다. 환자는 몸을 찜질 혹은 훈증하거나, 약을 먹거나 코로 마시거나 입에 물었다가 뱉어내거나 직장, 방광, 질에 집어넣었다. 인도 약은 명성이 대단해서 이집트인, 그리스인, 아랍인, 서유럽인도 받아들였다. 특히 서유럽에 인도의 약뿐만 아니라 향신료를 찾는 사람이 무척 많았기 때문에 15세기에 서유럽에서 남아프리카를 거쳐 인도로 가는 바닷길이 발견되었다. 최근에는 인도 약초 인도사목Rauwolfia serpentina에 함유된 성분이 의약품 원료로 널리 쓰이기 시작했다.

인도인들은 광물, 식물, 동물에서 유래한 갖가지 독을 알았다. 이들은 뱀이나 곤충, 쥐에 물리거나 독이 묻은 무기로 공격당해 고통에 시달리기도 했다. 독특한 화학 기술을 개발했으며, 산성과 염기성도 구별했다.

더욱 눈여겨봐야 하는 것은 이들이 약을 처방할 때의 마음가짐이다. 《수스루타》는 치료약이 환자와 질병보다 강해서는 안 된다고 강조한다. 《수스루타》의 저자 수스루타Susruta는 치료의 4가지 요소로 의사, 간호사, 환자, 치료법을 꼽는다. 그리고 신약을 발굴하는 혁신적인 활동에 격렬히 반대했다. 전통 의학만으로 충분하다고 생각했기 때문이다.

인도인들이 남긴 가장 눈부신 업적은 두말할 것 없이 '이물질 제거 수술'이다. 수술은 매번 기도로 시작되었다. 환자를 바른 방향으로 눕히고 점성학에 근거해 상담했다. 그다음에 절개하기, 적출하기, 긁어내기, 구멍내기, 관찰하기, 짜내기, 분비 자극하기, 봉합하기 등 8가지 기법을 적용했다. 인도에서 수술 기법이 수준 높게 발전한 이유는 수술 도중 발생하는 문제점들을 두고 많은 사람이 허심탄회하게 논의한 결과가 다음 수술에 반영되었기 때문이다. 수술에 다양한 도구가 활용되었지만, 가장 중요한 것은 의사의 손이었다. 외과 의사는 환자를 기분 좋게 하는 기술은 물론 겁먹게 하는 기술도 익혀야 했다. 수술 도구로는 집게, 항문경, 삽입관, 비강 수술용 갈고리, 자석 등이 언급되었다. 의사들은 철을 뜨겁게 달구어 신체 조직을 소작하거나, 부식성 연고를 써서 화학적 외과술을 시행했다. 다양한 유형의 붕대와 붕대 재료도 사용했다. 부항을 뜨면서 몸속 가스를 빼내고 싶을 때는 동물의 뿔을, 담즙을 빼내고 싶을 때는 거머리를, 점액을 빼내고 싶을 때는 조롱박을 썼다. 치료에 사혈과 난절법 scarification(피부에 일부러 상처를 내는 것-옮긴이)도 도입했다. 포도주를 마취제로 쓰기도 했다. 1840년대에 영국 외과 의사 제임스 에스데일 James Esdaile(1808~1859)은 인도 의학의 최면술을 바탕으로 마취법을 고안했다. 그러나 같은 시기에 미국에서 화학 마취제를 개발하는 바람에 널리 쓰이지는 못했다.

《수스루타》에 기록된 수술 목록이 전형적인 마법 의식인 귓불 뚫기로 시작하는 것은 우연이 아니다. 인도 수술은 귀 및 코 성형에서 기술이 최고조에 이른다. 귀나 코를 자르는 형벌이 자주 집행된 덕분에 인도의 외과 의사는 관련 기술을 연마할 기회가 수없이 많았다. 중세 유럽에서는 성형수술이 이탈리아에서 가장 먼저 성행했는데, 인도의 고전 수술에서 직접 영향을 받은 것이다. 백내장cataract 및 결석 제거 수술 기법과 개미 머리를 집게로 쓰는 장 봉합술 역시 인도 의학이 남긴 업적이다. 전쟁이 무수히 발발한 시기에는 탄환 파편을 제거하는 정교한 수술 기법이 발전했다. 자석을 사용하는 등의 15가지 기법이 알려져 있다. 특히 그들은 생명 유지에 중요한 신체 부위를 집중적으로 연구했다.

인도 의사들은 화상을 4단계로 나누었다. 상처, 골절, 탈구 치료에도 능숙했다. 그리고 종양, 유방염mastitis, 선병질scrofulosis, 갑상샘종, 음낭수종hydrocele, 탈장 등을 치료했다. 치핵hemorrhoids, 용종, 치루 anal fistula, 결석, 장폐색 수술에도 각별한 관심을 기울였다. 눈과 코와 귀에 생기는 질병을 치료하는 방법도 크게 개선했다.

인도의 산과학은 남아를 임신하는 방법, 유사 발생학, 임신 징후에 관한 지식, 임신부 식이요법, 태위 이상 및 잘못된 분만법 등이 기이하게 뒤섞여 있었다.

고대 인도인들은 위생과 질병 예방을 강조했다. 이를테면 양치질하기, 베텔betel 잎사귀 씹기, 성유聖油 바르기, 빗질하기, 운동하기, 마사지하기, 목욕하기, 경건한 마음 갖기, 적절한 음식 섭취하기, 편안하게 앉기, 성관계하기(나흘에 한 번), 예의 갖추기, 증인이나 보증인이 되지 않기, 교차로에 가지 않기, 윗사람 혹은 암소를 마주하거나 정면으로 바람을 맞는 상태로 소변보지 않기, 낮잠 자지 않기, 파리가 들끓는 음식 먹지 않기 등을 권고했다. 전염병이 유행하는 동안에는 물을 마시거나 날채소를 먹어서는 안 된다. 그 대신 전염병 유행 지역에서 벗어나 기도해야 한다. 이처럼 온갖 기이한 권고 사항이 뒤섞인 인도의 위생 조치가 우스워 보일 수도 있겠지만, 유럽이 18세기가 되어서야 터키로부터 배운 천연두 예방법을 인도인들은 수천 년 전부터 알고 있었다는 사실을 기억해야 한다.

인도 의학은 다른 시대 및 지역의 의학과 비슷한 점이 몇 가지 있다. 인도 의학은 고대 의학을 연상케 하지만, 더욱 과학적이다. 과학 원리와 기술 측면에서는 그리스 의학과 무척 닮았다. 그러나 인도인이 그리스인보다 기술적으로 훨씬 뛰어났다. 반면 그리스인은 인도인과 다르게 의학과 종교를 철저하게 분리했고, 그리스 의학을 하나의 체계적이고 경직된 틀 안에 두지 않았다.

인도 의학은 중세 의학과 비교해도 공통점이 많다. 두 의학은 종교와 체계적인 과학이 뒤섞여 있었다. 그런데 인도에서는 노련한 경험주의자들이 수술 분야에서 놀라운 성공을 거두었지만, 중세 유럽에서는 수술이 쇠퇴했다.

인도가 기원전 4세기에 알렉산드로스 대왕이 통치하던 그리스로부터 의학을 배웠을 확률은 매우 낮다. 이때 인도 의학은 이미 충분히 발전한 상태였을 것이다. 그 이전부터 인도 의학은 부분적으로 그리스 의학과는 별개로 발전했지만, 종교와 분리되지는 않았다. 그리스는 아마도 페르시아를 통해 인도로부터 영향받았고, 인도도 같은 경로로 그리스로부터 자극받았을 것이다. 그리스는 사방에서 문화 요소를 받아들이며 멈추지 않고 극적으로 발전했다.

정적이며 종교적이라는 공통점을 제외하면, 인도 의학은 중세 유럽 의학보다 훨씬 수준 높았다. 하지만 르네상스 시대가 열리고 그리스 문화가 부흥하자 유럽이 인도를 빠르게 앞질렀다. 아랍, 그리스, 유럽만 인도 의학을 배운 것은 아니었다. 인도의 의학과 문화는 동쪽으로도 퍼져 나가 티베트, 인도차이나, 인도네시아 의학에 영향을 주었다.

중국은 여러 고대 문명 중에서 가장 늦게 형성되었다. 초기 중국의 골각기 문화에 관한 새로운 고고학적 증거가 발견된 덕분에 수십 년 전보다는 중국의 역사 자료를 좀 더 신뢰할 수 있게 되었다. 겉보기에는 정적이지만, 중국 문명은 다채롭고 독창적인 기술을 자랑한다. 중국인들은 기원전 1100년부터 나침반을 알았던 것으로 추정된다. 그리고 서양보다 훨씬 앞서 비단과 도자기를 만들고 인쇄술을 활용했다. 중국은 신에게 글을 써서 바치고, 나라 행정을 학자가 맡을 만큼 문자가 널리 쓰이는 사회였다. 하지만 역사 후기에 들어서 의사는 학자 집단에 속하지도, 학자처럼 존경받지도 못했다.

중국 의학을 다루는 문헌은 무척 방대하다. 중국 의학은 세 명의 제왕으로부터 시작된다. 복희伏羲(중국 전설에 따르면 기원전 2900년)는 자연에서 음과 양 혹은 여성과 남성의 원리를 논하는 근본 철학을 창시했고, 신농神農(기원전 약 2700년)은 본초학과 침술을 창안했으며, 황제黃帝(기원전 2600년)는 내과 질환을 다루는 고전《내경內經》을 집필했다고 거론된다.

　중국의 해부학과 생리학은 연역적 사고에 뿌리를 두었다. 의학은 정교하고 형식적인 자연철학의 지배를 받았다. 하위 계층에는 주술사가 중심인 샤머니즘이 퍼졌는데, 이는 영혼 탈취라는 원시 이론에 기반한 일종의 초자연주의적 종교 의학이다.

　중국의 철학과 과학에 따르면 우주 전체는 2가지 원리, 즉 음(어둠, 여성)과 양(빛, 남성)으로 나뉜다. 그리고 5가지 기본 요소(나무, 불, 흙, 금속, 물)는 5가지 행성, 5가지 방향, 5가지 기후, 5가지 색, 5가지 소리, 그리고 인체의 5가지 장기를 이룬다. 특별히 음악은 학문 중의 학문으로 손꼽힌다. 질병은 5가지 장기에 불협화음이 발생한 결과이며, 그러한 불협화음은 각 장기에 상응하는 행성, 기후, 색, 소리가 간섭을 받아 생긴다.

　중국 의학은 진단할 때 주로 혀를 관찰하고 맥박을 짚는다. 적어도 맥박은 51가지 유형으로, 혀는 37가지 색으로 구분한다. 수많은 임상 관찰 결과가 중국 의학 체계에 녹아 있다. 이를테면 중국 의학은 옴좀진드기itch mite를 설명하고 당뇨와 천연두, 이질dysentery과 홍역과 콜레라를 상세히 묘사한다. 게다가 인도 의학처럼 체계가 상당히 정교한데, 그런 정교함 때문에 중국 의학은 오히려 제 기능을 발휘하지 못했다. 예를 들자면 중국 의사는 42가지 천연두를 구별해야 했다. 그들은 또한 접종inoculation으로 천연두를 예방할 수 있음을 알았다. 쥐의 떼죽음과 페스트 사이에 연관이 있다는 것도 인지했다.

중국 의학은 약전이 놀랄 만큼 발달했다. 약재 1천8백여 종이 약전에 포함되었으며, 근래에는 에페드린ephedrine, 대풍자 기름chaulmoogra oil, 부파긴bufagin(두꺼비 피부샘에서 분비되는 스테로이드 물질-옮긴이) 같은 귀한 치료제가 중국에서 서양 의학으로 건너갔다. 그보다 훨씬 오래전에는 대황rhubarb과 장뇌camphor가 유럽 약전에 도입되었다. 중국 의학은 또한 대구 간유cod-liver oil와 철, 비소, 수은 같은 중금속을 약재로 쓴다. 의사가 처방을 내리면 약방에서 약을 짓는데, 중국 약방에서 '용골dragon bones'이라고 부르며 판매하는 선사시대 동물 화석 가운데 학술적으로 중요한 몇몇 화석을 근래에 랄프 폰 쾨닉스발트Ralph von Koenigswald가 발견했다.

중국 문화는 출혈을 극도로 혐오하는 데다 생전에 절단한 신체 부위가 사후에도 지속된다고 믿었기 때문에, 마취를 깊이 이해하고 인도 의학 지식을 광범위하게 받아들였으나 수술을 발전시키지는 못했다. 반면 물리치료 요법은 상당히 발달했다. 중국인들은 건식부항, 마사지, 체조처럼 널리 알려진 요법 외에 침술과 쑥뜸도 개발했다. 긴 바늘로 침을 놓는 기술은 인체가 수로 같은 관으로 차 있으며, 그 관이 제대로 뚫려 있어야 한다는 관념에 뿌리를 둔다. 이러한 관념은 중국 농업의 기초인 관개수로에서 자연스럽게 발생했다. 침술은 지난 3세기 동안 서양 의학에서도 주기적으로 언급되었다. 다른 여러 요법처럼 침술도 암시가 작동하여 효과를 낼 것이다. 쑥뜸은 건조한 쑥을 원뿔형으로 만들어 환자 몸에 두고 불을 붙이는 요법인데, 유럽 의사와 환자들의 눈길을 사로잡지는 못했다.

중국 문명은 13세기부터 체계적인 법의학을 발달시켰다. 당시 범죄자를 판별할 때 지문도 활용했으나 상당수의 법의학 검사법은 다소 터무니없었다. 공중보건은 제대로 발달하지 않았다. 중국 도시들의 불결함은 익히 알려져 있다. 중국 의학은 초기에 13가지 전문 분야로 나뉘었으나 시간이 흐르면서 9가지 분야로 줄었다. 천연두 접종에 관한 지식은 아마도 인도에서 건너왔을 것이다. 인도와 중국 의학은 비교적 초기부터 독단에 빠졌고, 이후 수백 년이 흐른 최근까지도 정체되어 있었다. 10억이 넘는 모든 국민에게 체계적으로 훈련받은 의사를 공급하기란 불가능하므로, 현재 중국공산당 정부는 3개월간 수련받고 자격을 취득하는 소위 의료 보조원과 중의학자를 고용한다. 이들 역시 질병을 예방하기 위해 노력한다.

9세기에 중국 문화와 더불어 중의학의 영향을 받은 일본이 중국처럼 독단에 빠지지 않았다는 점은 흥미롭다. 16세기에 외국과 자주 접촉하기 시작한 일본인들은 과거보다 직접적으로 임상의학에 접근하는 동시에 자연 치유력에 크게 의존했다. 일본의 히포크라테스로 알려진 나가타 도쿠혼永田德本은 일본 의학의 발전에 크게 기여했다. 서양의 영향을 받은 이후 일본은 17세기에는 수술 분야를, 18세기에는 산과학과 해부학을 발전시켰다. 19세기 후반에 들어서는 수월하고 능숙하게 서양 의학을 흡수했다(15장 참조).

5장

그리스 의학

의사, 성직자, 철학자

　　고대 그리스 의학은 역사에 등장하는 어느 의학보다도 현대 의학에 가깝다. 그리 놀라운 일이 아닌데, 그리스 의학이 없었다면 현대 의학은 존재하지 않았을 것이기 때문이다. 현대 의학 용어가 그리스어에 뿌리를 둔 것은 우연이 아니다. 물론 오늘날의 의학과 그리스 의학은 많이 다르다. 대략 1천 년 동안 존재한 그리스 의학은 쉴 새 없이 역동적이고 다양하게 변화했다.

　　고대 그리스 의학에는 시대를 관통하는 동시에 현대 의학과 공유하는 한 가지 사실이 있다. 질병을 더는 초자연적 현상으로 여기지 않았다는 점이다. 또한 합리적이고 자연주의적이며 과학적인 관점으로 질병에 접근하기 시작했다.

2천5백여 년 전 동부 지중해에서 한 무리의 사람들이 어째서 그런 중요하고도 급진적인 생각을 불현듯 떠올렸는지는 지금도 충분히 설명되지 않는다. 그 요인으로 몇 가지가 거론되었다. 그리스인들은 지리적 특성 때문에 다양한 문화에 노출되었다. 특히 이집트, 메소포타미아, 페니키아, 크레타 문명의 영향을 받았다. 이들 문명은 질병에 대한 새로운 접근에 기여할 문화 요소를 포함하고 있었다. 이 다양한 요소들은 모순도 내포하긴 했으나 결국 새로운 출발점을 만들었다. 그리스인들은 유전학자들이 말하는 '잡종강세hybrid vigor'를 육체와 정신으로 증명했다. 전 역사에 걸쳐 그리스에 팽배했던 극단적인 정치적 분열은 결국 그리스의 파멸을 불러왔고, 이 정치적 분열은 다른 문명에서 사상과 행동을 지배한 강력하고 체계적인 성직자 관료 체제가 발전하지 못하게 가로막았다. 그 덕분에 적어도 그리스 상류층에서는 개인주의와 비판적 사고가 동양의 여러 제국을 뛰어넘는 수준으로 발전했다.

그리스에 종교 의학이 없었던 것은 아니다. 초기 그리스 의학에는 종교적 특성이 몹시 두드러졌으며, 역사 속의 수많은 사람들, 특히 불치병에 걸린 가난한 사람들이 종교 의학을 접했다. 상류 계층을 치료한 그리스 의사들은 종교 불신자가 아니라, 종교적 믿음과 의료 행위를 분리한 자연주의자naturalist(모든 현상을 자연의 산물로 생각하여 자연과학적 방법으로 현상을 설명하려는 사람-옮긴이)였다.

고대 그리스인들은 세상에는 수많은 신이 있으며 그중 여러 신이 질병을 일으키고 치료한다고 생각했다. 질병과 치유의 신은 본래 아폴론이었으나 기원전 5세기부터는 그의 자리를 아스클레피오스가 차지했다. 신성한 뱀이 휘감은 아스클레피오스의 지팡이가 오늘날까지 의학의 상징으로 남아 있다. 아스클레피오스 신전이 처음에는 그리스와 소아시아에, 나중에는 로마와 로마 식민지 곳곳에 세워졌다. 환자는 아스클레피오스 신전에서 '신전 수면' 치료를 받았는데, 신전에서 하룻밤 자는 동안 신이 나타나 처방을 내려준다고 생각한 까닭이다. 이러한 치료법들은 신전 비문에도 빼곡하게 기록되어 있다. 다음은 한 봉헌 비문에 남겨진 내용이다.

여자가 신전에서 잠들자, 신이 여자의 배를 마사지해주고 키스한 뒤 약이 든 컵을 건넸다. 그러고는 여자에게 약을 마시자마자 토하라고 명령했다. 명령에 따른 여자의 옷이 토사물로 더러워졌다. 아침에 눈을 뜬 여자는 입고 있던 옷이 토사물로 엉망이 된 모습을 보았으며 이윽고 건강을 되찾았다.

이러한 점을 보면 그리스 의학도 종교와 폭넓은 관련이 있었다. 근래의 학설에 따르면 아스클레피오스는 본래 전설적인 의사이자 의사 동업자조합의 후원자였는데, 기원전 475~425년에 신으로 추앙받기 시작했다고 한다. 따라서 그리스의 신전 의학은 고대 그리스 의학에 앞서 존재한 것이 아니라 동시대에 존재했다고 볼 수 있다. 히포크라테스는 기원전 460~377년 사이에 생존했고, 《히포크라테스 전집 Corpus Hippocraticum》에 수록된 저술은 기원전 480~380년 사이에 작성되었다고 추정된다. 따라서 히포크라테스 학파가 아스클레피오스를 모시는 사제들의 제자이자 후계자라는 의견과 신전 비문이 최초의 병력사case history 기록이라는 주장은 설득력이 낮다. 아스클레피오스가 신의 반열에 오르면서 그를 추종하는 세력이 커졌을 때는, 종교와 분리된 사고를 하는 의사와 철학자와 과학자들이 확고하게 입지를 구축한 뒤였다. 일부 의사가 사용한 아스클레피아드Asclepiad라는 명칭은 큰 혼란을 일으켰다. 그런데 이 호칭이 신이나 종교와 관련된 단체가 아닌, 의사들의 동업자조합이나 의사 가문을 지칭했음은 오늘날 분명히 밝혀졌다.

호메로스가 쓴 글에는 종교에서 분리된 의사가 등장하며, 성직자 의사는 나오지 않는다. 호메로스가 묘사하는 의사는 종교로부터 독립한 존경받는 장인이다. 아스클레피오스와 그의 아들 마카온Machaon과 포달레이리오스Podalirius는 부족을 이끄는 지도자였으며, 다른 지도자처럼 상처를 치료하는 데 능했다. 호메로스가 쓴 서사시는 대부분 전쟁을 다루기 때문에 그의 저작에서 의학은 거의 군대에서 수행하는 수술로 등장한다.

기원전 7세기 무렵 전통 의학은 소아시아의 그리스 식민지 크니도스에서 발전한 듯하다. 당대 크니도스 학파를 대표한 인물인 에우리폰Euryphon과 크테시아스Ctesias는 현대에도 이름이 잘 알려져 있다. 크니도스 학파는 질병 진단에 관심을 기울였으며 어느 정도 정교한 질병 분류 체계를 세웠다. 크니도스 학파는 방광염을 12가지로 구분했다. 또한 질병에 적극적으로 접근하는 동시에 환부의 일부만을 치료했다. 크니도스 학파는 코스 학파보다 외과적 처치에 쉽게 의존했다. 기원전 6세기에 코스섬에서 성장한 학파이자, 히포크라테스라는 이름과 그 이름이 붙은 전집으로 역사에 영원히 남을 코스 학파는 질병 예후와 일반 요법에 관심이 많았다. 세 번째 학파는 기원전 5세기 시칠리아 크로토네에서 발달했으며, 로도스와 키레네 지역에서도 번성한 듯하다. 주목할 점은 이 모든 초기 학파들이 그리스 본토가 아닌 그리스 문명의 주변 식민지를 중심으로 번성했다는 것이다. 이 사실은 외국 문화가 그리스 사상의 발전에 강한 자극제로 작용했다는 이론을 뒷받침한다. 여기서 언급한 '학파'는 교육 활동을 하는 기관이 아니라 같은 전통을 공유하는 단체였다. 그리스에서 의사는 장인이었으므로, 학교가 아닌 뛰어난 의사 밑에서 도제로 일하며 수련했다. 그리스인들은 건강염려증 환자에 가깝게 건강에 관심이 많았기 때문에, 건강을 다룬다는 이유로 여러 장인 중에서 의사를 가장 존경했다. 그리스 의사는 시 행정부로부터 봉급을 받지 못하는 경우 도시를 넘나들며 일해야 했다. 하지만 생계를 잇게 해주는 상위 계층이 너무 적었던 탓에, 의사는 일반적으로 한 도시에 계속 자리를 잡을 수 없었다.

기원전 6세기에 의사로 활동한 데모케데스Democedes의 삶에서 늘 자리를 옮겨 다니며 살았던 그리스 의사의 모습을 엿볼 수 있다. 크로토네에서 태어나 유년 시절을 보낸 데모케데스는 의사로 일하기 위해 도시 아이기나로 갔다. 그 뒤에는 훨씬 보람 있는 일을 하려고 아테네로 이주했다. 이후에 아테네를 떠난 데모케데스는 사모스의 폭군 폴리크라테스Polycrates 밑에서 주치의로 일했다. 그러던 중 페르시아 황제 다리우스 1세에게 붙잡혔고, 다리우스는 그를 의사로 고용했다. 나중에 데모케데스는 기발한 계획을 세워 페르시아를 탈출하는 데 성공하고 고향 크로토네로 돌아왔는데, 말년에는 정치적 문제에 휘말려 다시 고향을 떠나야 했다.

운동에 관심이 많았던 그리스인들은 그러한 관심을 토대로 체육관들을 세웠다. 체육관에서 운동을 가르치는 교사와 운동선수들은 여러 사고를 겪으면서 의학 지식을 쌓았다. 그리고 물리치료와 관련된 의학 기술을 발전시켰다.

그리스 의학이 발전하는 과정에는 의학과 철학이 영향을 주고받은 결과가 중요하게 작용했다. 그리스 자연철학은 인간 사상의 발전에 중요한 이정표를 남겼다. 인간의 체계적 사고는 분명 문명의 놀라운 발전이었다. 그런데 기이하게도 첫 번째로 체계화된 인간의 사고는 지상의 존재가 아닌 신과 영혼에 초점을 맞추었다. 그러다가 기원전 7세기에 인간은 처음으로 초자연주의적 사고에서 벗어나 자연을 기반으로 세상을 이해하려고 노력했다. 물론 그러한 이해는 사변적이고 미숙했다. 하지만 거기에는 놀라운 통찰이 담겨 있었고, 그중 일부는 여전히 인간 사고의 바탕을 이룬다. 이 최초의 사상은 서툴긴 했지만, 무한하게 다양한 현상에 질서를 부여했다. 이 같은 인간의 사고에는 오만함이 깃들기 마련이지만, 우리는 다윈의 진화론처럼 기본적인 주장조차도 오늘날까지 가설로 여겨지고 있다는 현실을 깨닫고 겸손할 필요가 있다. 중요한 것은, 초기 철학 사상이 끊임없이 비판을 받았음에도 종교적 도그마에 갇히지 않았다는 점이다. 초기 그리스 철학이 초기 의학처럼 그리스 문명의 변방에서 태동했다는 것 또한 놀라운 일이다. 그리스 사상이 형성되는 과정에 외부 문화의 자극이 큰 역할을 했음을 다시 한 번 강조할 필요가 있다.

초기 그리스 철학자들의 사상 중에서 일부는 오늘날까지 전해진다. 이 사상을 들여다보면, 철학자들의 주요 목표는 물질계가 어떻게 작동하는지 설명하는 단 하나의 근본 원소를 찾는 것이었음을 알게 된다. 일식이 기원전 585년 5월 28일에 일어나리라고 예측한 밀레토스 출신 탈레스Thales(기원전 639~544)는 물을 근본 원소로 보았다.

그림 3 그리스 의사가 촉진하는 모습

밀레토스 출신 아낙시메네스Anaximenes(기원전 570~500)는 공기를 근본 원소로 생각했다. 에페수스 출신 헤라클레이토스Heraclitus(기원전 556~460)는 불을 근본 원소로 여겼다. 수학에 위대한 업적을 남기고 인류 최초로 음향 법칙을 발견했으며 다방면에 천재성을 발휘한 사모스 출신 피타고라스Pythagoras(기원전 580~489)는 철학과 과학을 뛰어넘어 신비주의와 종교를 향했다. 피타고라스 사상은 이집트에도 영향을 주었다. 피타고라스가 강조한 숫자의 상징적인 의미는 그리스 의학에 등장하는 '위기의 날'이라는 정교한 설화에도 일부 영향을 미쳤다. '위기의 날' 설화는 4일, 7일, 11일, 14일, 17일에 질병이 중요한 단계로 진입한다고 암시한다. 피타고라스는 그리스 세계의 서쪽 끝에 자리한 이탈리아 남부 크로토네에서 제자를 가르쳤으며, 아마도 시칠리아 의학파에 강력한 영향을 주었을 것이다.

아그리겐툼의 엠페도클레스Empedocles(기원전 504~433)도 시칠리아에서 활동했다. 이전 철학자들이 주장한 단 하나의 근본 원소를 공기, 불, 물, 흙 등 4원소로 변형한 인물이 아마 엠페도클레스일 것이다. 그는 뜨거움, 건조함, 차가움, 습함의 4가지 근본 특성이 결합하면 원소가 생성된다고 상상했다(그림 4 참조). 여기서 더 나아가 4원소와 4체액인 혈액, 점액, 황담즙yellow bile, 흑담즙black bile을 동일시했다. 4체액은 각각 심장, 뇌, 간, 비장에서 나왔다. 이러한 이론은 히포크라테스 학파의 저작에 수록되고 아리스토텔레스Aristotle와 갈레노스Galen를 거치며 발전한 이후 중세와 그다음 세기를 지배하는 의학 이론이 되었다. 엠페도클레스의 이론은 사혈, 부항, 배변, 구토, 재채기, 땀 흘리기, 배뇨 등 오래전부터 활용된 배출법evacuation(몸에서 무언가를 뽑아내 질병을 치료하는 방법-옮긴이)의 근거를 마련했다. 이

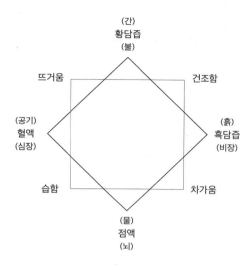

(간)
황담즙
(불)

뜨거움　　　　　　　　　　건조함

(공기)
혈액　　　　　　　　　　　(흙)
(심장)　　　　　　　　　　흑담즙
　　　　　　　　　　　　　(비장)

습함　　　　　　　　　　　차가움

(물)
점액
(뇌)

그림 4　4가지 체액과 4가지 원소, 그리고 4가지 특성에 관한 그리스 이론을 설명하는 도표. 4가지 원소는 4가지 특성과 관련 있으며, 각 특성은 제각기 다른 체액을 지배한다. 특성과 체액 간의 불균형이 나타나면 특성이 반대되는 약을 써서 균형을 되찾는다.

이론이 인기를 끈 이유는 아마도 단순해서일 것이다. 예를 들어 흑담즙이 일으키는 '건조'하고 '차가운' 질병은 논리적으로 '습하고 '뜨거운' 치료를 통해 나을 것이다.

　인간과 우주가 같은 원소로 이루어졌다는 관념은 인체는 곧 소우주이며, 소우주에는 대우주가 반영되어 있다는 생각을 정당화한다. 소우주-대우주 이론은 소크라테스Socrates 이전 철학자부터 파라켈수스Paracelsus, 고트프리트 라이프니츠Gottfried Leibniz, 그리고 낭만주의로 이어지는 서양 철학사 전반을 채운다. 이 이론은, 역사에 수없이 등장했으며 대부분은 의심스러웠던 유추analogy의 원천이 되었다.

기원전 5세기에 그리스 철학자들의 관심사는 자연철학에서 도덕철학으로 바뀌었다. 마지막 자연철학자로 꼽히는 크로토네 출신 알크마이온Alcmaeon(기원전 500년경)은 의학에 관한 글을 쓴 최초의 그리스인으로 알려져 있다. 알크마이온은 신체 구성 요소의 특성들이 균형을 잃으면 질병이 발생한다는 이론을 발전시켰다. 해부학과 발생학에도 관심이 컸던 그는 시신경과 두 종류의 혈관, 기관氣管, trachea에 대해 설명했다. 또 뇌가 인간이 고등한 활동을 하도록 뒷받침하는 중심 기관이라고 설명했다. 고대 시대와 그 이후 활동한 수많은 저술가는 뇌를 그저 점액을 분비하는 분비샘으로 여겼다. 기원전 5세기 철학자인 아브데라 출신 데모크리토스Democritus(기원전 460년경)는 물리 세계를 구성하는 궁극적인 단위 물질이자 아주 작은 물질인 원자atom를 설명하는 이론을 주창했다. 그의 이론은 현대 과학에 접목되었을 뿐만 아니라 고대의 수많은 의학 저술가에게 막대한 영향을 미쳤다.

6장

그리스 의학

히포크라테스 학파의 의학

앞에서 이야기했듯 그리스 의학은 철학자들로부터 많은 영향을 받았다. 그러나 추론이 아니라 임상 관찰 분야에 대한 의학자들의 많은 노력을 원동력으로 크게 발전했다.

'의학의 아버지'라고 불리는 히포크라테스의 이름은 그리스 의학이 독창성을 획득한 최초의 시기를 상징하는 동시에, 시대를 초월한 의학의 아름다움과 가치와 존엄성을 나타낸다. 역설적으로 코스 출신 히포크라테스(기원전 460~379)의 사상과 삶은 거의 알려지지 않았다. 히포크라테스는 아스클레피아드 가문의 후손으로 추정된다. 그리스에서 소크라테스가 철학을 하고, 페리클레스Pericles가 정치력을 두루 떨치고, 투키디데스Thucydides가 역사 저술을 남기고, 소포클레스Sophocles가 비극을 집필하고, 프락시텔레스Praxiteles가 조각 기술을 뽐내며 두각을 나타내던 시기에 히포크라테스는 그리스 이곳저곳을 떠돌았다. 그러다가 페르시아의 침공을 받고 위험에 처한 그리스가 결국 승리를 거둔 살라미스 해전(기원전 480)부터 그리스가 자멸하기 시작한 펠로폰네소스 전쟁(기원전 431)에 이르는 찬란한 시기에 활약했다.

히포크라테스는 이후 50~70권에 달하는 책의 집필에 관여했다고 추정된다. 이 책들은 기원전 3세기 알렉산드리아에서 《히포크라테스 전집》으로 편찬되었다. 전집 중에서 어느 부분을 히포크라테스가 실제로 집필했는지는 알 수 없다. 사실상 플라톤Plato의 언급이나 《메논 Menon》에 나타난 히포스라테스의 사상은 《히포크라테스 전집》에 담겨 있지 않다. 전집의 일부는 교과서고, 일부는 학술서이며, 다른 일부는 짧은 기록문이다. 이따금 서로 모순되는 의견들이 발견되기도 한다. 따라서 이 전집은 한 사람의 작품도, 심지어 한 집단의 작품도 아닌 것이 분명하다. 《히포크라테스 전집》은 기원전 480년에서 기원전 380년 사이에 쓰인 듯하다. 내용 대부분은 코스 학파의 사상을 담고 있으나, 크니도스 학파와 시칠리아 학파의 가르침도 약간 반영했다. 즉, 작자 미상의 책들이 알렉산드리아에서 전집으로 편찬되면서 당시 가장 위대한 고대 의사로 여겨진 히포크라테스의 이름이 붙은 것으로 추정된다. 이와 비슷한 일은 17세기 몽펠리에의 샤를 바르베라크Charles Barbeyrac에게도 일어났다. 히포크라테스의 이름이 붙은 많은 책은 내용이 다양하지만 공통점도 존재하므로, '히포크라테스 학파' 혹은 '히포크라테스 의학'이라는 의학 부류를 규정하는 건 이치에 맞는다.

《히포크라테스 전집》은 긴 시간을 들여 살펴볼 가치가 있지만, 여기서는 가장 중요한 책 몇 권만 설명하겠다. 《고대 의학에 관하여On Ancient Medicine》는 히포크라테스 학파가 남긴 전형적인 저술로, 의학에 관한 모든 기술의 근원을 식이요법 관찰 및 실천에 둔다. 이 책의 저자는 4가지 근본 특성이 철학에서 의술로 도입되어 새로운 이론에 활용되는 실태를 공격하는 인물로, 전통 방식을 고수하는 경험주의자이자 장인이다. 식이요법에 대한 한결같은 관심은 《히포크라테스 전집》의 여러 책에서도 드러나며, 몇몇 책은 식이요법만 중점적으로 다룬다. 이 책들에 따르면 식이요법은 단순히 음식 섭취를 조절하는 것이 아니라 넓은 의미에서 생활습관 전반을 관리하는 것이다. 유명한 책《전염병Epidemic Diseases》은 타소스섬의 질병을 주로 다루고, 탁월한 책《예후에 관하여On Prognosis》는 증상에 관한 히포크라테스 학파의 지식을 상당히 높은 수준으로 서술한다. 《공기와 물과 장소에 관하여On Airs, Waters, and Places》는 특정 기후에 해당하는 도시에 갔을 때 의사가 마주칠 질병을 조언한다. 이 책의 2부는 유럽과 아시아의 여러 나라와 각 나라의 관습을 기후와 풍토의 관점에서 해석한다. 《공기와 물과 장소에 관하여》는 의료지리학 혹은 인류학을 다룬 최초의 고전으로 찬사를 받았다. 이 책에 등장하는 '풍토학climatology'은 저자가 사회제도에 따라 기후 조건의 영향력이 변화함을 깨닫고 서술했다는 측면에서 그후 2천 년 동안 나타난 풍토학보다 훨씬 합리적이다.

골절, 탈구, 머리의 상처, 궤양, 누공fistulae, 치핵을 다루는 외과학 서적은 보수적인 관점으로 외과 수술에 접근하지만, 해당 질환을 훌륭하게 서술한다. 귀도 마즈노Guido Majno에 따르면 이들 서적에는 지혈대tourniquet도 묘사되어 있다. 《신성한 질병에 관하여On the Sacred Disease》는 초자연주의적 관념이 아닌 자연주의적 관념으로 질병을 해석하자고 강하게 주장한다. 이 책의 저자의 눈에는 악명 높은 '신성한 병(간질)'이 다른 질병보다 그리 신성하게 보이지 않았다. 이 책은 또한 횡격막 등 다른 기관보다도 뇌가 중요하다고 강조한다. 해부학과 생리학이 수록된 책《인간 체질에 관하여On the Nature of Man》는 히포크라테스 학파의 저작 가운데 4체액 이론을 가장 폭넓게 받아들였다. 유명한 《선서Oath》*(루트비히 에델슈타인Ludwig Edelstein에 따르면, 히포크라테스 학파 이후 신피타고라스 학파의 사상이 반영되었다고 함),《법칙The Law》,《의사The Physician》는 전반적으로 의사의 직업 의식과 윤

---

* "의술을 주관하는 아폴론과 아스클레피오스와 히기에이아와 파나케이아를 비롯한 모든 신과 여신 앞에서 내 능력과 판단에 따라 이 선서와 조항을 지키겠다고 맹세한다. 나에게 의술을 가르쳐준 스승을 내 부모와 다름없이 소중히 섬기고, 내가 가진 것을 스승과 나누고, 스승에게 도움이 필요할 때는 돕겠다. 스승의 자손을 내 형제처럼 생각하고, 스승의 자손이 의술을 배우기를 원한다면 보수나 조건 없이 의술을 가르치겠다. 내 아들과 내 스승의 아들과 의술의 원칙을 준수하겠다고 선서한 제자에게만 강의와 훈계를 포함한 모든 교수법으로 의술을 전수하며 그 외 사람에게는 전달하지 않겠다. 나는 능력과 판단에 따라 환자에게 도움이 되는 섭생의 법칙을 지키고, 환자에게 유해한 처방은 멀리하겠다. 나는 누가 요청하더라도 생명을 앗아가는 약을 주지 않을 것이며, 그렇게 하라고 조언하지도 않겠다. 마찬가지로, 나는 어느 여성에게도 임신중절용 질 좌약을 주지 않겠다. 나는 일생을 바쳐 신성하고 거룩하게 의술을 펼칠 것이다. 나는 결석을 앓는 환자에게 칼을 대지 않겠지만, 그 분야 전문가가 그러한 행위를 하는 건 인정하겠다. 나는 어느 집을 방문하든지 오로지 환자를 돕는 일에만 힘쓰고, 어떠한 비행을 저지르지도 해를 끼치지도 않으며, 환자가 노예든 자유민이든 남자든 여자든 신체를 능욕하지 않겠다. 나는 직무를 수행하는 중이든 직무와 관련 없는 일을 수행하는 중이든, 보거나 들은 것이 무엇이건 간에 그 내용이 세상에 널리 알려져서는 안 된다면 내용 일체를 비밀로 지키며 절대로 누설하지 않겠다. 내가 이 선서를 어기지 않고 계속해서 지켜나간다면, 나는 일평생 의술을 베풀며 모든 사람에게 영원히 존경받을 것이다! 하지만 선서를 어기고 맹세를 저버린다면, 나의 운명은 그와 반대되는 방향으로 치달을 것이다!"(Hippocrates, in *Works*, trans. by Francis Adams [London, 1849], Vol. I, pp. 278-80).

리 의무를 다룬다. 이러한 책은 도제제도가 의료 교육 현장에서 중요하게 기능했음을 보여준다.《잠언Aphorisms》은 의료 관행 전반을 논의하며 질병 발생에 관한 '위기의 날'이라는 주제를 깊이 다룬다.

히포크라테스 학파가 남긴 모든 저작에는 모순된 주장도 있으나, 몇 가지는 기본적으로 같다. 첫째, 모든 책은 의학의 독립 선언을 표현한《신성한 병에 관하여》의 첫 문장과 같이 자연주의적 접근을 강조한다. "이른바 신성한 병은 다음과 같이 생각된다. 내가 보기에 이 병은 어느 질병보다 결코 신성하지도 거룩하지도 않으며, 다른 질병과 똑같이 자연에 발병 원인이 있다. 사람들은 질병의 특성과 발병 원인을 신성하다고 여기는데, 이는 해당 질병이 잘 알려지지 않은 데다 다른 질병과 비교하면 완전히 다른 까닭이다."*

둘째, 이들 책은 대부분 이론보다 실제 질병이 발전하는 과정을 관찰하는 데 큰 가치가 있다고 강조한다. 질병의 원인을 파악하는 대신 질병 과정을 관찰하는 일에 집중하다 보면 사변적 이론의 중요도가 낮아진다. 히포크라테스 학파 의사들이 내세운 귀납적 추론은 과학에서 첫 번째 승리를 거두었다. 히포크라테스 학파의 저술에서 인용한 다음 토막글은 히포크라테스 학파 의사의 관찰력과 그들이 관찰을 통해 얻은 경험적 통찰을 보여준다.

급성질환은 다음과 같은 방식으로 관찰해야 한다. 첫째, 환자의 안색이 건강한 사람의 안색과 같은지 아니면 평상시와 같은지 확인해야 한다.

---

* Hippocrates, "On the Sacred Disease," in *Works*, Vol. II, p. 843.

안색이 좋다면 건강도 좋을 것이다. 반면 다음과 같은 경우는 안색이 나쁘다고 판별한다. 코가 뾰족하고, 눈이 움푹 들어갔고, 관자놀이가 수축했다. 또 귀가 차가우며 수축했고, 귓불이 바깥쪽을 향해 서 있고, 이마 피부가 거칠고 팽팽하며 건조하다. 그리고 얼굴 전체가 녹색, 검은색, 검푸른색, 회색을 띤다. 이러한 안색이 질병 초기에 나타났는데 다른 증상을 확인하고서도 어느 질병인지 알 수 없다면 환자가 오랜 기간 수면을 제대로 취했는지, 설사를 했는지, 음식을 먹지 못해 괴로워했는지 질문해야 한다. 질문 중에서 하나라도 해당한다고 환자가 대답하면, 그리 위험하지 않은 질병으로 간주해야 한다. 언급한 원인에서 나쁜 안색이 비롯되었는지 아닌지는 하루 내에 명백히 밝혀질 것이다. 그런데 질문 중 어느 하나도 해당하지 않으며 하루가 지나도 안색이 좋아지지 않는다면, 죽음이 임박했다고 보아야 한다.*

아래에 언급된 여러 세부 사항을 살펴보면 타소스 사람들은 볼거리mumps를 앓았음이 분명하다.

추분 무렵 플레이아데스 성단이 보이면 타소스섬에는 많은 비가 계속해서 온화하게 내리고 남풍이 불었다. 겨울에 부는 남풍과 북풍은 부드럽고 건조했다. 겨울 날씨는 대체로 봄과 같았다. 봄철은 차가운 남풍이 불고 비가 드물게 내렸다. 여름은 주로 흐리고 비가 내리지 않으며 계절풍이 이따금 약하고 불규칙하게 불었다. 이른 봄이 되어 타소스섬 전체에 남

---

* Hippocrates, "Prognostics," in *Works*, Vol. I, p. 235.

풍이 불며 건조해질 때 그와 상반되는 북풍이 불면 일부 환자에게 고열이 나고 드물게는 가벼운 출혈이 발생했으나 생명에 치명적이지는 않았다. 환자 다수는 양쪽 귀 주변이, 나머지는 한쪽 귀 주변이 부어올랐지만 열이 나지 않았으므로 병상에 누워 지낼 필요는 없었다. 모든 환자가 별다른 문제 없이 회복되었으며, 다른 질병에 걸려 몸이 부어오른 환자들처럼 고름이 생기지도 않았다. 이 질병에 걸린 환자가 겪는 부기는 넓게 퍼지며 대수롭지 않고, 염증이나 통증이 없으며 다른 심각한 징후를 보이지 않다가 사라진다. 이 질병은 환자의 나이를 가리지 않는다. 대부분 레슬링 연습장이나 체육관에서 운동하는 사람들이 걸렸으나, 부인이 걸린 사례는 드물었다. 다수의 환자가 마른기침을 하고 목이 쉬었다. 어느 환자는 질병 초기 혹은 후기에 통증을 동반한 염증을 앓았는데, 때로는 그 증상이 한쪽 고환에 나타났으며 양쪽 고환에 나타나는 경우도 있었다. 전체 환자 중에서 일부는 열이 났고 나머지는 열이 나지 않았으며, 대부분은 심한 통증에 시달렸다. 한편으로는 질병에 걸리지 않아 의료적으로 도움이 필요하지 않은 사람도 있었다.*

마지막으로, 《잠언》에 등장하는 몇 가지 사례가 있다. "뚱뚱한 사람은 날씬한 사람보다 갑작스럽게 죽을 확률이 높다"(II, 713). "뚜렷한 이유 없이 자주 정신을 잃는 사람은 갑자기 사망하기 쉽다"(선천심장병?)(II, 712). "상처를 입고 나서 경련이 일어나면 생명이 위험하다"(파상풍)(II, 737). "척추 기형 환자가 기침 및 폐결절을 앓는 경

* Hippocrates, "Epidemics," in *Works*, Vol. I, p. 352.

우가 종종 있다"(II, 760). "결핵 환자가 설사하는 것은 대단히 심각한 증상이다"(II, 739).*

히포크라테스 학파가 활동한 시대의 의사들은 환자를 관찰할 때 시각과 촉각을 주로 동원했다. 후각도 사용했으며, 환자를 흔들어서 체액이 흔들리는 소리를 듣는 이른바 진탕음진단succussion을 하는 등 원시적인 청진법도 활용했다. 히포크라테스 학파는 쉽게 식별할 수 있는 급성질환, 이를테면 오늘날의 폐렴, 결핵, 산후열, 탄저병anthrax, 볼거리, 특정 말라리아도 책에서 다루었다. 히포크라테스 학파가 보기에 만성질환은 급성질환이 발병한 결과에 불과했다. 히포크라테스 학파가 쓴 글에는 그러한 질병들을 관찰한 내용이 묘사되지만, 질병 이름은 거의 거론되지 않았다. 당시에는 질병을 해부학적 변화와 연결하지 않았으며, 현대적인 의미에서 진단하지 않았다. 질병을 급성, 만성, 전염성, 풍토성으로만 분류했다. 그 이유는 지식이 없어서가 아니라, 질병을 보는 관점이 근본적으로 달라서였다. 히포크라테스 학파 의사들은 진단이 아닌 질병의 예후와 치료에 관심이 있었다. 그리고 환자에게 나타나는 질병이 아닌 환자 자체에 우선 집중했다. 환자 신체의 일부에 발생한 병변보다 전신을 살피기도 했다. 여기서 의사는 오히려 한계를 만회하기도 했다. 의사의 지식이 질병을 성공적으로 진단하고 치료하기에 너무나도 부족했기 때문이다.

이런 식으로 예후를 강조한 이유는 그리스 의사가 사회적 지위를

---

* Page citations refer to Hippocrates, "Aphorisms," in *Works*.

제대로 보장받지 못했기 때문이다. 그리스 의사는 여기저기를 떠도는 장인이었기에 놀라운 예언을 해서 대중의 신뢰를 빠르게 얻어야 했다. 그리고 실패를 감당하기 힘들었으므로 환자를 치료해야 할지 말아야 할지, 때에 따라서는 도시를 떠나야 할지 말아야 할지 아는 것이 무척 중요했다. 이 같은 사회 요인이 그리스 의사가 의견을 내고 의료 관행을 형성하는 데 큰 역할을 했다. 고대 문명이 전조에 보인 지대한 관심 등의 다른 요소도 그리스 의사의 태도에 영향을 주었다.

히포크라테스 학파 의사들은 대부분 장인이었지만 철학과 수사학에 관한 기초 지식도 나름대로 있었으며, 이 지식들은 의사가 기술을 익히는 데 밑거름이 되었다. 중세 시대에 형성된 위엄을 누리는 오늘날의 의사와 달리, 그리스 의사는 철학 교육을 받은 상류 계층 환자들에게 본인의 행동을 일일이 설명해야 했을 뿐만 아니라, 다른 의사 겸 장인이나 의학에 잠시 몸담았던 철학자를 상대로 본인의 기술에 관하여 끊임없이 토론해야 했다.

히포크라테스 학파 의사가 질병에 접근하는 근본 방식은 치료법에서 드러난다. 그 치료법은 질병이 아닌 환자 개인을, 신체의 어느 한 부분이 아닌 전신을 치료 대상으로 삼았다. 자연에는 스스로 치유하는 성향과 능력이 있으며, 의사의 주된 역할은 자연을 제멋대로 이끄는 것이 아니라 자연의 치유 과정을 돕는 것이라는 핵심 가설이 히포크라테스 학파의 치료법을 뒷받침했다. 건강은 체액이 조화롭게 혼합된 상태(정상 건강eucrasia)이고, 질병은 그러한 조화가 깨진 상태(질환dyscrasia)였다. 조화가 깨진 체액이 발생기apepsis에 접어들면, 자연은 이른바 타고난 열을 이용해서 소화pepsis 혹은 비등coction 단계를 거쳐 체액의 균형을 바로잡으려 한다. '끓이다'라는 단순한 의미를 지닌 비등 단계는 보통 '위기의 날'에 분리crisis 단계에 다다르며 끝나는데, '위기의 날'은 비등 단계의 최종 생성물인 질병 물질이 제거되는 시기이다. 때로는 분리 단계를 지나는 대신에 질병이 서서히 감퇴하면서 사라지기도 했다.

이 과정에서 자연을 돕는 의사의 주요 임무는 식이 처방이었다. 히포크라테스 학파는 구토제, 하제, 사혈 등의 과격한 처방을 거의 하지 않았다. 식이요법에 실패했을 때만 약을 처방했으며, 수술은 최후의 수단이었다. 일반적으로 히포크라테스 학파 의사는 보수적인 관점에서 수술을 보았지만, 원형절제나 농흉empyemas 수술 등 다소 위험한 수술도 했다.

히포크라테스 학파의 글에서는 질병의 기본 원인인 체액 문제가 프뉴마pneuma 문제와 명확하게 구분되지 않는다. 프뉴마란 현대적인 의미로 산소부터 영혼에 이르는 모든 신비한 물질이다. 질병은 환자가 무절제하게 행동하거나 긴장하면, 혹은 기후의 영향을 받거나(유행성 질병의 특성) 유전적으로 물려받은 신체 특성 때문에 발생할 수 있다.

히포크라테스 학파가 주장한 질병 이론은 그 시대의 미숙한 과학 기술을 토대로 형성되었다. 4가지 체액을 다루는 생리학은 심지어 화학 이론도 아니었으며, '비등'이라는 단어로 짐작할 수 있듯 부엌에서 관찰한 현상에서 파생된 이론이었다. 기후와 날씨가 인체에 미치는 강한 영향력을 알면 날씨에 의존하는 항해사의 관점을 이해할 수 있고, 인체가 계절의 변덕에 노출된 들판과 같다고 여긴 농부의 관점을 알 수 있다.

히포크라테스 학파의 모든 저술에는 높은 윤리적 지향이 구석구석

스며 있다. 예컨대《전염병》에는 유례가 없을 만큼 과학적으로 정직한 사례가 등장하는데, 이 책에 나온 42가지 질병 사례 가운데 25가지가 실제로 생명에 치명적이었다. 친절("인간을 향한 애정이 있는 곳에 기술을 향한 애정이 있다")과 품격, 청결과 노련함도 강조되었다. 히포크라테스 학파의 모든 저작을 통틀어, 윤리 수칙을 다룬 구절은 깊은 지혜를 담고 있다. 불치병을 치료하지 말라는 냉담한 경고는 당시 시대상에 비추어 보아야 이해할 수 있다. 히포크라테스 학파가 활동한 시대에는 의사의 직업적 지위가 불안정한 데다 사회적 지위도 낮아서 실패라는 오명을 피하는 것이 무엇보다 중요했다. 장인이라는 관점에서는 회복 불가능한 환자를 치료하길 거부하는 편이 윤리적이었다.

히포크라테스 시대가 끝난 직후 등장한 위대한 철학자이자 생물학자 아리스토텔레스(기원전 384~322)는 중세와 르네상스 시대의 의학에 중대한 영향을 미쳤다. 그는 일정한 기본 원리에 따르기보다는 백과사전식으로 사고하여 자연계와 인간계를 이해했다. 그에 따르면 만물은 물질에서 비롯하고, 잠재태에서 형상을 얻어 현실태가 된다. 모든 창조물에는 목적이 있다. 인간은 자연의 목적이다. 모든 존재는 시간 및 공간 내에서의 운동이며, 가장 완벽한 운동은 원운동이다. 이 같은 아리스토텔레스 사상의 영향이 항상 올발랐던 것은 아니었고, 일반적이거나 특별한 것도 아니었다. 목적론은 이따금 오해를 일으키기 때문이다. 아리스토텔레스의 제자이자 '식물학의 아버지'로 불리는 테오프라스토스Theophrastus(기원전 370~286)가 남긴 탁월한 저작은 식물의 약리학적 특성과 별다른 관련이 없으므로 의학사가 아닌 과학사의 일부로 보아야 한다.

7장

그리스 의학

알렉산드리아와 로마

그리스 의학 문헌을 시대순으로 나열하면 《히포크라테스 전집》과 로마 백과사전 편집자 켈수스Celsus(30)의 저서 사이에 3백 년의 공백이 있다. 그런 까닭에 히포크라테스 이후 발생한 수많은 변화는 켈수스와 후기 그리스 의학 저술가들이 인용한 문구를 통해서만 확인할 수 있다. 켈수스의 저작에 나타난 그리스 의학은 고유의 단순함이 크게 줄고 불필요한 요소가 많아졌다. 하지만 그때 의학이 실제로 놀랄 만큼 발전하기도 했다.

체액학파에 속하는 히포크라테스 학파가 전집을 편찬한 뒤에, 마찬가지로 체액학파였던 갈레노스의 시대가 열리기까지 독창적인 의

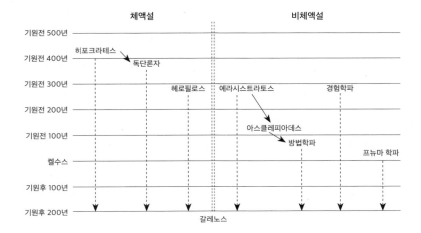

그림 5 그리스 의학 분파의 연대표. 그리스 의학이 융성한 창조적인 시대에 다양한 접근법이 등장했고, 그 대부분은 오랫동안 지지를 받았다. 체액설은 갈레노스 시대 이전에는 지지를 얻지 못했다.

학서가 거의 나오지 않았다는 사실은 그리스 의학이 오랜 세월 일관되게 체액설을 고수했다는 신화를 뒷받침하는 듯하다. 그런데 오늘날 참고할 수 있는 일부 문헌에 따르면 그 신화는 사실이 아니라고 보는 것이 좋다. 한 학파의 뒤를 이어 다른 학파가 등장했고, 의학의 중심은 계속 이동했다. 그림 5에는 다양한 의학적 접근법의 발전 양상이 나타나 있다. 도표에서 가운데 점선을 기준으로 오른편에 나열된 접근법은 체액설을 주장하지 않았다. 갈레노스가 그리스의 유산을 대표하는 권위자가 되고 나서야 체액설은 약 1천5백 년간 누구도 넘볼 수 없는 위상을 유지했다. 히포크라테스를 따르던 추종자들은 '독단론자Dogmatist'라고 불렸는데, 이 호칭은 위대한 스승을 그저 흉

내 내기에 급급했던 추종자들의 태도에서 유래했다. 이 호칭을 카리스토스 출신 디오클레스Diocles와 코스 출신 프락사고라스Praxagoras 같은 뛰어난 추종자에게도 적용할 수는 없을 듯하다. 디오클레스는 해부학을 폭넓게 연구했으며, 심장을 인체의 중심 기관이자 정신병이 발생하는 기관으로 여겼다. 기원전 약 340년에 살았던 프락사고라스는 질병에 따른 맥박 변화를 깊이 있게 연구한 최초의 그리스 의사로 추정된다.

기원전 3세기에 그리스 문명과 의학의 중심지가 고대 그리스 정착지에서 이집트의 새 도시 알렉산드리아로 이동했다. 이 도시의 이름은 당시 알려진 세계의 경계선까지 그리스 문명을 전한 마케도니아의 알렉산드로스 대왕에서 유래했다. 낯선 문화가 뒤섞인 용광로 알렉산드리아에서 그리스 과학은 위대한 업적을 세웠고, 역으로 동양의 신비주의가 그리스 사상에 막대한 영향을 주기도 했다. 알렉산드리아에서 철학과 기술이 쇠퇴한 것은 분명하다. 그런데 실용주의적 태도가 과학(천문학과 지리학, 그리고 유클리드와 아르키메데스의 수학)과 특정 기술 분야(헤론Hero과 아르키메데스의 역학)의 커다란 발전을 불러왔다. 기술의 발전은 기술의 전문화로 이어졌다. 알렉산드리아에 세워진 훌륭한 도서관과 박물관, 학자 기숙사를 갖춘 대학교는 학문 성장에 필요한 밑거름이 되었다. 그리고 해부학과 외과학 분야가 비약적으로 발전했다.

헤로필로스Herophilus와 에라시스트라토스Erasistratus는 초기 알렉산드리아 학파를 상징한다. 칼케돈 출신 헤로필로스는 해부학의 모든 분야에 중요한 업적을 남겼다. 이를테면 눈과 뇌, 혈관, 십이지장 duodenum(칼케돈이 명명함), 남성과 여성의 생식기를 묘사했다. 또 신

체의 감각 마비와 운동 마비가 반드시 동시에 일어나지는 않는다는
것을 관찰했다. 그리고 기존보다 객관적으로 맥박을 측정하려고 노력
했으며, 물시계로 맥박수를 셌다. 본래 히포크라테스 추종자였던 헤
로필로스는 회의주의 철학의 영향을 받았다. 그 결과 체액설과 결별
하지 못했고, 실험을 통해 광범위한 결론을 도출하지도 못했다. 치료
전문가인 그는 히포크라테스 학파보다도 사혈과 '신의 손'이라 부른
약제를 신뢰했다. 외과학과 산과학에도 관심이 많았다. 헤로필로스의
유명한 격언은 그의 의학 사상을 잘 요약한다. "최고의 의사는 가능
과 불가능을 구별하는 의사다."

코스 출신 에라시스트라토스(기원전 약 330년 출생, 기원전 약 250년
난치성 암으로 자살한 것으로 보고됨)가 집필한 책 62권은 현재 한 권도
남아 있지 않다. 에라시스트라토스도 뛰어난 해부학자였다. 예컨대
별도로 존재하는 감각신경과 운동신경, 대뇌와 소뇌, 심장과 정맥과
동맥의 해부학을 세밀하게 파악했다. 그리고 새가 섭취한 먹이와 배
설물의 무게를 재서 신진대사의 수수께끼를 풀려고 했으며, 불감발
한不感發汗, insensible perspiration으로 손실되는 물질에 주목했다. 또한 병
리해부학 현상을 처음으로 관찰했다. 배에 복수가 차면서 간이 딱딱
하게 굳는 현상을 발견한 그는 복수의 원인이 딱딱하게 굳은 간이라
고 생각했다.

에라시스트라토스는 해부학을 연구하고 그 결과를 받아들였다.
즉, 고체병리학solidistic pathology(인체를 구성하는 원자에 문제가 생겨서
질병에 걸린다고 보는 관점-옮긴이)을 받아들이며 히포크라테스 학파의
체액병리학을 포기했다. 그리고 원자를 신체의 필수 구성 요소로 여
겼다. 동맥을 순환하는 외부 공기(프뉴마)의 영향을 받으면 원자가 활

성화된다고 추론하기도 했다. 또 소화를 순수한 기계적 과정으로 생각했으며, 인체에 국소적으로 생긴 장애가 프뉴마의 순환을 방해하면 질병이 발생한다고 보았다. 고체병리학은 알렉산드리아가 내세울 만한 발명품이었다. 다음 세기에 고체병리학은 알렉산드리아에서 살던 아리스타르코스Aristarchus가 주창한 태양중심설과 같은 운명을 맞이했다. 치료 전문가로 활동한 에라시스트라토스는 사혈과 다약제를 전반적으로 반대했다. 헤로필로스와 에라시스트라토스가 창시한 학파는 2세기까지 존속했다.

기원전 3세기 말 알렉산드리아에서 세 번째 의학파가 등장했다. 이 학파 사람들은 자신들을 경험주의자라고 불렀다. 코스의 필리노스Philinos(기원전 250년경), 알렉산드리아의 세라피온Serapion(기원전 220년경), 타렌툼의 글라우키아스Glaucias(기원전 170년경)가 경험주의의 선구자다. 가장 유명한 경험주의자는 기원전 1세기 초에 살았던 타렌툼의 헤라클리데스Heraclides일 것이다. 그가 수행한 약제 실험은 약학 분야에 귀중한 유산으로 남았다.

경험주의자들은 의료 행위와 본질적으로 무관해 보이는 철학적 추측과 과학 실험에 반기를 들었다. 그리고 자신들이 직접 관찰한 결과로 의학 지식을 한정한 다음, 선배 의학 저술가들이 관찰한 내용으로 부족한 부분을 보완했다. 경험주의자의 치료법은 유추에 바탕을 둔다. 이 같은 태도는 의학 역사에 일어난 여러 유사한 변화 가운데 첫 번째 사례다. 경험주의자들의 관점은 현상을 이해하기 쉬워서 의학에 실질적으로 공헌하기도 했지만, 시야가 좁은 탓에 곧 막다른 골목에 다다랐다. 그리하여 훗날 의학이 발전하는 데 크게 영향을 미치지는 못했으나 특정 분야, 특히 증상학과 약리학과 외과학 분야에 많은 자극을 주었다. 물리학, 해부학, 기술 분야의 발전이 고체병리학의 발달과 맞물려 알렉산드리아에서는 로마 시대까지 수술 기술이 크게 향상했다. 무엇보다 이 시기에 결찰ligature(혈관을 묶어서 조이는 방법-옮긴이)을 지혈에 활용하고 갑상샘종, 탈장, 백내장, 편도 수술과 성형수술을 했다는 이야기가 오늘날 널리 알려져 있다. 알렉산드리아에서는 또한 외과학과 내과학이 분리된 것으로 보인다.

같은 시기 중동 지역에서 작은 나라들을 다스린 수많은 군주도 의학 연구에 눈을 돌렸다. 군주들은 과학에 대한 흥미보다는 개인적인 차원에서 의학에 관심을 두었는데, 여러 약물 가운데 특수한 계열인 독극물에 심취했다. 현대에 들어서는 과학이 발전하여 독극물 탐지가 쉬워져 독극물에 대한 관심이 낮아졌다. 하지만 당시 중동의 군주에게는 독극물과 해독제를 아는 것이 무척 중요했다. 군주이자 아마추어 독성학자로 가장 유명한 인물은 로마인들이 근동 지역의 마지막 강적으로 꼽았던 폰토스의 미트리다테스Mithridates왕(기원전 120~63)이었다. 고대 후기와 중세에 흔히 사용된 해독제가 그의 이름에서 유래했다. 미트리다테스는 독극물 극소량을 오리에게 반복 투여하는 실험을 하고, 독극물에서 면역을 얻을 수 있다는 아이디어를 떠올렸으리라 추측된다.

그리스 의학사의 마지막 극적인 사건은 로마를 무대로 펼쳐진다. 기원전 3세기 이후 많은 그리스 의사와 자유인, 노예가 로마로 이주했다. 처음에 로마인들은 외국인 의사 고용을 강력히 반대했는데 그 이유 중 일부는 국가의 자존심이 걸렸기 때문이고, 다른 일부는 새로 이주해 온 사람들의 직업적, 윤리적 기준이 다소 낮았기 때문이었다. 하지만 의학 분야에서 로마인들은 별다른 성과를 거두지 못했다. 따라서 그리스 의학이 로마에서 승리하리라는 것은 불 보듯 뻔했다.

그리스 의학이 로마에 확고히 자리 잡을 수 있었던 요소 중 하나는 기원전 124년에 태어난 소아시아 출신 그리스 의사 아스클레피아데스Asclepiades의 강인한 성격 덕분이기도 했다. 아스클레피아데스의 의학 사상은 에라시스트라토스의 영향을 받은 것이 분명해 보인다. 아스클레피아데스는 경험주의와 체액병리학에 반대하고 고체병리학과 원자학이 반영된 병리학을 내세웠다. 신체에 난 작은 구멍을 통한 원자의 움직임이 기계적으로 교란당하면 질병이 발생한다고 주장하기도 했다. 에라시스트라토스와 마찬가지로, 아스클레피아데스는 자연 현상과 구조가 저절로 유익한 효과를 낳는다고 믿지 않았다. 그래서 히포크라테스 학파의 수동적인 의료 행위를 '죽음을 오랫동안 기다리는 행동'이라고 부르며 비난하고, '위기의 날' 개념에 반기를 들었다. 한편으로는 프뉴마가 전신에 생기를 불어넣는다고 주장했다. 아스클레피아데스는 정신 질환을 연구하고 뇌 제거 실험을 했다. "신속하게, 안전하게, 다정하게"라는 슬로건으로 유명한 아스클레피아데스의 치료법은 그의 이론에 비추어 추정한 수준보다는 효과가 낮았다. 하지만 지나치게 공격적인 치료를 상대로 투쟁한 끝에, 그는 치료의 위대한 개혁가가 되었다. 이를테면 사혈과 하제 처방에 반대하며 식이요법과 목욕, 세심하게 개발한 체조를 우선 권장했다. 또 식이요법의 하나로 포도주 마시기를 권장해 인기를 얻기도 했다. 그리고 상기도upper respiratory가 막히면 기관절개tracheotomy를 권했다.

아스클레피아데스는 기원전 50년경 라오디케아 출신 테미슨Themison이 창시한 방법학파Methodism라는 새로운 의학파가 나아갈

길을 열었다. 방법학파는 이름에서 알 수 있듯 의학 이론과 치료학 이론을 몇 가지 간단한 방식으로 좁혔다. 이들에 따르면 질병은 체내의 미세한 구멍이 수축된 '긴장 상태status strictus', 혹은 미세한 구멍이 이완된 '이완 상태status laxus'가 원인이 되어 발생한다. 따라서 과도한 수축과 이완을 극복하는 것에만 치료의 초점을 맞추었다. 이 이론은 질병을 지나치게 단순화했으나 적어도 19세기 초까지 의학에 영향을 미쳤다. 로마의 백과사전 편찬자 켈수스는 대형 노예 농장에서 최소한의 노력으로 많은 환자를 치료하려다 보니 방법주의가 등장했다고 설명했다. 로마인들의 형식주의formalism 또한 방법주의가 탄생한 원인일 수 있다. 방법학파에서 가장 유명한 인물은 에페수스의 소라누스 Soranus(기원전 100년경)로 훌륭한 의사였으리라 추정된다. 소라누스는 산과학과 부인과학에 업적을 남겼다.

소라누스가 집필한 의학서 가운데 일부는 저자가 라틴어 번역자 카엘리우스 아우렐리아누스Caelius Aurelianus로 표기되어 있다. 이 의학서는 임상학적 방식이 필요할 때면 소라누스가 방법주의 원리를 버릴 만큼 지적 능력을 지녔음을 알려준다. 오늘날 《카엘리우스 아우렐리아누스Caelius Aurelianus》라는 제목으로 남아 있는 이 책은 고대 문헌 중 유일하게 정신 질환을 완벽하고 질서 정연한 논리로 서술했다. 책 내용을 살펴보면 고대인들은 멜랑콜리melancholy, 조증mania, 그리고 잦은 열병이 원인이 되어 널리 발병한 열 섬망 상태인 뇌염phrenitis 등 3가지 정신병을 인지했다. 정신 질환에 붙은 이름은 오로지 신체적인 문제를 암시했다. 히스테리hysteria(그리스어로 자궁을 뜻하는 단어에서 유래한 병명)와 건강염려증hypochondria(그리스어로 복부를 뜻하는 단어에서 유래한 병명)은 정신 질환으로 분류되지 않았다. 초자연적 관념에서 해방된 것을 자랑스럽게 여긴 고대 의사들은 정신 질환을 신체 증상으로 간주했으며, 따라서 정신 질환에 일종의 배출법을 도입했다. 고대 의사들이 활용한 정신 질환 치료법은 상당수가 경험에서 비롯했으며 일부는 우발적으로 도입되었다.

그리스 의학에서 파생된 마지막 학파는 프뉴마 학파Pneumatists였다. 의심의 여지 없이 스토아 철학에서 강한 영향을 받은 프뉴마 학파는 '프뉴마'가 변화하여 질병이 발생한다는 이론을 주장했다. 프뉴마 학파는 아탈리아 출신 아테나이오스Athenaeus(1세기)가 창립했다. 프뉴마 학파는 이윽고 고대 후기 의사들의 태도를 확립한 절충주의Eclecticism로 발전했다. 프뉴마 학파에 속하는 뛰어난 의사로 아르키게네스Archigenes(100년경)가 있는데, 그는 절단 및 결찰을 포함한 탁월한 수술 기법에 관한 글을 남겼다. 또한 고도로 발달한 약물 지식을 기록했으며, 질병의 1기 증상과 2기 증상을 구별하려는 놀라운 시도를 묘사했다. 이름 외에 알려진 바가 없는 아레타이우스Aretaeus(150년경)가 쓴 조각 글이 아르키게네스의 글을 베낀 것인지는 중요하지 않다. 저자가 누구든 당뇨병, 파상풍, 디프테리아, 한센병을 임상학적으로 서술한 그 비범한 저작은 그리스인 임상학 천재가 기원전 6세기와 마찬가지로 2세기에도 존재했으며 능력이 출중했음을 여실히 보여준다. 당뇨병에 관한 다음 서술은 그 천재성을 드러내는 좋은 사례다.

당뇨병은 쉽게 발병하지 않는 기이한 질병으로, 일단 걸리면 근육과 팔다리가 소변에 녹아든다. 당뇨병의 원인은 부종처럼 차갑고 습한 특성에서 유래한다. 질병 경과는 널리 알려져 있는데, 신장과 방광 문제 때문에 소변 생성을 멈추지 못하여 환자들은 마치 관이 터진 듯 하염없이 소변을 배설한다. 당뇨병은 만성질환이 되기까지 오랜 시간이 소요되지만, 일단 신체에 자리 잡으면 환자는 오래 살지 못한다. 순식간에 기력을 상실하고는 곧 죽음을 맞이한다. 게다가 일상이 불쾌하며 고통스럽게 느껴지고 갈증도 해소되지 않는다. 마시는 물의 양과 소변의 양이 비례하지는 않는데, 오히려 마신 물보다 소변이 더 많이 배출된다. 당뇨병 환자는 물 섭취와 소변 배출을 멈출 수 없다. 한동안 일부러 물을 마시지 않으면 입이 바싹바싹 마르고 몸도 건조해진다. 내장은 마치 불타오르는 듯 느껴진다. 메스꺼움, 불안, 타는 듯한 갈증에도 시달린다. 그리고 머지않아 목숨을 잃는다. 불에 타들어가는 듯한 갈증. 어떤 방법을 써야 당뇨병 환자가 소변 배출을 참을 수 있을까? 의지가 고통보다 강해질 수 있을까?*

고대 그리스, 로마 시대 내내 의학은 그리스인들이 주도했다. 로마인들은 법, 정치, 전쟁, 건축 분야에 위대한 업적을 남겼지만 철학, 예술, 과학 분야에서 독창성을 발휘한 적은 없었다. 라틴어 의학서는 기본적으로 다른 책을 짜깁기한 것이었다. 가장 유명한 라틴어 의학서는 로마 귀족 켈수스가 편찬한 책으로, 특히 알렉산드리아 의사들에 관한 값진 정보를 의학사학자에게 제공한다. 켈수스는 히포크라테스 학파의 사상에서 큰 영향을 받았지만, 수술에 결찰법을 활용하거나 백내장 수술을 하는 등의 외과학 관행을 설명한 그의 글을 읽으면 당시의 외과학 수준이 히포크라테스 학파보다 뛰어났음을 알

---

* *The Extant Works of Aretaeus*, trans. by Francis Adams (London, 1856), p. 338.

수 있다. 켈수스가 피부 과학에 관해 섬세하게 정리한 항목들은 오늘날의 피부 과학 명명법에도 반영되어 있다. 하지만 편찬자에 불과한 켈수스를 언급한 고대 의사는 없었기 때문에, 사망하고 약 1천5백 년이 흘러 르네상스 시대에 이르러서야 그는 이름이 알려지기 시작했다. 또 다른 편찬자 대★플리니우스Pliny the Elder(23~79)도 마찬가지였다. 그가 비판 의식 없이 사실과 공상을 엮은 책은 르네상스와 그 이후의 의사들에게 깊은 인상을 줬다. 로마인 의사 스크리보니우스 라르구스Scribonius Largus(47년경)는 처방전 모음을 남겼다. 스크리보니우스의 처방전과 네로 황제(54~68) 밑에서 일한 그리스인 군의관 디오스코리데스Dioscorides의 처방전을 비교하면, 라틴어 의학 문헌과 그리스어 의학 문헌 간의 수준 차이가 크다는 사실을 깨닫는다. 디오스코리데스는 '약물학의 아버지'다. 약용식물 6백여 종을 설명한 뛰어난 생약학자이기도 한 그는 임상의로서 만병통치약을 신뢰했다. 에페수스 출신 그리스인 의사 루푸스Rufus(100년경)는 어느 의학 집단이나 학파로 분류되지는 않지만, 그가 설명한 해부학과 맥박에 관한 지식, 그리고 암 및 페스트와 관련된 임상학적 세부 지식은 눈여겨볼 만하다.

그리스 의학이 창의력을 꽃피운 마지막 시기에는 히포크라테스에 버금가는 페르가몬 출신 그리스 의사 갈레노스(130~201)의 활약이 두드러졌다. 당시 의사들은 다양한 의학파와 의학적 접근법을 통합하고 싶어 했다. 그러한 열망을 가장 훌륭하게 충족한 인물이 갈레노스였다. 히포크라테스와 달리 그는 사생활이 기록으로 남아 있다. 그의 아버지는 건축가였다. 갈레노스는 아스클레피오스를 기리는 유명한 신전이 세워진 소아시아 페르가몬에서 130년에 태어났다. 9년간 스

미르나, 코린트, 알렉산드리아에서 의학과 철학을 공부한 그는 검투
사를 치료하는 의사가 되려고 고향으로 돌아갔다. 그로부터 4년 후
에는 로마에 가서 의사, 강연가, 실험가로 명성을 쌓았다. 페스트가
창궐하자 그는 한동안 로마를 떠났는데, 이러한 행동은 18세기까지
윤리적으로 아무 문제 없다고 여겨졌다. 이윽고 로마로 돌아온 갈레
노스는 황제이자 철학자인 마르쿠스 아우렐리우스Marcus Aurelius의 주
치의가 되었다. 201년에 사망하기까지 1백여 편의 글을 쓴 그는 많은
저작을 남겼다. 지금까지 남아 있는 책은 22권 정도다.

　갈레노스의 글은 장황하고 공격적이며 자화자찬하는 내용이 많아
그다지 매력적이지 않다. 더구나 그가 중세와 근대 초기의 의학을 무
력화했다고 본 사람들이 그의 저작에 대한 편견을 널리 퍼뜨렸다. 그
러나 적어도 무력해진 의학은 갈레노스가 아닌 당대 보수주의와 권
위주의가 원인이다. 편견에 사로잡혀서, 편찬자에 불과한 갈레노스가
과대평가되었다고 오해해서는 안 된다. 어쨌든 갈레노스는 일류 해
부학자이자 생리학자였으며 의학의 눈부신 발전에 이바지했다. 히포
크라테스를 존경한다고 자주 언급했으나, 그는 히포크라테스 학파는
아니었다. 히포크라테스 학파의 글에 따르면 의학은 본질적으로 기
술이다. 그런데 갈레노스를 거치면서 의학은, 물론 이따금 불완전하
긴 했지만 과학이 되었다.

　노련한 해부학자인 갈레노스는 근육과 뼈에 관한 지식을 크게 발
전시켰지만, 혈관과 신경과 내장은 잘 알지 못했다. 주로 원숭이와 돼
지를 해부해서 지식을 얻었으므로(코끼리도 한 번 해부했으나 사람은
해부하지 않음), 그러한 지식을 인체 해부학에 적용하기에는 한계가
있었다. 그럼에도 갈레노스는 심장이 신경의 근원이자 혈관의 뇌라

는 오래되고 잘못된 통념을 없앴다. 뇌와 뇌실ventricle을 묘사하고, 수질medulla은 뇌의 일부라고 설명했다. 또 감각신경과 운동신경의 차이점을 밝히면서 두 신경에 연신경soft nerve, 경신경hard nerve이라는 이름을 붙였다. 갈레노스는 실험생리학자로서 훨씬 더 유능했다. 역주신경recurrent nerve을 절단하면 목소리가 나오지 않는 현상을 관찰하고, 역주신경의 기능을 증명했다. 또 뇌의 수질을 절단해 강제로 호흡곤란을 일으켰다. 척수 장애를 유발하는 실험도 했다. 넓다리동맥femoral arteries을 묶어서 동맥에 혈액이 있다는 사실을 알아내고, 요관을 묶어서 소변이 추측한 바와 다르게 방광이 아닌 신장에서 생성된다는 사실을 밝혔다. 실험에는 돼지, 원숭이, 개를 사용했다.

갈레노스는 현대 과학자가 아니었다. 해부나 실험으로 결론을 도출하는 선에서 멈추지 않고, 포괄적인 생리학적 논리 체계를 구축했다. 그는 이 논리 체계를 《기능에 관하여On the Faculties》와 《부분의 용도에 관하여On the Use of the Parts》에서 자세히 설명했다. 그가 제시한 가장 유명한 생리학 이론인 '혈액순환설'(그림 6 참조)은 윌리엄 하비William Harvey 시대까지 의학을 지배했다. 혈액순환설에 따르면 영양물질은 장에서 간으로 운반되는데, 그 사이 '자연의 정기'가 영양물질을 혈액으로 변형시킨다. 여기서 생성된 혈액의 일부가 정맥을 타고 말초 혈관으로 흘러 들어간다. 나머지 혈액은 심장의 우심실로 들어가고, 우심실로 들어간 혈액 가운데 일부는 폐로 가며 나머지 일부는 심장 격벽에 난 작은 구멍을 통과해 좌심실로 이동한다. 심장에서 혈액은 (폐를 통해 들어온) '생명의 정기'를 공급받고 동맥을 따라 말초 혈관으로 다시 간다. 혈액 중에서 일부는 뇌에 도달하는데, 이때 뇌에서 발생한 '동물의 정기'가 신경을 타고 온몸으로 퍼진다.

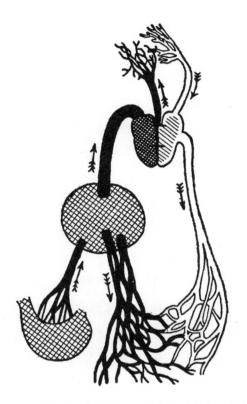

그림 6 혈액 이동과 정기spirit 형성을 설명하는 갈레
노스의 이론. 갈레노스에 따르면 혈액은 심장에서
뻗어 나온 동맥뿐만 아니라, 간에서 뻗어 나온 정맥
을 거쳐서도 말초 혈관에 도달한다. 미량의 혈액은
우심실에서 폐로 들어간다. 갈레노스는 혈액 대부
분이 심실 격벽에 난 '작은 구멍'을 통과해 우심실에
서 좌심실로 흐른다고 생각했다.

갈레노스는 아리스토텔레스에게서 물려받은 목적론적 믿음, 즉 자연은 어떠한 헛된 행동도 하지 않는다는 관념으로 자신의 논리를 뒷받침했다. 일신론자monotheist였던 그는 모세Moses와 그리스도Christ를 글에서 언급했다. 그리고 창조자가 특정한 목적을 달성하기 위해 인체의 모든 기관을 만들었으며, 그러한 목적에서 기관의 기능이 유래한다고 믿었다. 이러한 논리는 원자론자인 아스클레피아데스나 아낙사고라스의 비목적론적 믿음, 즉 인체는 원자가 우연히 만들어낸 집합체이며 기능은 형태가 형성되는 전제 조건이라는 주장이 계승되는 것을 방해했다. 걸출한 변증가였던 갈레노스는 어떤 질문을 받더라도 변증론에 기반하여 망설임 없이 대답했다.

갈레노스가 제시한 병리학은 히포크라테스 학파의 몇몇 저술가와 아리스토텔레스가 주장한 체액병리학과 비슷한 점이 많았다. 한편으로 절충학파이기도 했던 갈레노스는 목적과 부합할 때면, 스토아 철학자가 내세운 '프뉴마' 개념이나 방법학파가 내세운 '수축stratum' 및 '이완laxum' 개념도 도입했다. 그의 병리학은 '위기의 날' 개념이 큰 비중을 차지했고 폐렴, 장티푸스, 말라리아 등 만연한 급성 질병들이 그 개념을 뒷받침했다.

갈레노스는 질병의 예후뿐만 아니라 진단에도 집중했다. 저작《병든 부위에 관하여In On the Affected Parts》에서 신체 기능을 지배하는 부위가 손상되지 않으면 기능도 손상되지 않는다고 언급하며 국소병리학local pathology(질병의 원인을 인체의 국소 부위에 일어난 장애로 여기는 관점-옮긴이)으로 나아가는 중요한 길을 열었다. 등 쪽으로 쓰러진 사람의 넷째, 다섯째 손가락에 감각이 없다는 근거로 척추 골절을 진단한 경험을 책에 자랑스럽게 인용하기도 했다. 또 신장결석이 유발하는 복통과 장 질환으로 인한 복통을 구별하려고 노력했다. 피를 뱉어내는 각혈hemoptoe과 피를 토해내는 토혈hematemesis을 구별하려고도 했다. 맥박 측정과 소변검사가 갈레노스의 질병 진단에 큰 도움이 되었다. 이처럼 해부학과 국소병리학을 발전시키긴 했으나 그의 병리학은 본질적으로 체액병리학에 머물렀으며, 따라서 질병에 대한 해부학적, 국소병리학적 사고와는 잘 들어맞지 않았다.

갈레노스가 제시한 치료법은 기존 방법론을 답습한 탓에 틀에 박혀 있었다. 예컨대 성질이 '뜨거운' 질병을 치료하는 데에는 '차가운' 치료법을 썼으며, '차가운' 질병에는 역으로 '뜨거운' 치료법을 썼다. 그런데 히포크라테스 학파가 제안한 치료법과 다르게, 갈레노스의 치료법은 능동적이었다. 다약제에 심취한 그는 하나의 처방전에 25가지 약재를 쓰기도 했다. 사람들은 이처럼 복잡한 처방전을 '갈레노스 처방'이라 불렀다. 갈레노스는 사혈과 하제를 빈번하게 처방하기도 했다. 결핵 환자에게는 풍토병 치료법을 처방했다. 그리고 위생에 특히 신경 썼으며, '질병 치료보다 예방이 우선이다'라는 현대 의학에 꽤 가까운 의견도 제시했다.

갈레노스는 검투사를 치료하면서 탁월한 외과 의사 겸 물리치료사로 성장했다. 그러나 로마로 이주한 뒤에는 수술을 하지 않았다. 당시에 외과학과 내과학이 분리되기 시작했기 때문이다. 노예를 부리는 사회에서 육체노동은 귀족의 품격을 낮추는 행위로 여겨졌고, 수술도 육체노동으로 간주되었다.

갈레노스는 상처가 치유되는 과정에 일반적으로 고름이 생성된다면서 '고름은 좋은 것'이라는 가설을 지지했다. 그리하여 이 가설은 19세기까지 상처의 무균 치료를 거부하는 전통을 세웠다. 정작 갈레노스 본인은 무균 치료를 완강하게 거부하지 않았으며, 고름이 잡히기 직전에 힘줄을 완벽히 치료하기도 했다.

현대인이 떠올리는 갈레노스의 모습은 그와 관련 없는 저작물들이 빚어낸 오해 때문에 왜곡되었다. 중세에 특히 존경받는 계기가 된 그의 체계주의와 목적론은 그가 동시대의 다른 학파를 신랄하게 비난하는 과정에서 때때로 정당화되었으나, 현대인의 사고에 부합하지 않는 것은 사실이다. 다만 그의 사상이 이성뿐만 아니라 경험에도 근거를 두었다는 점은 인정해야 마땅하다. 갈레노스는 결코 맹목적으로 전통을 따르지 않았으며, 경험과 실험을 전통에 접목했다. 문제를 꿰뚫어 보는 통찰도 놀라웠다. 그가 생존한 시대만이 아닌 17세기까지의 의학사를 통틀어봐도 그는 의심의 여지 없이 최고의 의학 실험가였다.

지면 제약 때문에 여기서는 로마에서 성행한 그리스 의학의 임상 지식과 이론에 집중해야 하지만, 당시 의학이 어떠한 형태를 갖추고 있었는지도 조금이나마 언급하려 한다. 로마에는 질병 보험협회와 의료협회가 있었고, 전문 분야를 갖춘 의사와 나라에서 고용한 의사 수가 늘고 있었다. 그리고 시간이 갈수록 신비주의적 치료 의식이 인기를 끌었다. 점점 더 복잡하고 퇴폐적으로 변화하는 로마 사회에서 일어난 이 모든 현상은 꽤 현대적인 느낌을 풍긴다.

로마인들은 간접적으로 의학사에 거대한 업적을 남겼다. 선조 에트루리아 원주민에게서 영감을 얻은 로마인들은 유럽뿐만 아니라 이주하는 곳곳에 어디와도 비교할 수 없을 만큼 웅장한 수로와 하수 설비, 목욕 시설을 지었다. 건축 문제와 관련하여 농업학자 바로Varro(기원전 116~27), 콜루멜라Columella(1세기), 아우구스투스 황제 시대에 활동한 건축가 비트루비우스Vitruvius 등 세 명의 로마 저술가가 습지대에서 출몰하는 작은 동물 혹은 곤충 때문에 말라리아가 발생한다는 대담한 가설을 세웠다. 이 가설을 받아들인 로마 건축가들이 작은 곤충의 침입을 막는 건축 기법을 고안했고, 그 결과 대중의 건강과 복지가 눈에 띄게 향상했다.

8장

중세
의학

그리스 의학은 기원전 500년경부터 기원후 500년까지 1천 년간 이어졌고, 다음 1천 년인 500년부터 1500년까지는 중세 의학으로 규정된다. 다른 분야와 마찬가지로 중세 시대의 의학은 로마 제국을 침략한 이민족의 이교도적 전통, 더는 존재하지 않는 로마 제국의 전통, 그리고 이민족이 로마 제국에게서 받아들인 기독교를 융합해야 하는 문제에 직면했다. 그리하여 중세 의학은 3가지 요소, 즉 이민족 및 로마 제국의 전통과 기독교 요소를 모두 포함한다.

그리스 의학은 갈레노스 시대 이후 별다른 성과를 거두지 못했다. 고전을 편집하고 해석하는 '중세적' 관습이 중세 시대에 접어들기 전부터 시작되었다. 위대한 그리스 편찬자 가운데 마지막까지 활동한 몇 명을 언급할 필요가 있다. 대개 비잔티움에 거주한 기독교 신자였던 이들은 오리바시우스Oribasius(325~403), 아미다의 아에티우스Aetius(6세기), 트랄레스의 알렉산더Alexander(6세기), 아이기나의 파울루스Paulus(625~690) 등이다. 이들이 편찬한 책은 중세 초기의 단순하며 관습적인 의학을 지나치게 폭넓고 복잡하게 묘사했으며, 세계 다른 지역에서는 대부분 이해할 수 없는 언어로 쓰였다. 중세 초기의 의학 문헌은 그리스 문명의 저작을 토대로 편찬되었으나 원문보다 내용이 훨씬 단순하고 빈약하다. 이 의학 편찬서는 주로 약을 나열한다. 편찬자는 대개 라틴어를 구사하는 성직자였다. 앞서 1천 년 동안 의학의 언어는 그리스어였지만, 중세에 들어서고 1천3백 년간은 라틴어가 그 자리를 차지했다.

중세 초기 문헌에 초자연주의적 관념이 등장하는 것은 그리 특별한 일이 아니다. 고대 말기에 의학은 이미 마법과 미신으로 변질되었다. 그런데 고대 후반과 달리 중세의 초자연주의는 기독교와 기독교 이외의 종교에서 나왔다. 초기에 편찬된 의학서는 보편적인 주제를 다루는 저작물의 일부를 편집한 책이었다. 중세 초에 활동한 의학 편찬자에는 보르도의 마르켈루스Marcellus(400), 세비야의 이시도르Isidore(570~636), 성직자 비드Bede(674~735), 풀다 출신 수도원장 라바누스 마우루스Hrabanus Maurus(780~856)가 있다.

중세 의학은 두 시기로 나뉜다. 이른바 암흑시대를 포함하는 첫 번째 시기는 보통 수도원 의학의 시대라고 불린다. 대부분 수도사가 의료 행위를 하며 의학 문헌을 집필했지만, 이탈리아와 갈리아 지역에서는 전문 교육을 받지 않은 의사들이 여전히 활동했다. 중세 시대에 추기경과 군주들의 궁정 의사로 일한 수많은 유대인은 물론 성직자가 아니었다. 그런데 유스티니아누스 황제가 비잔틴 제국을 통치하는 동안 페스트가 대유행하여 유럽이 황폐해지고(543), 이민족 고트족이 차지했던 이탈리아를 반#이민족 랑고바르드족이 점령하자(568) 수도원은 학문의 마지막 피난처로 남았다. 의학은 다시 성직자의 몫이 되었다. 문명의 몰락 속에서 시곗바늘이 1천 년 전으로 되돌아갔다.

529년 세워졌으나 1944년 파괴된 몬테카시노Monte Cassino 수도원은 수도사들이 남긴 의학적 성과의 상징이다. 이 성당에서 은퇴한 로마 정치가 카시오도루스Cassiodorus(480~573)는 갈레노스, 오리바시우스, 트랄레스의 알렉산더가 집필한 저작을 요약해서 수도원 도서관에 남겼다. 이후 수백 년간 스페인, 프랑스, 아일랜드, 독일의 외딴 지역에 더 많은 수도원이 설립되었다. 암흑시대 말기인 1000년 무렵 프랑스 샤르트르 지역에 지어진 것과 비슷한 '성당' 학교는 일반 학습은 물론 의학 학습의 중심지로도 자리매김했다.

수도원 의학을 과대평가해서는 안 된다. 수도사들은 주로 글을 번역했다. 번역한 글은 수도원 내 환자 수용소와 약초밭을 유지하는 데 필요한 저작이었다. 9세기 독일 라이헤나우Reichenau 수도원장 스트라보Strabo가 쓴 글에는 수도원 의학의 실용성이 반영되어 있다. 하지만 중세 수도사들은 의학 탐구보다 종교적 임무 수행을 훨씬 중요시했다. 이는 9세기 스위스 생 갈렌St. Gallen 수도원 도서관이 신학 서적 1천 권을 소장한 것에 반해 의학 서적은 6권만 소장했다는 사실이 증명한다. 어쨌든 수도사들은 아주 중요한 한 가지 임무를 수행했다. 서양 의학의 연속성을 유지하고, 과학적 관점과 기독교적 관점을 일부 결합한 것이다.

몇몇 수도사가 의학을 탐구하긴 했으나, 초기 기독교는 의학에 거의 도움이 되지 않았다. 이 사실은 6세기에 교황 그레고리 1세와 투르의 성 그레고리St. Gregory of Tours의 저술에도 드러난다. 두 저자는 신체의 질병을 걱정하기보다 영혼에 집중하라고 강조했다. 본래 기독교에는 질병을 다루는 고유의 이론이 있었다. 질병은 죄에 대한 벌이거나, 악마의 짓이거나, 마법에 걸린 결과였다. 그리고 치료법으로 기도와 참회, 성인聖人의 조력이 거론되었다. 이러한 이론을 전제로 질병 치유는 전부 기적으로 여겨졌다.

라바누스 마우루스, 스트라보 같은 수도사 겸 의사는 죄와 질병을 연결하는 관점을 근본적으로 부정하지 않았지만 한편으로는 의학에 접근하는 타협점을 찾았다. 이 타협점은 12세기의 빙엔 출신 수녀원장 성 힐데가르트St. Hildegard의 가르침에 잘 드러난다. 힐데가르트는 악마의 공격에도 쉽게 버티도록 신체를 단련하는 것이 중요하다고 주장했다.

10세기에 앵글로색슨족이 쓴 민간요법 책을 비롯한 여러 글에는 이민족이 남긴 흔적 중 하나인 마법적 요소가 또렷하게 드러난다. 사실 성 힐데가르트가 치료에 관해 쓴 글과 미국 체로키 원주민의 치유 주문을 비교하면, 성인의 이름이 자연 정령의 이름으로 바뀌었을 뿐 내용은 비슷하다. 마법에 대한 이런 믿음은 시대를 막론하고 널리 퍼져 있었으며, 중세만의 특징인 것도 아니다. 마법을 믿는 사람은 고대 후반에도 많았다. 일찍이 교회는 마법을 뿌리 뽑으려고 노력했다. 린 손다이크Lynn Thorndike가 중세 마법과 과학을 다룬 저서에서 밝혔듯이, 마법은 중세 초기보다 후기에 성행했다. 과학이 발전하는 동시에 마법의 영향력도 강해진 것이다.

　환자들을 치료하면 고립된 수도원에서 금욕적으로 생활하기가 어려워진다는 이유로 1130년 클레르몽 공의회가 수도사의 의료 행위를 금지했고, 수도원 의학의 시대는 공식적으로 막을 내렸다. 그럼에도 의학은 비성직자의 손으로 넘어가지 않았다. 그 대신 세속에서 사는 성직자가 의료 행위를 했다. 그런데 수도원 의학의 시대를 끝내는 또 다른 요인이 등장했다.

　의학의 방향을 바꾼 새로운 힘은 서구 세계에 강력한 영향을 미친 아랍 과학이었다. 아랍 과학은 의학을 비롯한 수많은 분야에서 영향력을 발휘했다. 아랍 과학의 여파가 얼마나 막강했는지 알려주는 사례로는 아라비아 숫자 외에도 '알코올alcohol', '대수학algebra' 등 아랍어에서 유래한 과학 용어가 있다. 이 시기는 아랍인 저술가들이 서양 의학에 놀라운 영향을 주었으므로 아랍 의학의 시대라고 부르는 편이 바람직하다. 그러나 실제로는 이 시대 의학을 스콜라 의학Scholastic medicine이라 부르는데, 수도원이 아닌 새롭게 설립된 대학에서 의학을 가르쳤기 때문이다. 스콜라 의학은 중세 말에 건설되거나 재건된 도시에서 성장했다.

　스콜라 의학을 논의하기에 앞서 아랍인과 아랍 의학을 간략히 살펴보자. 아랍인은 프랑크족, 색슨족, 노르만족처럼 새로운 세계종교와 그리스의 유산을 받아들인 이민족이었다. 다른 문화에 잘 동화되었던 이들은 다른 이민족보다 훨씬 수월하고 빠르게 다른 문화를 받아들였다. 무함마드Muhammad가 메카를 떠나고(622) 아랍인들이 프랑스의 루아르 해안(737)에 나타나기까지는 1백 년도 채 걸리지 않았다. 이 시기 이슬람 교도들은 이미 아랍제국, 북아프리카, 스페인,

근동 지역을 정복했다. 서유럽 기독교도와 아랍인이 충돌한 십자군 원정(1096~1272)에서, 아랍인들은 고도로 문명화한 중세 세계의 대표자로 등장했다.

그리스 의학 지식은 다른 분야의 지식과 마찬가지로 비잔틴 제국에서 쫓겨난 기독교 종파가 아랍인들에게 전파했다. 이때 기독교인들은 그리스어 저작을 셈족어Semitic languages로 번역했는데 처음에는 시리아어와 히브리어로, 나중에는 아랍어로 옮겼다. 당대 기독교 종파 번역가들이 속했던 가장 유명한 학파는 6세기에 번성한 페르시아 도시 군데샤푸르에서 활동한 네스토리우스파Nestorians였다. 중요한 그리스 의학 문헌들이 10세기까지 다마스쿠스(707), 카이로(874), 바그다드(918)에서 전부 번역되었다. 훗날 아랍인들은 이때 번역된 기록물을 아랍 고유의 고전 의학 문헌으로 발전시켰다.

역사에 가장 먼저 이름을 남긴 탁월한 아랍 의학 저술가는 페르시아 출신 알 라지Al Rhazi(라틴어 이름은 라제스Rhazes)(860~932)다. 천연두와 홍역에 관한 그의 저술은 천연두를 명확하게 설명한 최초의 연구 기록으로, 그가 한낱 편찬자가 아닌 뛰어난 임상의였음을 가르쳐 준다. 알 라지가 원숭이에 수은mercury을 투약한 실험은 그의 독창성을 증명하는 또 다른 증거다. 그런데 누구보다도 예리한 관찰력을 타고난 알 라지조차 1천 년간의 관찰보다 책 1천 권이 낫다고 발언한 것에서 당시 어떠한 사고방식이 만연했는지를 알 수 있다. 막강한 영향력을 행사한 또 다른 아랍 저술가는 페르시아 출신 이븐 시나Ibn Sina(라틴어 이름은 아비센나Avicenna)(980~1063)다. 그는 수백 년간 동서 양권에서 교과서로 널리 쓰인 의학 백과사전《의학전범Canon》을 편찬했다. 다른 초기 아랍 의학 저술가에는 주로 식이요법과 소변검사를 다룬 이삭 이스라엘리Isaac Israeli(850~950)가 있다.

아랍 고전 의학은 스페인의 아랍 왕국들을 제2의 중심지로 하여 발전했다. 이 지역에서 활동한 단체의 지도자가 유대인이었다는 사실은 이슬람교가 중세 기독교보다 훨씬 관용적이었음을 드러낸다. 아불카심Abulcasim(1013~1106)은 탁월한 동시에 유일한 아랍인 외과 의사였다. 놀라울 만큼 갈레노스 의학에서 벗어났던 아벤조아르Avenzoar(1162년 사망)는 옴좀진드기를 설명했는데, 서양 의학에서 옴좀진드기의 존재를 명확히 규명한 것은 19세기에 들어서였다. 종교적, 철학적 이유 때문에 스페인에서 이집트로 피신해야 했던 아베로에스Averroes(1126~1198)와 모세스 마이모니데스Moses Maimonides(1135~1204)는 철학자 겸 의학자였다. 중세에 가장 유명했던 유대인 의사 마이모니데스는 정통 갈레노스 학파였으나 의학자보다는 철학자로서 훨씬 독창적이었다. 이 시기 학자들이 가장 중요시한 목표는 그리스 유산을 보호하는 것이었고, 중세 의학을 주도한 유대인들은 그리스 의학 전통을 훌륭하게 보존했다. 반면 19세기 유대인 의사가 맡은 주요 역할은 전통 지키기가 아니라 역동적으로 변화하는 의학 분야에서 창의력을 발휘하는 것이었다.

현대인의 마음을 불편하게 만드는 서양 중세 의학의 특성들, 이를테면 고전 의학에 대한 집착과 점성술 보급, 해부학 연구에 대한 혐오와 서툰 수술 기법, '고름은 좋은 것'이라는 관념과 소작법이 아랍 의학에도 고스란히 반영되어 있었다. 그러나 당시 서양 의학과 비교하면, 아랍 의학은 그리스 의학 지식을 더욱 풍부하게 흡수했고 약제와 병원 체계도 훨씬 뛰어났다. 갈레노스 의학을 내세웠던 아랍 의학이 서양에서 승리를 거두었다는 사실은, 서양 의학에 잔존하고 있었던 방법학파(소라누스)의 소멸을 의미했다. 이처럼 창의적이었던 아랍 의학의 시대는 이전에 관용을 베풀었던 아랍인들이 강경 이슬람 성직자의 위세에 눌리면서 종말을 맞이했다.

그리스 의학은 근동과 북아프리카를 통과하는 기나긴 우회로를 지나고 아랍인 중재자를 거쳐 서양 문화권으로 되돌아왔다. 아랍어로 쓰인 고전 문헌을 라틴어로 번역한 걸출한 인물에는 이탈리아 살레르노와 몬테카시노 수도원에서 활동한 콘스탄티누스 아프리카누스Constantinus Africanus(1020~1087), 스페인 톨레도에서 활동한 크레모나 출신 제라드Gerard(1140~1187)가 있다. 두 번역자 모두 아랍과 기독교의 국경지대에 거주했다는 점이 눈에 띈다. 중세 최초의 의료 중심지로 널리 알려진 살레르노가 아랍의 지배를 받은 시칠리아섬 근처이고, 중세에 의학 교육으로 유명해진 몽펠리에 대학교가 스페인 국경 인근 남프랑스에 있는 것은 우연이 아니다.

살레르노 의학교는 성직자가 아닌 평신도가 공부하는 학교였다. 아랍 의학과 실용주의를 결합한 이 학교는 12세기에 번성했는데, 교육 과정이 파리 대학교도 받아들일 정도로 우수했다. 이 위대한 중세 최초의 의학교에서 발행한 수많은 논문에는 이질과 비뇨생식기 질환에 관한 훌륭한 임상 기록이 담겨 있다. 또 피부병에는 수은을 함유한 연고를 처방하고, 갑상샘종에는 요오드가 들어 있는 해조류를 권장하며, 마취제에 적신 스펀지와 장 봉합술을 언급하는 흥미로운 치료 기록도 남아 있다. 유명한 작품《살레르노의 식이요법 Salernitan Rule of Health》은 살레르노가 아닌 톨레도에서 출현했을 것이다. 살레르노에서 일한 의사와 의학 교사 중에는 여성도 많았다고 한다.

몽펠리에 대학교는 1181년에 설립되었고, 중세의 다른 유명 교육 기관들도 이 시기에 세워졌다. 파리 대학교는 1110년, 볼로냐 대학교는 1113년, 옥스퍼드 대학교는 1167년, 파도바 대학교는 1222년에 생겼다. 이들 대학에서는 성직자가 의학을 연구했다. 1452년까지 파리 대학교에서는 의학을 전공하려면 독신이어야 했다. 대학들은 전례가 없을 만큼 체계적으로 의학을 교육했다. 또한 미래에 유럽의 의학 교육을 지배할 학문적 기준을 확립했다. 이 대학들은 진정한 의미의 국제 대학이었다. 수많은 나라에서 학자와 학생들이 건너왔는데, 문명 세계의 공통 언어가 라틴어였기에 언어 장벽은 없었다.

몽펠리에 대학교가 가장 번성한 시기는 13세기이다. 당시 유명한 의사였던 베르나르 드 고르동Bernard de Gordon, 길베르투스 앙글리쿠스Gilbertus Anglicus, 존 개즈던John Gaddesden 모두가 이 대학교 졸업생이다. 몽펠리에 대학교 졸업생인 페트루스 히스파누스Petrus Hispanus는 1277년 교황 요한 21세가 되었는데, 고위 성직자 지위에 오른 유일한 의학자이다. 몽펠리에 대학교는 또한 가장 유명한 중세 의사인 아르날두스 데 비야 노바Arnaldus de Villa Nova(1235~1312)를 배출했다. 다른 수많은 중세 의사처럼 비야 노바는 군주에게 고용되어 외교 활동을 했다. 그는 갈레노스를 비판한 인물로 무척 유명하다.

13세기에 알베르투스 마그누스Albertus Magnus와 로저 베이컨Roger Bacon 같은 유명한 성직자들은 경험주의적 사고방식을 지지했다. 그러한 측면에서 서구인들이 13세기부터 안경을 쓰기 시작했다는 사실이 의미심장하다. 과학이 중세에 조금도 발전하지 못한 것은 아니지만, 동업자조합(길드)들이 과학 발전을 전면으로 막았다.

중세 후기 스콜라 의학은 기본적으로 그리스 의학에 내재한 관찰, 이론, 처방을 반복하는 정도에 머물렀다. 이 의학은 사변적 토론과 해석에 치중했다. 스콜라 의학에 포함된 그리스 의학은 초자연주의 요소, 이를테면 특정 질병 치료를 돕는 성인에게 비는 기도 등과 결합했다. 스콜라 의학의 토대는 권위와 추론과 변증법이었다. 그간 수많은 사람이 의학 문헌을 번역하고 필사하면서 내용이 바뀌고 모순이 생겼기에, 문헌 내용을 일관적으로 맞추려면 변증법적 논의가 필요했기 때문이다. 그런 이유로 중세의 뛰어난 의사는 '조정자'(예를 들면 피에트로 다바노Pietro d'Abano), '화합자', '합일자'라는 별칭을 얻었다. 중세 의사는 현대적 의미의 과학자라기보다 고대 중국 의사와 같은 철학자였다. 빈약한 의학 지식, 예컨대 널리 보급된 소변 및 맥박에 관한 지식 위에 포괄적인 사변 체계가 세워졌다. 중세의 체액병리학자에게는 소변검사가 질병을 진단하는 중요한 수단이었다. 중세 철학은 기본적으로 자연과학의 진보에 관심이 많았다. 그런데 고전에서 완전히 해방되면서 매력을 발산한 중세 예술과 달리, 중세 의학은 고대 의학에 예속되어 오늘날의 관점에서 보기에 그리 매력적이지 않다. 중세 의학과 현대 의학의 차이점은 슈템헨 드이르셔이 Stephen d'Irsay(헝가리 출신 의사 겸 의학사학자-옮긴이)가 내린 정의, 즉 '중세 의학의 중심은 병원이나 실험실이 아닌 도서관에 있었다'라는 말에서 가장 명확하게 드러난다.

이처럼 안정적이며 고정된 체계도 천천히 변화하기 시작했다. 14세기에 해부학은 기존보다 더욱 관찰에 기반하여 독창성을 지니게 되었다. 이 무렵 파도바 대학교와 볼로냐 대학교의 교수 회의 기록에 병력이 다시 등장했다. 15세기에는 미켈레 사보나롤라Michele Savonarola, 쿠사의 니콜라스Nicholas of Cusa 같은 인물들이 경험주의적 태도를 강

그림 7 소변을 검사하는 중세 의사

조했다. 인간의 노력이 투입되는 다른 분야와 마찬가지로, 의학도 이탈리아의 도시 공화국에서 발전한 것은 우연이 아니다.

중세는 외과학의 수준이 가장 낮았던 시기다. 투르 종교회의(1163)가 '교회는 피를 혐오한다'라고 선언하면서, 대부분 성직자를 겸했던 의사들은 사실상 수술에서 손을 뗐다. 외과학과 내과학의 분리는 양쪽 학문에 해로웠으나, 갈레노스 시대부터 진행되기 시작하여 아랍의 영향을 받아 더욱 심화되었다. 11세기에 사혈법은 시간이 갈수록 이발사의 몫이 되었고, 대학 도서관에서는 외과 서적이 사라졌다. 투르 종교회의의 선언이 외과학에 공식적으로 제재를 가한 결과는 무려 7백 년간 지속되었다. 이제 수술은 이발사, 목욕탕 관리인, 교수형 집행인, 돼지 거세꾼 등 온갖 돌팔이 의사와 사기꾼들이 맡았다.

고대부터 전해 내려온 전통이 완전히 사라지지 않은 이탈리아와 프랑스 남부에서만 몇몇 의사가 수술에 나섰다. 이들이 남긴 글 중 일부는 상당히 독창적이고 가치 있다. 당시 외과학 수준은 보편적으로 낮았으나 살레르노 의학교 소속 교수 네 명과 루카의 우그Hugh of Lucca, 그리고 우그의 제자 테오도리크Theodoric는 수준 높은 저작을 남겼다. 우그와 테오도리크는 스펀지에 마취제를 적셔서 썼으며, 상처가 비등 단계를 거친다는 개념을 받아들이지 않았다. 또 다른 유명한 이탈리아 외과 의사인 볼로냐의 살리체토Saliceto of Bologna(1201~1277)는 아랍에서 유래한 소작법을 거부하고, 수술칼을 사용하자고 주장했다.

살리체토가 가르친 제자인 밀라노의 랜프랭크Lanfranc of Milan는 정치적 이유로 이탈리아를 떠나야 했고, 그 결과 이탈리아 외과술이 프랑스에 전해졌다. 기혼자라는 이유로 파리 대학교에서 교수직을 맡을 수 없었던 랜프랭크는 1295년 파리에 설립된 성 코스메 대학에 자리 잡았다. 그리고 프랑스 왕 필리프 4세의 주치의가 되면서 그의 학설에 막강한 힘이 실리게 되었다. 랜프랭크와 동시대를 살았던 앙리 드 몽데빌Henri de Mondeville(1260~1320)은 몽펠리에 대학교를 졸업하고 랜프랭크와 마찬가지로 필리프 4세의 주치의가 되었다. '신은 갈레노스를 빚을 때 창조력을 전부 소진하지 않았다'라는 대담한 발언을 한 몽데빌은 해부학 연구의 필요성을 강조하고, '비등' 단계와 '고름은 좋은 것'이라는 개념을 거부했다. 이 같은 외과학 사상을 아비뇽 교황의 주치의 기 드 숄리아크Guy de Chauliac(1300~1370)가 계승한 점은 유감이다. 기 드 숄리아크는 주로 돌팔이 의사가 맡았던 결석 수술과 백내장 수술을 획기적으로 개선한 훌륭한 외과 의사였다. 하지만 불행하게도 숄리아크는 '비등'과 '고름은 좋은 것'이라는 관념을 옹호했고, 그의 견해에 힘이 실렸다. 그럼에도 이들 외과 의사가 남긴 업적 덕분에 16세기까지 외과학은 일정한 수준을 유지했다. 이 무렵 지위가 낮았던 이발사들이 똘똘 뭉쳐 세력을 넓히고 전문 지식을 발전시킨 끝에 앙브루아즈 파레Ambroise Paré와 피에르 프랑코Pierre Franco 같은 위대한 외과 의사가 탄생했다.

인체에 관한 중세 유럽의 해부학적 묘사는 안타깝게도 중국의 해부학적 묘사와 흡사하다. 두 세계의 해부학은 모두 추측에 근거하여 수준이 낮다. 이 시기에 교회가 중세의 해부학 수준을 떨어뜨렸다면서 비난하는 것은 옳지 않다. 많은 사람이 교회가 해부를 금지했다고 믿지만 이는 사실이 아니다. 교회는 해부를 금한 적이 없다. 13세기 이후 볼로냐에서 처음 시작된 시체 해부는 이후에 피렌체와 몽펠리에로 전파되었고, 1349년 페스트가 유행하는 중에는 심지어 교황의

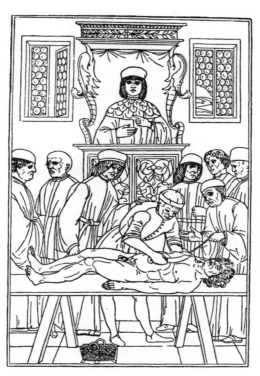

그림 8 중세 해부학 강의

지시로 해부 횟수가 점차 증가했다. 하지만 볼로냐 출신 몬디노 데 루치Mondino de Luzzi(문디누스Mundinus라고도 불림)가 집필한 저서《해부학 Anathomia》(1316)에서 알 수 있듯, 해부학은 발전하지 않았다. 의사가 시체 해부를 감독하긴 했으나, 해부된 시체를 관찰하지는 않았다. 대신에 갈레노스 말마따나 의사가 살펴봐야 할 부분만 보았다. 가령 지위가 낮은 외과의가 시체를 절개하고 해부하는 동안, 해부학에 박식한 교수는 갈레노스의 글을 큰 소리로 읽었다. 그런 다음 기관을 가리키면서 갈레노스가 해부학에서 언급한 5개의 간엽liver lobe이나 기타 경이로운 사례들을 설명했다. 이처럼 전통과 권위의 무게는 사람들의 분별력을 흐리게 했다. 중세 후기 2백 년간 해부학은 아무런 성과를 거두지 못했으며 초기 인류, 이집트인, 바빌로니아인, 멕시코인이 이미 관찰한 사항을 확인할 뿐이었다. 해부 기법만으로는 해부학 지식을 향상할 수 없었다. 필요한 것은 중세 시대에 찾아볼 수 없었던 참신한 접근 방식이었다.

중세 시대는 전염병이 유행한 두 시기, 즉 유스티니아누스 페스트와 페스트가 창궐한 두 시기 사이에 놓여 있다. 1348년 수많은 유럽인을 몰살한 페스트는 사회와 경제는 물론 의학에도 막대한 변화를 일으켰다. 갈레노스가 남긴 저술에는 페스트가 전혀 언급되지 않았기에 그 심각한 위기를 마주한 의사와 비전문 치료사들은 본인의 지식에만 의존해야 했다. 구약성서는 그리스 고전보다 전염병을 심도 있게 다루므로, 성경에 근거한 사고방식이 팽배했던 중세 시대 사람들은 고대 후기보다 전염에 대한 개념을 잘 이해했다. 그러한 이해를 바탕으로 격리 제도가 전염병 예방을 위한 조치로 발전했다. 페스트를 상세하게 서술한 글은 내과 의사가 아닌 외과 의사와 조반니 보카치오Giovanni Boccaccio 같은 비전문가들이 남겼다. 격리 제도는 중세의 공중보건에 이바지한 여러 조치 가운데 하나다. 중세 의학이 이룩한 유익한 성과 중 하나는 발전한 공중보건 대책이다. 12세기 독일, 13세기 영국, 14세기 프랑스에서 시장에 유통되는 식품을 통제하기 시작했다. 1165년 런던과 1347년 나폴리에서는 매춘부도 통제했다.

고대에 드물었던 한센병은 6세기 이후 널리 퍼지다가 13세기에 무서울 만큼 급증했으나, 이후에 알 수 없는 이유로 유럽에서 소멸했다. 583년 리옹 공의회를 거쳐 한센병 환자를 환자촌에 가둔다는 등의 한센병 통제에 관한 규정이 제정되었다. 중세에 처음 나타나 대유행한 질병 가운데는 변질한 호밀이 일으키는 맥각중독ergotism이 있다. 당시 이 질병은 성 안토니우스의 불로 알려졌다. 중세에는 또한 괴혈병scurvy이 널리 퍼지기도 했다. 특히 페스트가 유행한 이후는 정신병이 만연해서 유대인 수천 명이 화형당하고, 자기 몸을 채찍질하는 고행단이 행진하고, 소년 십자군이 결성되는 등 집단 광기가 행동으로 표출되기도 했다. 14세기와 15세기에 나타난 무도광dancing manias 현상은 대개 가난한 사람들 사이에서 발현했다. 악마가 초래했다는 지역 전염병도 흔히 유행했으나, 그런 질병은 의사보다 퇴마 사제가 다루었기에 의학계에 거의 보고되지 않았다.

중세의 법은 공중보건뿐만 아니라 직업 조합에 관한 사항도 규정했다. 현대 의사가 중세를 어떻게 여길지 모르겠으나, 중세에 '의사doctor'라는 직함이 만들어졌음은 인정해야 한다. 의사의 사회적 지위, 적절한 직업 교육, 그리고 대학교, 직업학교, 동업자조합 같은 귀중한 단체들이 '의사'라는 직함과 더불어 발전했다. 931년에 칼리프 알 무크타디르Al Muqtadir가 의료법을 반포한 이후, 1140년 시칠리아 왕 로저 2세가 서양 최초로 의료법을 제정했다. 이 의료법은 의료 행위를 하려는 사람들에게 국가시험을 치르도록 규정했다. 그리고 1224년 프리드리히 2세가 9년간의 의학 교육 과정, 국가시험, 면허, 수수료 일람, 약국 운영 규정, 도시 위생 관리 규정 등의 조항을 마련하면서 의료법이 크게 확대되었다. 1283년 이후 스페인에서, 1347년 이후 독일에서도 비슷한 법률이 채택되었다.

중세에 활동한 의료인 가운데 제대로 의학 교육을 받은 의사는 비율이 극도로 낮았다는 것을 기억해야 한다. 예컨대 파리에는 1296년에 의사가 단 6명이었고, 1395년에는 32명뿐이었다. 비율로 따지면 주민 8천5백 명당 의사 1명이었다. 여기에 해당하는 의사는 성직자이거나 시에 고용되어 일했기 때문에 경제적으로 안정되었고, 치료 보수에만 의존하지 않았다. 그러나 수많은 사람에게 의료 서비스를 제공하지는 못했다. 그리하여 지위가 낮은 외과의, 이발사, 목욕탕 관리인, 비전문 치료사 등 온갖 직업인이 의료 행위를 했다. 이를테면 1790년까지도 스위스 취리히에는 전문 지식이 있는 의사가 단 4명 있었으나 이발사 겸 외과의는 34명, 조산사는 8명이었다.

중세 의학이 남긴 가장 위대한 업적은 아마도 병원 설립일 것이다. 일찍이 인도에서 불교가 그랬듯이, 기독교는 병원 설립에 큰 영향력을 행사했다. 어떠한 필요성 때문이 아니라 환자를 대하는 인간적인 태도가 기존과 달라져 나타난 결과였다. 이러한 태도는 고대 후기에 처음 등장했다. 고대 로마 시대에도 노예와 병사를 돌보는 병원과 비슷한 기관이 있었지만, 335년 이후 콘스탄티누스 황제 통치기에 설립된 기독교 병원은 규모나 중요도가 비교할 수 없이 컸다. 병원을 설립하려는 제2의 물결이 퍼져 나가면서 1145년 몽펠리에 성령 병원이 여기저기에 세워지기 시작했는데, 당시 병원 설립의 물결은 아마도 아랍에서 영향을 받았을 것이다. 수십 년간 유럽 전역이 방대한 병원 조직망으로 뒤덮였다. 이 기독교 병원들은 원래 의료기관이라기보다 노인, 장애인, 집 없는 순례자들을 맞이하고 그들에게 쉴 곳을 제공하는 자선기관이었다. 의료 기능을 갖춘 최초의 병원은 이탈리아 상인이 팔레스타인에 설립한 병원으로, 기사단이 관리했다. 병원의 통상적 진료에 대한 최초 규정은 1099년 창설된 성 요한 기사단the Order of St. John이 예루살렘 병원을 대상으로 1181년에 만든 정관定款에서 발견된다. 그리고 병원을 관리하는 주체가 13세기에 기사단에서 시 행정부로 바뀌면서 자선병원은 의료시설로 급격하게 바뀌었다.

9장

르네상스
의학

|

．

르네상스Renaissance라는 문화 운동으로 역사의 새로운 시기, 다른
말로 근대modern period가 막을 열었다. 중세 후기부터 이미 시대가 서
서히 변화하고 있었다. 그러던 중 갑자기 속도가 붙으면서 폭발적인
변화가 발생했다. 새로운 시대를 촉발한 결정적 사건은 셀 수 없이
많다. 이를테면 화약이 대규모로 보급되어 전쟁 양상이 변화하고, 인
쇄술이 발명되고, 포르투갈인들과 콜럼버스가 각각 인도와 아메리카
로 가는 해상로를 발견하고, 화폐 경제가 도입되고, 1453년 투르크족
이 콘스탄티노플을 점령하면서 난민이 된 그리스 학자들이 유럽 전
역으로 이주했다.

여러 분야가 격변했다. 경제 분야에서는 광산업과 은행업이 폭넓게 발전했다. 정치 분야에서는 농민 봉기가 발생해 유럽의 모든 국가를 뒤흔들었다. 새로운 제국, 특히 스페인 제국이 형성되어 16세기 강대국 반열에 올랐다. 영국은 세계 최강대국 지위를 누리기 시작했다. 쾨니히스베르크, 레이덴, 에든버러, 더블린에 새로운 대학이 설립되면서 상대적으로 주변 지역에 속했던 유럽 북부 국가들이 문화 중심지로 주목받았다. 종교 분야의 변화는 다양한 개혁 운동과 반개혁 운동이 이끌었다. 예술인들은 중세 시대와 철저하게 단절한다고 선언하고, 고대의 고전적 형식을 토대로 새로운 예술을 창조했다. 강한 개인주의와 새로운 사실주의가 모든 분야에서 발현했다. 교육과 과학 분야도 이러한 변화의 영향을 받았다. 의사로 활동한 니콜라우스 코페르니쿠스Nicolaus Copernicus는 우주의 개념을 송두리째 바꾸었다.

이 시대는 모순투성이였다. 르네상스는 예술의 잉태기인 동시에 현대 의학과 과학의 요람이었다. 하지만 도시와 사람들은 극도로 불결하고, 질병이 전 세계로 퍼지고, 미신이 열렬히 숭배되고, 인간 문명에서 가장 수치스러운 사건인 '마녀사냥'이 수없이 일어났다. 마녀사냥은 그 어느 때보다도 르네상스 시대에 유행했다. 마녀재판의 교과서로 악명 높았던 책《마녀를 심판하는 망치Malleus Maleficarum》가 1489년 집필되었다. 앙브루아즈 파레, 펠릭스 플래터Felix Platter처럼 깨인 지식인들도 마녀가 존재한다고 굳게 믿었다.

새로운 사실주의가 영향을 미친 최초의 분야인 예술은 의학계에 해부학의 시대가 도래하도록 강한 자극을 주었다. 수천 년간 해부학 서적에 실린 틀에 박힌 삽화는 15세기 말에 사실적인 새 삽화로 교체되었다. 예술가와 의학자의 유대 관계도 돈독했는데, 르네상스의 중심지였던 피렌체에서는 의사, 약제사, 화가가 같은 동업자조합에 소속될 정도였다. 이 유대 관계를 자세히 설명하기는 불가능하지만, 레오나르도 다빈치(1452~1519)의 삶에 명확히 드러난다. 타고난 예술가이자 과학자이자 공학자인 그는 인류 역사상 가장 위대한 천재로, 수많은 해부 결과에 근거해 뛰어난 해부 스케치를 남겼다. 그러나 레오나르도가 작성한 노트는 사후 2백 년이 지나서 공개되었으며, 생존 당시에는 극히 일부 사람만 그의 탁월한 업적을 알았다.

인문주의라고 불리는 그리스 학문 및 과학은 터키 점령지에서 피난한 그리스 난민 학자들 덕분에 부활할 수 있었다. 부활한 그리스 학문은, 아랍어를 번역하면서 내용에 많은 오류가 생긴 번역본과 그리스어 원본을 비교할 기회를 서유럽 학자들에게 제공했다. 이 같은 문헌 연구가 이미 확립된 권위를 뒤흔들면서 의학 발전에 점차 영향을 미쳤다. 그럼에도 갈레노스를 지지하는 압도적 권위는 사라지지 않았다. 외형만 새롭게 바뀌었을 뿐이었다.

르네상스 시대에 활동한 의학 문헌학자, 다른 말로 의학 '인문주의자' 중에는 이탈리아의 니콜로 레오니세노Niccolò Leoniceno(1428~1524)가 눈에 띈다. 레오니세노의 활약상은 히포크라테스의 저작을 라틴어로 새로이 훌륭하게 번역한 데 그치지 않는다. 식물학 분야에서는 문헌을 해석하는 역할에서 벗어나 자신이 관찰한 결과를 바탕으로 대플리니우스를 용감하게 비판하고 오류를 바로잡아 새로운 길을 열었다. 레오니세노는 일찍이 매독에 관해서도 설명했다. 갈레노스의 저작에는 매독에 관한 설명이 없었기에, 레오니세노의 글은 참신한 사고를 불러일으키며 당시 저명한 의학자들의 눈길을 사로잡았다.

식물학은 새로운 지식을 밑거름 삼아 발전한 최초의 분야다. 식물학의 발전은 식물성 약제를 써서 질병을 치료한 시기의 의학에 무엇보다 중요했다. 역사상 최초로 출판된 의학 서적은 약초를 다룬 책이었다. 새로운 식물학의 토대는 16세기 독일 개신교도 오토 브룬펠스Otho Brunfels, 레온하르트 푹스Leonhard Fuchs, 히로뉘무스 보크Hieronymus Bock(트라구스Tragus라고도 불림), 그리고 취리히 출신 학자 콘라트 게스너Conrad Gessner가 세웠다. 독일의 르네상스 식물학자 중에서 가장 위대한 인물은 발레리우스 코르두스Valerius Cordus (1515~1544)다. 그는 식물 5백 종을 처음으로 기술하고 현대 약전을 최초로 확립했다. 식물학의 놀라운 발전에는 이탈리아인 안드레아 체살피노Andrea Cesalpino와 피에트로 안드레아 마티올리Pietro Andrea Mattioli, 프랑스 의학자 장 루엘Jean Ruel과 피에르 벨롱Pierre Belon도 기여했다. 제국주의가 팽배하고 신대륙이 발견된 이 시기에는 여행자들이 기부한 식물로 가득한 식물원이 설립되기도 했다.

16세기 의학은 임상학과 전염병학을 바라보는 새로운 관점이 등장함에 따라 획기적으로 발전했다. 이 새로운 관점은 먼저 아랍인 학자와 그들이 제시한 치료법을 정면으로 반박했다. 가장 유명한 사건은 파리 출신 피에르 브리소Pierre Brissot(1478~1522)가 아랍 의학이 제시한 사혈법을 비판하고 히포크라테스 학파의 치료 방식을 옹호한 것이다. 그 결과 브리소는 마르틴 루터Martin Luther보다 더 악랄한 이단자로 낙인찍혔고, 유배 도중 사망했다. 맥박 진단과 소변검사를 과도하게 중시하는 아랍 의학의 관행도 널리 비판받았다. 그럼에도 소변통은 18세기까지 의사의 직업적 상징으로 남았다. 아랍 의학에 대한 공격은 이따금 갈레노스의 이름으로 진행되었다. 레온하르트 푹스와 생포리앙 샹피에Symphorien Champier가 개선된 신新갈레노스 의학을 지지했다. 하지만 갈레노스 의학은 장 아르장티에Johann Argentier(1513~1572)와 그의 제자로 몽펠리에 의과대학 학장이 된 로랑 주베르Laurent Joubert(1525~1583)에게 공격당했다. 주베르는 개선된 히포크라테스 의학을 내세웠다. 이처럼 기존 관념을 비판하는 주장조차도 체액병리학과 스콜라 의학의 경계 내에서 머물렀다. 아마투스 루시타누스Amatus Lusitanus(1511~1568), 자쿠투스 루시타누스Zacutus Lusitanus(1575~1642), 가르시아 다 오르타Garcia da Orta 등 중세 유대인 의학의 마지막 권위자들은 모두 정통 갈레노스 학파였다. 하지만 이베리아 종교재판으로 이들을 비롯한 수많은 의사가 박해를 받으면서, 이베리아반도에 찾아온 의학의 '황금기'가 빠르게 끝났다.

16세기에 등장한 진보적인 임상의와 전염병학자 대부분이 안드레아스 베살리우스Andreas Vesalius와 파라켈수스가 세운 오래된 권위에 정면으로 반박하지는 못했으나, 질병을 구별하고 병리해부학을 탐구하면서 새로운 출발을 알렸다. 안토니오 베니비에니Antonio Benivieni(1448~1502)는 사망한 뒤인 1507년 피렌체에서 출간된 저서에서 부검 결과와 임상 관찰을 처음으로 밀접하게 연결했다. 그 책은 질병 사례 22건을 다루었다.

이 시대에 가장 탁월했던 임상의는 수학자 겸 천문학자로도 이름을 남긴 프랑스 궁중 의사 장 페르넬Jean Fernel(1506~1588)이다. 페르넬의 주요 저서 《일반 의학Universal Medicine》은 《생리학Physiology》, 《병리학Pathology》, 《치료학Therapeutics》 세 권으로 구성되어 있다. 《생리학》과 《병리학》은 이 분야의 초창기에 발표된 체계적인 저술로, 두 책의 영향을 받아 생리학과 병리학이라는 이름의 분야가 정립되었다. 페르넬은 종종 갈레노스를 비판했으나 여전히 고대의 체액병리학을 지지했다. 그런데 시체를 많이 부검한 이후에는 질병이 특정 신체 부위에 자리 잡는다는 고체병리학 쪽으로 견해가 기울었다. 그는 병리해부학뿐만 아니라 임상학 분야에 속하는 세부 사항을 관찰하고 중요한 내용을 기록했다. 예컨대 유행성 감기의 임상학적 징후, 그가 루에스 베네레아lues venerea라고 명명한 매독의 감염 경로, 결핵, 궤양심내막염ulcerative endocarditis, 신우renal pelvis의 결석, 천공충수염 perforated appendix의 사후 소견을 책에 서술했다. 당시 페르넬은 임질과 매독을 다른 질병으로 설명했는데, 실제로 두 질병이 별개로 규정된 것은 19세기 중반에 이르러서다. 또 당대의 유명 의사들 대부분과 다르게 점성술을 거부했다.

파리 출신 기욤 드 바유Guillaume de Baillou(1538~1616)는 백일해 whooping cough의 임상 증상을 최초로 설명하고 류머티즘 개념을 소개했으며 과거에 히포크라테스가 제시했던 전염병 이론을 되살렸다. 막연하게 '열' 혹은 '전염병'으로 불리다가 이 시기에 처음 개별적으로 기술된 질병에는 영국다한증English sweating sickness, 삼일열말라리아tertian malaria, 고산병mountain disease, 발진티푸스typhus, 매독, 그리고 수두chickenpox와 성홍열scarlet fever 같은 급성 발진 등이 있다. 수두와 성홍열은 나폴리 출신 골학자osteologist 조반니 필리포 인그라시아 Giovanni Filippo Ingrassia(1510~1580)가 구분했다.

이 시대에는 임상학이 발전하는 동시에 병상 교육bedside teaching도 도입되었다. 병상 교육은 1543년 르네상스 시대 의학 중심지였던 파도바에서 몬타누스Montanus(잠바티스타 다 몬테Giambattista da Monte라고도 불림)가 제안했다. 이후 1578년 알베르티노 보토니Albertino Bottoni와 마르코 오도Marco Oddo가 부활시켰으며, 이들의 제자인 네덜란드

그림 9 지롤라모 프라카스토로

출신 얀 판 회르너Jan van Heurne가 레이덴에 전파했다.

　매독이라는 병명은 베로나 출신 의사이자 시인, 물리학자, 지질학자, 점성학자로 활동한 지롤라모 프라카스토로Girolamo Fracastoro(프라카스토리우스Fracastorius라고도 불림)(1484~1553)가 쓴 시에서 유래했다. 당시 프랑스병, 나폴리병 혹은 빅 폭스big pox라고 흔히 불리던 이 질병은 1495년 프랑스군이 나폴리를 포위하는 데 실패한 이후 유럽 전역에서 관찰되었다. 매독을 비롯해 이 시기에 유행한 갖가지 질병들이 '새로운 질병'으로 분류되었는데, 근래까지 새로운 질병 취급을 받은 것은 매독뿐이다. 콜럼버스의 부하 선원들이 스페인 사람들에게 매독을 옮기고, 그 스페인 사람들이 나폴리에서 프랑스인에게 다시 매독을 전파했다고 프랑스인들은 주장했다. 스페인 사람들이 아메리카 질병을 유럽에 들여왔다는 것이다. 하지만 매독은 그전부터 유럽과 세계 각국에 만연했으며, 질병 분류가 발전하면서 이 시기부터 제대로 진단되었을 뿐이라는 견해가 보편적이다. 매독 논란으로 잉크와 감정이 헤아릴 수 없을 만큼 소모되었다. 지금 남아 있는 증거에 비추어 볼 때 매독에 관한 논란은 해결될 수 없을 듯하다. 문학 자료와 참고 가능한 유골 모두 결정적인 답을 주지 못한다.

프라카스토로는 이 불쾌한 질병에 새로운 이름을 붙이는 것 이상으로 의학에 기여했다. 그는 질병에 가장 중요한 개념을 부여했다. 1546년 저서에서 전염병을 설명하는 일관되고 과학적인 이론을 최초로 제시했는데, 19세기에 마침내 세균학이 등장하며 그의 이론이 증명되었다. 자신이 관찰한 내용과 다른 학자의 설명을 토대로, 프라카스토로는 환자 신체에 증식하는 힘을 지닌 작은 병원균이 전염병을 일으킨다고 결론지었다. 그런 병원균이 사람에서 사람으로 직접 전염되거나, 거리를 두고 전염되거나, 감염 물질로 오염된 매개체를 통해 전염된다고도 믿었다. 병원균은 또한 고유의 성질을 지녀서 제각기 다른 전염병을 일으킨다고 주장했다. 그리고 전염병의 다양한 특성은 병원균의 독성이 변화한 결과라고 설명했다. 프라카스토로는 천연두, 홍역, 가래톳페스트bubonic plague, 결핵, 한센병, 영국다한증, 매독, 발진티푸스, 일부 피부 질환을 기술하고 분석했다. 그는 발진티푸스를 최초로 묘사했다. 게다가 자신의 관점과 고대인이 기후에 따른 풍토병에 접근한 방식이 다르다는 사실도 깊이 인식했다. 질병 초기에 병원균을 파괴하는 것이 중요하다고 강조한 그의 치료법은 본인의 이론에서 직접 추론해낸 것이었다. 이러한 이상적인 치료법은 밝혀진 지 백여 년밖에 되지 않았고, 실제로 적용된 질병도 소수에 불과하다.

한편 '기적'을 합리적으로 해석하려고 노력한 인문주의자들은 질병에 작용하는 심리 요인에 관한 거대한 통찰을 얻었다. 4백 년 전만 해도 '상상'이라 여겨졌으나 오늘날 조금이나마 이해되면서 '암시'라고 불리는 심리 메커니즘이 수많은 질병의 원인과 치료에 영향을 주는 요인으로 인식되었다. '상상'의 역할을 연구한 저술가에는 하인리히 코르넬리우스 아그리파 폰 네테스하임Heinrich Cornelius, genannt Agrippa von Nettesheim, 파라켈수스, 피에트로 폼포나치Pietro Pomponazzi, 피코 델라 미란돌라Pico della Mirandola, 델라 포르타Della Porta, 지롤라모 카르다노Girolamo Cardano, 안드레아스 리바비우스Andreas Libavius 등이 있다. '상상' 연구와 관련하여, 코르넬리우스 아그리파의 제자 요한 바이어Johann Weyer(1515~1588)는 '불운한 마녀들은 악마의 동료가 아니라 정신 질환자'라는 후세에 길이 남을 대담한 발언을 했다. 유능한 임상의였던 바이어는 영국다한증, 괴혈병, 그리고 여성 생식기관의 선천기형이 유발하는 질혈종hemotacolpos을 설명했다. 질병 분류를 최초로 시도한 인물인 바젤 출신 펠릭스 플래터(1536~1614)는 정신 질환 관찰과 치료에 특히 주목했다.

르네상스 시대에 뚜렷이 변화한 의학 분야는 해부학이다. 중세 해부학에 어떠한 약점이 있었는지는 이미 언급했다. 수술 실력으로 유명했던 자코포 베렌가리오 다 카르피Jacopo Berengario da Carpi (1470~1550)는 매독에도 관심이 있었는데, 저서에 인체를 있는 그대로 묘사한 해부도를 최초로 수록했다(1521). 이 해부도를 그리는 과정에 1백 구가 넘는 시신을 해부했다. 이처럼 해부에 전념한 끝에 나비굴sphenoid sinus, 충수appendix를 비롯한 수많은 기관 구조와 간순환 hepatic circulation을 묘사할 수 있었다. 베렌가리오는 갈레노스가 언급

그림 10 안드레아스 베살리우스

한 심장 격벽의 작은 구멍을 발견하지 못했지만, 그럼에도 갈레노스의 가르침을 온전히 받아들이지 않았다는 이유로 선배 해부학자 몬디노 데 루치를 비난했다.

갈레노스의 오래된 가르침을 의식적으로 거부하고 해부대에서 직접 연구한 결과로 갈레노스 의학을 대체했다는 점에서, 현대 해부학의 창시자로 안드레아스 베살리우스가 꼽힌다. 베살리우스는 르네상스 의학사는 물론 전 의학사를 통틀어 가장 위대한 인물 중 하나다. 브뤼셀의 의사 집안에서 태어난 그는 파리와 루뱅에서 공부했다. 이후 번성한 도시국가 베네치아 공화국에 설립되어 분위기가 자유롭고 수많은 학생의 선망을 받은 파도바 대학교에서 23세의 나이로 해부학 교수가 되었다. 28세가 되어서는 불후의 명저《인체의 구조에 관하여De Humani Corporis Fabrica》를 발표했다. 이 책에서 베살리우스는 외과학을 내과학과 분리하면 어떠한 참담한 결과가 도출되는지, 그리고 교육을 받은 의사들이 해부처럼 손을 쓰는 의료 행위를 경멸하는 분위기가 만연하면 어떠한 위험이 발생하는지를 분명히 밝혔다. 외과학과 내과학을 분리하지 않았던 고전 의학의 전통을 다시 세우려고 노력하기도 했다. 또 기관을 직접 관찰하여 간엽은 다섯 조각이고, 흉골은 일곱 조각이며, 아래턱뼈는 두 조각이고, 담관은 이중 구조이며, 자궁은 뿔 형태라는 갈레노스 의학의 오류(돼지, 원숭이, 개를 관찰한 결과를 인체에 적용한 결과임)를 바로잡았다. 베살리우스의 저서는 이탈리아 화가 얀 반 칼카르Jan van Calcar가 그린 삽화 덕분에 더욱 완벽해졌다. 물론 베살리우스가 하루아침에 해부학을 완성하지는 못했다. 그의 해부학에도 몇몇 오류가 있었다. 해부할 시체가 상대적으로 부족해서 형태 변화가 일어난 구조를 정상 구조로 오해했기 때문인데, 예를 들자면 엉치뼈sacrum를 잘못 인지했다. 베살리우스의 책은 보수적인 권위자들에게 냉대받았고, 파리의 실비우스Sylvius of Paris(자크 뒤부아Jacques Dubois라고도 불림)는 제자 베살리우스에게 광인Vesanus이라는 별명을 붙였다. 존경하는 갈레노스의 권위를 되살리기 위하여 파리의 실비우스는 갈레노스 시대 이후 인체가 변화했다는 기발한 주장을 펼쳤다. 예컨대 좁은 바지가 유행하면서 넓적다리뼈의 곡률이 변화했다고 말했다. 반대론자들에게 넌더리가 난 베살리우스는 과학 연구를 포기하고 궁정 의사 겸 외과 의사로 스페인 궁정에 갔다. 학자로 살던 시절을 그리워했으나 해부학자로 복귀하지는 않았다. 그리고 성지 순례를 하던 중 사망했다.

베살리우스는 16세기 해부학자 가운데 가장 위대했지만, 유일하게 위대한 인물은 아니었다. 바르톨롬메오 유스타키오Bartolommeo Eustachio

(1524~1574)는 갈레노스 의학을 베살리우스만큼 노골적으로 거부하지는 않았으며, 귀관eustachian, 부신suprarenal, 가슴림프관thoracic duct, 외전신경abducens nerve 등 새로이 발견한 구조를 베살리우스 못지않게 훌륭히 설명했다. 베살리우스의 제자이자 후계자인 가브리엘 팔로피우스Gabriel Fallopius(1523~1562)는 여성 생식기관과 귀의 반고리뼈관semicircular canal을 기술했다. 팔로피우스의 제자이자 윌리엄 하비의 스승인 히에로니무스 파브리치우스Hieronymus Fabricius(1547~1619)는 정맥 판막을 묘사하여 훗날 하비의 혈액순환 이론에 중요한 근거를 제시했다. 발생학에 대한 파브리치우스의 관심이 하비에게 계승되기도 했다. 또 다른 저명한 해부학자 잠바티스타 카나노Giambattista Canano는 근육을 연구하고 정맥 판막을 발견했다.

베살리우스는 해부학에 새로운 생명을 불어넣고 의학 발전에 이바지했지만, 여전히 갈레노스의 체액병리학을 지지했다. 그런 이유로 갈레노스 의학을 끝장낼 만한 공격을 가하지 못했다. 그 대신에 다른 인물이 체액병리학을 정면으로 공격했다. 바로 자신을 파라켈수스라고 명명한 필리푸스 아우레올루스 테오프라스투스 봄바스투스 폰 호엔하임Philippus Aureolus Theophrastus Bombastus von Hohenheim(1493~1541)이다. 파라켈수스는 16세기 초 평민들이 지녔던 거칠고 혼란스러운 열망을 대변했다. 농민 전쟁에서 프란츠 폰 지킹겐Franz von Sickingen, 괴츠 폰 베를리힝겐Götz von Berlichingen, 플로리안 가이어Florian Geyer 같은 신분이 낮은 귀족들이 평민 편에 섰듯이, 파라켈수스는 의학 분야에서 평민을 옹호했다. 저명한 의사였던 파라켈수스가 최초로 의학 저서를 독일어로 썼다는 사실이 그가 과거와 결별했음을 상징한다. 이처럼 독일어로 쓰인 대중 의학 서적은 인쇄술이 발

그림 11 파라켈수스

명되자마자 수백 권씩 출간되어 시장에 넘쳐나게 되었다.

파라켈수스는 의사의 아들이었다. 스위스 아인지델른에서 태어나, 유명한 푸거Fugger 가문이 운영하는 광산에서 일꾼을 관리하던 아버지와 함께 오스트리아 케른텐의 필라흐에서 유년 시절을 보냈다. 파라켈수스는 14세부터 방랑하기 시작했다. 이탈리아 페라라에서 레오니세노의 가르침을 받은 것으로 추정되고, 이후 유럽 전역을 누비며 여생을 보냈다. 바젤에 정착하려고 했으나 1527년에 결국 실패했다. 바젤에서 의학 교수로 일할 때 갈레노스와 이븐 시나의 저서를 공개적으로 불태우는 도발적인 사건을 일으켰다는 이야기도 전한다. 이 이야기는 전설에 불과할 수 있으나 파라켈수스의 관점을 분명하게 드러낸다.

파라켈수스는 의학 발전을 방해하는 가장 큰 장애물로 전통 의학서를 꼽았다. 그런 책들은 폐기해야 했고, 풋내기 의사는 '자연이라는 책'으로 돌아가야 했다. 미숙한 돌팔이 의사나 '마녀'가 얻은 경험이라 할지라도 의학을 정립하는 데에는 꼭 필요한 요소였다. 그런 측면에서 파라켈수스가 유일하게 존경할 만한 과거의 의학 권위자는 경험론자 히포크라테스였다. 파라켈수스가 수술에 몰두한 것은 혁명적인 동시에 히포크라테스적인 일이었다. 그러나 중세에서 벗어나지 못한 파라켈수스의 믿음, 즉 신이 의학적 계시와 지식을 주는 원천이라는 생각은 비히포크라테스적이었다.

파라켈수스는 연금술alchemy과 점성술에 빠졌다. 점성술은 파라켈수스 학파뿐만 아니라, 당대 과학자라면 흔히 믿었다. 프라카스토로, 코페르니쿠스, 케플러도 점성술을 굳게 믿었다. 파라켈수스는 점성술에서 새로운 질병과 신약에 대한 근거를 찾았다. 그리고 지구 생명을 제어하는 별자리가 계속해서 변화하듯 질병과 질병 치료도 변화해야 한다고 생각했다.

파라켈수스는 어렸을 적 케른텐 광산에서 연금술에 관한 지식을 익혔다. 연금술은 그 시대의 화학이었고, 파라켈수스 본인도 화학자로서 의학에 가장 큰 업적을 남겼다. 그는 해부학에 별로 관심이 없었다. 대부분 화학과 관련 있는 질병 이론을 제시했고 인체를 연금술사의 실험실로 여겼다. 화학에 기반한 새로운 '연금술spagyric' 의학파와 고대 갈레노스 학파 사이에서 2백 년간 지속된 투쟁이 파라켈수스로부터 시작되었다. 화학 지식을 쌓은 파라켈수스는 갈레노스의 원소설과 체액설이 허구임을 깨달았다. 하지만 파라켈수스가 제안한 원소 또한 현실과 동떨어져 있던 탓에 갈레노스 이론을 대체할 수 없었다. 그는 주로 연금술에서 새로운 약을 찾았다. 새로운 약물뿐만 아니라 그가 '아르카나arcana'라고 불렀던 독특하고 인과관계가 분명한 치료약을 탐구했다. 즉, 특정 질병에 특화된 치료약을 연구하기 시작했는데 이는 근대 의학의 특징이기도 하다. 파라켈수스의 영향으로 황, 철, 비소, 황산구리, 황산칼륨이 약전에 도입되었다. 수은 사용법도 개선되었다. 그는 아편을 아편팅크laudanum로 만들어 광범위하게 활용했다. 일련의 실험을 거쳐 생산한 에테르ether로 닭을 마취시켜 효과를 확인하기도 했다.

파라켈수스는 새로운 질병 개념을 제시하여 새 치료법의 활용을 정당화했다. 이를테면 현대의 대사성 질환에 해당하는 개념을 고안하고 이를 '주석병tartaric diseases'이라고 가정했다. 그리고 주석병과 같은 부류로 통풍을 포함시키며, 정상이면 배출되었을 대사물질이 부분적으로 축적된 상태가 통풍이라고 제안했다. 갑상샘종과 크레틴병의 관계를 최초로 발견하기도 했다. 이 시기에 게오르기우스 아그리콜라Georgius Agricola(켐니츠의 게오르크 바우어Georg Bauer라고도 불림)가 깊이 있게 다룬 광부병miner's diseases을 주제로 파라켈수스는 첫 번째 책을 썼다. 그리고 씨앗에서 질병이 발생한다는 최초의 미생물 이론을 제시했다. 앞에서 언급했듯이 파라켈수스는 정신과학 분야에서도 누구보다 앞섰다.

파라켈수스는 갈레노스 학파의 사변철학 체계에 맞서려면 새로운 사변 체계를 세워서 주장을 관철해야 한다는 비극적인 역설에 부딪혔다. 그가 본인의 사상을 '체계'로 손쉽게 구성할 수 없었던 이유는, 체계를 구축하려는 의도가 없어서가 아니라 사상적으로 혼란을 겪었기 때문이다. 그는 중세의 아리스토텔레스적 합리주의와는 반대로 직관을 강조하는 신플라톤주의에 영향을 받았다. 그의 철학은 그의 의학 체계를 떠받치는 중심축이었지만, 그 철학을 상세하게 따지는 것은 불필요해 보인다. 파라켈수스 철학에는 기이한 신념이 수없이 많다. 예컨대 황색 식물이 황달을 치료한다는 독특한 믿음은 원시 의학에 포함된 마법 관념이 뒷받침했다. 파라켈수스는 생명의 신비로운 원리를 믿고, 그 원리에 아르케우스archeus라는 이름을 붙였다. 인간이 우주의 축소판이라는 그의 견해는 오늘날 힌두 철학에서 발견되는 개념이다. 이 같은 주장은 대부분 의학계에 오랫동안 영향을 미쳤다.

의학계 기득권층은 파라켈수스 의학의 좋고 나쁨을 떠나 우호적으로 받아들이지 않았고, 박수를 받아야 마땅한 그의 대담함을 거칠고 못마땅한 행동으로 여겼다. 당시 파라켈수스가 의사와 약제상의 비윤리적인 관행을 비판하면서 과장을 보태긴 했지만, 그 비판의 근거는 정당했다.

파라켈수스는 모순된 시대를 살아간 모순된 인물이었다. 새로움을 추구하는 과정에서 타협하지 않았고, 책과 권위에 맹목적으로 복종하지 않았으며, 동시대의 누구보다도 현대적이었다. 한편 신비주의 종교에 심취했다는 점에서는 동시대의 누구보다도 중세적이었다. 파라켈수스의 저작에는 지성과 관찰에 기반한 의견, 신비주의에 뿌리를 둔 허구, 겸손과 성실과 과대망상이 기묘하게 뒤섞였다. 그는 연민과 혐오와 경탄이 독특하게 혼합된 의학계의 포스터스 박사로 보아야 마땅하다. 그를 '현대적 의사'로 여기는 것보다 어리석은 생각은 없다. 발터 파겔Walter Pagel(1898~1983, 독일 병리학자 겸 의학사학자-옮긴이)은 파라켈수스를 '점성술사magus'라고 불렀다. 그런데 파라켈수스를 어떻게 생각하든 그가 남긴 저작마저 무시할 수는 없다. 의사 집단이 끈질기게 반대했음에도, 그는 동시대인에게 헤르만 부르하버 Herman Boerhaave, 피르호, 지그문트 프로이트Sigmund Freud처럼 의학의 상징이 되었다. 페르넬, 프라카스토로, 베살리우스 같은 인문주의자보다도 무게감이 한층 묵직하다. 좋든 나쁘든, 그의 영향력은 의학에서 사라진 적이 없다.

이탈리아인 지롤라모 카르다노(1501~1576)는 여러모로 파라켈수스와 닮았다. 수학자, 생물학자, 의사로 파란만장한 경력을 쌓은 카르다노는 사생활에 우여곡절이 많았다. 사생아로 태어나 도박꾼으로 살았고, 아들이 교수대에서 처형당하는 장면을 목격했다. 점성술을 무한히 신뢰하는 한편, 시각장애인을 위해 특수한 형태의 글(현대점자는 1829년 루이 브라유Louis Braille가 발명)을 고안하고, 청각장애인에게 의사소통 방식을 가르치는 특별한 방법(훗날 폰세 데 레온Ponce de Leon[1520~1584]이 실현함)을 개발했다.

르네상스 시대에는 외과학이 재탄생했는데, 특히 지위가 낮은 이발사 겸 외과 의사들이 활약하면서 외과학 수준이 올라갔다. 이발사 겸 외과의에게 새로운 해부학은 무척 실용적이고 가치가 높았다. 화약이 등장하자, 외과 의사 수요가 증가하는 동시에 고대 문헌 연구로 해결할 수 없는 문제가 외과학 분야에 떠올랐다. 군의관 히로뉘무스 브룬슈비히Hieronymus Brunschwig(1497)와 한스 폰 게르스도르프Hans von Gersdorff(1517)는 독일어로 작성한 외과학 논문에서 총상을 포괄적으로 다루었다. 르네상스 시대의 가장 위대한 외과 의사인 앙브루아즈 파레(1510~1590)가 처음 이름을 알린 분야도 총상 치료였다. 이발사의 아들로 태어나 지방 도시 라발에서 수련한 파레는 젊은 시절 파리로 건너가 군에 입대했다. 그리고 26세가 된 1536년에 처음으로 놀라운 업적을 세운다. 끓는 기름으로 총상을 치료하는 당시의 방식이 해롭다는 사실을 발견한 것이다. 파레는 다음과 같이 언급했다.

그때 나는 신출내기 군의관이어서 총상을 치료한 적이 없었다. 조반니 다 비고Giovanni da Vigo의 저서 중 제1권 8장에서 일반적인 상처에 관한 내용을 읽었다. 총에 맞은 상처는 화약 때문에 독이 퍼진 상태이며, 그런 상처를 치료하려면 당밀을 조금 넣고 끓인 딱총나무 기름으로 환부를 소작해야 한다고 했다. 하지만 끓는 기름으로 환부를 지지면 환자가 극심한 고통을 느끼리라 생각한 나는 치료에 앞서 다른 외과의가 상처를 처음 붕대로 감을 때 어떤 식으로 하는지 알아보았다. 다른 외과 의사들은 언급한 기름을 펄펄 끓인 다음 거즈와 실에 묻혀 상처를 소작했다. 나도 용기를 내서 그 의사들처럼 해보기로 했다. 그런데 써야 할 기름이 다 떨어져서, 달걀과 장미 기름과 테레빈유를 섞어 환부에 발랐다. 끓는 기름으로 치료받지 못한 환자들이 화약독으로 사망할지 모른다는 두려움이 밀려들어 잠이 오지 않았다. 결국 새벽같이 일어나 환자를 찾아갔다. 예상과 다르게, 내가 만든 기름으로 치료받은 환자들은 통증이 거의 없는 데다 상처가 붓거나 염증이 생기지 않아서 밤에 편히 잘 수 있었다. 오히려 끓는 기름으로 치료받은 환자들은 몸에 열이 나고 통증이 극심하며 상처가 퉁퉁 부어올랐다. 나는 총상을 입은 불쌍한 병사를 끓는 기름으로 잔혹하게 치료하지 않겠다고 결심했다.*

---

* From Paré's "Apology." in F. R. Packard, *Life and Times of Ambroise Paré* (New York, 1921), pp. 160-62.

1545년 파레는 파리의 실비우스에게 지지를 얻어 총상에 관한 저서를 발표하는데, 이때 실비우스는 제자 베살리우스와 파레보다도 이 책에서 깊은 통찰을 얻었다. 베렌가리오, 바르톨로메오 마지 Bartolomeo Maggi 같은 이탈리아 외과의도 끓는 기름으로 총상을 치료하는 방식에 반대했다.

군사 작전에 20차례 참여하고 책 20권을 쓴 파레는 외과학의 미래에 큰 영향을 미쳤다. 그가 남긴 가장 거대한 업적은 1552년에 결찰법을 재도입한 것이다. 결찰법은 고대에 완전히 사장되었고, 그 대신 아랍 의학에서 유래한 소작법이 지혈 수단으로 쓰이고 있었다. 1552년에 파레는 앙리 2세의 첫 번째 외과 주치의가 되었다. 또 산과학에 다리태아회전podalic version(임신부 자궁에 손을 넣어 태아 위치를 바꾸는 시술-옮긴이)을 다시 도입했다. 조산사가 천 년간 맡아온 산과학이 파레의 시대부터 이발사 겸 외과 의사의 손에 맡겨지기 시작했다. 파레의 인기가 치솟자, 1557년 성 코스메 대학의 엘리트 외과의들은 이발사 출신인 데다 라틴어도 전혀 모르는 그를 받아들일 수밖에 없었다. 당시 궁정 외과의였던 파레는 수많은 개신교도가 잔혹하게 학살당한 1572년 '성 바르톨로메오 축일'에도 목숨을 건졌다. 그같은 종교적 의도로 그를 독살하려는 시도도 있었으나, 이때도 살아남았다.

1582년에는 유니콘과 미라를 재료로 썼다는 치료약이 널리 유행했는데, 파레는 논문에서 2가지 가짜 약의 명성을 완전히 무너뜨렸다. 1583년에는 73세의 나이로 아들을 얻었다. 죽기 직전 파레는 리옹의 대주교에게 파리 거리에서 굶어 죽어가는 가난한 사람들을 위하여 앙리 4세에게 도시를 넘겨주라고 충고하면서, 일평생 늘 그랬듯이 용기를 발휘했다.

　계층 간 분리가 엄격했던 르네상스 시대에 천한 이발사가 높은 사회적, 과학적 지위에 올랐다는 것이 어떠한 의미인지, 오늘날 민주주의 시대에는 제대로 평가하기 어렵다. 일과 학문을 향한 집념, 훌륭한 인품, 지적 재능까지 겸비해야 그러한 성과를 얻을 수 있을 것이다. 파레는 특히 겸손한 성품이 돋보인다. 누구보다 탁월한 업적을 남긴 그는 생애 마지막에 다음과 같이 말했다. "나는 상처를 붕대로 감아줄 뿐, 신이 환자를 치료한다."

　이 시대에 활약한 또 다른 외과 의사 피에르 프랑코(1500년경)도 하위 계층 출신이었다. 남부 프랑스에서 태어난 그는 개신교도였던 탓에 스위스로 도피해야 했다. 그러나 탈장, 결석, 백내장 수술을 비약적으로 개선했다. 볼로냐 출신 가스파로 탈리아코치Gasparo Tagliacozzi(1546~1599)는 코 성형술을 부활시켰으나, 사망한 이후 '코 수술은 신의 영역을 침범하는 행위'라는 이유로 무덤에서 파헤쳐져 신성하지 않은 땅에 다시 묻혔다. 영국은 토머스 게일Thomas Gale(1507~1586)과 윌리엄 클로스William Clowes(1540~1604)가 활약한 덕분에 외과학의 부흥에 동참할 수 있었다.

10장

17세기
의학

17세기는 과학사에서 독특한 위치를 차지한다. 수학자이자 철학자 르네 데카르트René Descartes·고트프리트 라이프니츠Gottfried Leibniz·블레즈 파스칼Blaise Pascal, 물리학자 아이작 뉴턴Isaac Newton·갈릴레오 갈릴레이Galileo Galilei·요하네스 케플러Johannes Kepler·윌리엄 길버트 William Gilbert, 화학자 로버트 보일Robert Boyle·얀 밥티스타 판 헬몬트 Jean-Baptiste van Helmont, 그리고 관찰 및 실험 철학을 주창한 프랜시스 베이컨Francis Bacon 등이 활약한 세기다. 훌륭한 의학 문헌도 많이 집 필되었다. 16세기에는 임상학과 외과학이 부활했다. 그 덕분에 식물학과 해부학이 새로운 출발점에 섰다. 정신병리학, 새로운 전염병학,

화학이 의학에 응용되었다. 이 모든 의학 전문 분야가 17세기 내내 끊임없이 발전했다. 그와 더불어 가장 중요한 두 분야인 생리학과 현미경해부학 분야가 열렸다. 역사상 최초로 17세기에 생리학 연구와 현미경 연구가 절정에 이르렀다. 두 분야는 19세기 중반에 한 번 더 절정에 이른다. 1600년경 발명된 복합현미경compound microscope은 맨눈에 보이지 않던 사물을 관찰할 수 있게 해주었다. 16세기에 소극적으로 진행되던 관찰 활동은 활발한 실험으로 보완되고, 해부학은 '살아 있는 생물의 해부학'인 생리학으로 발전했다. 의사들은 더 이상 기능을 추론하지 않아도 되었다. 생명체 구조에서 새롭게 얻은 지식이 기능 연구로 확장되었다. 학자들은 어느 때보다 폭넓게 실험했다. 주세페 참베카리Giuseppe Zambeccari, 리처드 로어Richard Lower, 요한 콘라트 브루너Johann Conrad Brunner, 토머스 윌리스Thomas Willis는 실험병리학을 발전시켰다. 하지만 17세기에는 실험자가 현미경, 화학, 전기에 관한 지식을 갖추지 못했으므로, 실험 결과가 만족스러운 경우는 드물었다.

17세기는 물론 전 역사를 통틀어 생리학 분야에서 거둔 가장 큰 성과는 혈액순환을 발견한 것이다. 갈레노스 의학이 혈액순환을 어떻게 설명했는지는 앞에서 이미 언급했다. 갈레노스의 혈액순환설은 17세기까지 의학계를 지배했다. 폐순환은 지금의 시리아에서 활동한 이븐 알 나피스Ibn al-Nafis(1210~1280)가 처음으로 언급했다. 서양에서는 1553년에 칼뱅이 이단자로 몰아 42세 나이로 화형당한 스페인 의사 미카엘 세르베투스Michael Servetus가 쓴 신학 책에 폐순환이 처음 언급된다. 이탈리아 해부학자 마테오 레알도 콜롬보Matteo Realdo Colombo(1560년 사망)도 저작에서 비슷한 의견을 제시했는데, 세르베

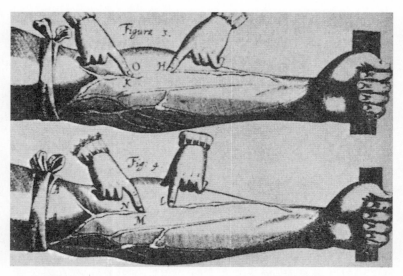

그림 12 윌리엄 하비의 저서 《동물의 심장과 혈액의 운동에 관한 해부학적 연구》
에 실린 삽화

투스의 영향을 받았으리라 추정된다. 교황 클레멘스 8세의 주치의였던 안드레아 체살피노(1524~1603)는 식물학을 연구하면서 '순환'이라는 용어를 썼을 뿐만 아니라 대순환과 소순환(전신순환과 폐순환-옮긴이)에 대한 기본 개념도 알고 있었다.

그럼에도 혈액순환의 본질을 밝힌 공로는 파도바에서 히에로니무스 파브리치우스에게 가르침을 받은 영국인 윌리엄 하비(1578~1657)의 몫이다. 하비는 1628년에 발표한 저서 《동물의 심장과 혈액의 운동에 관한 해부학적 연구De Motu Cordis》에서 혈액순환을 단순명료하게 제시하지 않고 형태학, 수학, 실험에 기반하여 증명했다. 하비가 작성한 강의 노트를 살펴보면, 적어도 셰익스피어가 사망한 1616년부터 혈액순환에 대해 생각해왔음을 알 수 있다. 하비의 접근법은 단순한 추측과 해부학적 근거는 물론 실험과 정량 계산까지 고려했다는 점에서 다른 선구자들과 달랐다.

하비의 접근법은 혈액순환 현상을 따로 분리해 생각했다는 점에서 참신했다. 그는 순환의 기계적인 과정에만 관심이 있었다. 심장, 간, 뇌를 흐르는 혈액에서 발생하는 현상에 관해서는 여러 가능성을 열어두었다. 그러한 기관 내에서 '정신'이 발달한다는 갈레노스의 이론을 믿었을지는 몰라도, 그 이론을 언급한 적은 없다. 기계론적이었던 하비의 견해는 그 당시의 지배적인 관점과 일치했다. 그는 인간과 동물을 기계로 보았다. 그리고 특정한 순환에만 기계적 관점을 적용했는데, 운 좋게도 그 순환이 실제로 기계적이었다. 하비는 기계론적인 토대 위에 일반적인 생명의 법칙을 세우려고 시도하지 않았고, 그 덕분에 다른 의물리학자iatromechanists가 빠졌던 함정에서 벗어날 수 있었다.

그러나 하비를 본격적인 현대 과학자로 분류할 수는 없다. 낡은 철학 관념과 주장에 푹 빠져 있었기 때문이다. 이를테면 갈레노스의 주요 이론을 무너뜨리는 과정에서 자신의 관찰 결과를 근거로 대면서, 무엇보다도 갈레노스의 의견을 인용하고 싶어 했다. 게다가 심장이 신체의 중심 기관이고 혈액이 생명의 원리라고 믿었다는 점에서, 하비는 고대 고전 의학의 후예이자 아리스토텔레스의 열렬한 신봉자였다. 다른 아리스토텔레스 추종자와 마찬가지로 온갖 부위에서 순환 과정을 찾기도 했다. 심지어 하비가 왕정주의자였던 것도 의학적 발견에 기여했을지 모른다. 심장을 신체의 '왕'으로 여겼기 때문이다.

하비는 먼저 동물과 인간 시체를 해부하여 얻은 형태론적 증거를 제시했다. 심장 판막 구조, 대혈관의 구조, 태아 순환에서 폐순환을 차단하는 혈관 위치를 설명하고, 심장에는 작은 구멍이 없다는 것을 밝혔다. 또 심장 오른쪽에서 왼쪽으로 혈액이 흐르는 사이에 폐를 통과한다는 것도 증명했다. 하비의 스승 파브리치우스는 판막 구조를 훌륭히 설명해놓고도 해석을 잘못했는데, 하비는 그 판막 구조를 토대로 혈액이 혈관을 타고 순환한다고 주장했다.

다음으로 하비는 수학적이고 정량적인 증거를 제시했다. 이를테면 주어진 시간 안에 심장을 통과하는 혈액량을 측정했다. 양sheep의 경우 총 혈액 질량이 약 1.8킬로그램인데, 30분 동안 심장을 통과하는 혈액은 약 1.6킬로그램이라고 추정했다. 신체는 그토록 짧은 시간 내에 그만큼 많은 혈액을 만들어낼 수 없으며, 따라서 혈액이 순환하는 체계여야만 혈액량을 일정하게 유지할 수 있음을 밝혔다.

또한 뱀으로 실험하고는, 대동맥을 결찰하면 심장에 혈액이 모이고 대정맥을 결찰하면 심장에 혈액이 부족해진다는 것을 증명했다.

이 실험으로 혈류가 한 방향으로 흐른다는 하비의 가설이 증명되었다. 사혈에 늘 쓰이는 결찰법도 혈액순환을 증명하는 실험에 동원했다. 붕대를 단단히 감으면 동맥이 압박되어 맥박이 떨어지고, 붕대를 느슨하게 감으면 정맥에 울혈이 생겼다. 그런데 정맥 내 두 판막 사이의 공간이 위쪽부터 혈액으로 채워지는 일은 일어나지 않았다 (예전부터 사혈을 할 때면 언제나 결찰 부위의 위쪽이 아닌 아래쪽으로만 출혈을 일으켰는데, 이러한 관행이 갈레노스 이론에 의심을 불러일으키지 않았다는 것이 놀랍다). 하비는 혈액순환 때문에 독이 퍼지는 현상 등을 근거로 다양한 주장을 펼쳤다. 그의 주장에는 치명적인 빈틈 하나가 있었다. 현미경 사용이 익숙하지 않았던 그는 혈액이 동맥에서 정맥으로 어떻게 순환하는지 알 수 없었다. 이 빈틈은 마르첼로 말피기 Marcello Malpighi가 모세혈관을 발견하면서 채워졌다.

하비는 앞서 《동물의 심장과 혈액의 운동에 관한 해부학적 연구》에서 언급한 발생학과 비교해부학에 대한 관심을 1651년 발표한 저서 《동물 발생론De Generatione Animalium》에서도 드러냈다. 그리고 저서에서 기존 학설인 전성설preformation에 반대했다. 전성설이란 생명체의 배아 안에는 모든 기관이 이미 존재하며 배아는 양적으로만 성장한다는 주장이다. 그 대신 하비는 배아가 단순한 상태에서 복잡한 상태로 발달한다는 후성설epigenesis을 지지했다. 하비가 남긴 격언 "모든 생명은 알로부터"는 남성의 정자만이 발생 과정에서 능동적인 역할을 한다는 낡은 관념을 뒤집었다. 그러나 하비는 수정 과정을 제대로 알아내지 못했고, 이 수수께끼는 19세기에 와서야 풀렸다.

하비가 발견한 혈액순환은 당연히 격렬한 반대에 부딪혔다. 결국 그가 의료 행위로 벌어들이는 수입도 줄었다. 그는 정치에 무관심한 의사였던 듯하다. 왕정주의 정치관을 고집한 탓에 많은 사람에게 지지를 얻지 못했다. 찰스 1세의 주치의였던 그는 잉글랜드 내전 동안에도 왕에게 변함없이 충성을 바쳤다.

한편에서는 하비의 발견을 여과 없이 받아들이고, 그 새로운 정보를 바탕으로 정맥주사와 수혈의 가능성을 논의했다. 크리스토퍼 렌 경Sir Christopher Wren이 정맥주사를 탐구했고, 이후에는 로버트 보일과 존 윌킨스John Wilkins(1656), 요한 다니엘 마요어Johann Daniel Major(1662), 요한 S. 엘스홀츠Johann S. Elsholtz(1665)도 참여했다. 당시 정맥주사는 혈전증과 색전증을 일으켰기 때문에 19세기까지 다시 시도되지 않았다. 리처드 로어는 1665년 동물 혈액을 다른 동물에게 수혈했다. 1667년 프랑스의 장 바티스트 드니Jean-Baptiste Denys는 동물 혈액을 16세 남성에게 성공적으로 수혈했다. 하지만 드니가 시술한 이후 여러 문제가 발생하면서 수혈이 금지되었다가 19세기에 재개되었고 20세기에 들어서 안전해졌다. 17세기에 사혈 건수가 급격히 많아진 이유가 하비의 저술이 의학 사상에 큰 영향을 미쳤기 때문이라는 장 에티엔 도미니크 에스키롤Jean-Étienne Dominique Esquirol의 주장이 옳다면, 하비의 위대한 발견은 바람직하지 않은 성과로 이어졌다고 봐야 할 것이다.

17세기 생리학에서는 혈액순환 발견 외에도 많은 업적이 나타났다. 학자들은 호흡도 생리학 관점에서 면밀하게 관찰했다. 제1대 코크 백작의 일곱째 아들이자 열넷째 아이로 태어난 영국의 위대한 과학자 로버트 보일(1627~1691)은 동물이 공기가 아닌 공기를 구성하는 특정 요소에 의존해 생명을 유지한다는 사실을 발견했다(이 사실을 발견한 인물은 로버트 보일이지만, 대개는 보일과 동시대에 활동한 젊은 학자 존 메이요John Mayow로 잘못 알고 있다). 로버트 훅Robert Hooke(1635~1703)은 흉부의 기계적 움직임이 호흡에 꼭 필요한 요소가 아니라는 것을 실험으로 증명했다. 그리고 흉곽을 제거한 다음 풀무로 기관지를 통해 폐로 공기를 불어 넣어도 동물이 생명을 유지한다는 것을 입증했다. 앞에서 언급한 수혈의 개척자 리처드 로어(1631~1691)는 동맥혈과 정맥혈의 색 차이가 호흡과 관련 있음을 밝혔다. 그리고 혈액의 색이 폐에서 변화한다는 것도 증명했다. 보일, 훅, 로어 세 명의 과학자가 영국왕립학회The Royal Society의 창립자이자 분야를 선도하는 과학자였다는 점은 주목할 만하다.

얀 밥티스타 판 헬몬트는 소화생리학 분야에 유용한 기준을 도입했다. 그는 소화를 일련의 발효라고 표현했다. 파라켈수스를 존경한 그는 파라켈수스처럼 열정 넘치는 화학자이자 신비주의 철학자였다. 보일과 뉴턴만큼이나 신학 문제에도 관심이 많았다. 헬몬트는 위에 염산이 존재한다는 것을 확인했다. 그리고 이산화탄소를 발견하고, '가스gas'라는 용어를 처음 만들었으며, 감기에 걸리면 코에서 흐르는 점액이 뇌에서 분비된다는 오랜 믿음을 타파하는 등 과학 분야에 수많은 업적을 남겼다. 초기 소화생리학을 개척한 인물은 의화학자iatrochemist 프랑수아 드 라 보어François de la Boë의 제자이자 안톤 판 레이우엔훅Anton van Leeuwenhoek의 친구였던 레니에 드 그라프Reinier de Graaf다. 그라프는 개의 췌장과 쓸개로 실험했다.

당시 화학은 물리학만큼 발전하지 못했기 때문에, 화학에 뿌리를 둔 소화와 호흡의 생리학은 순환의 생리학만큼 발달하지 못했다. 미흡한 기초과학은 이탈리아의 산토리오 산토리오Santorio Santorio(1561~1636)가 '불감발한' 등의 신진대사를 탐구하는 과정에도 제약이 되었다. 산토리오는 현대 생리학의 선구자 가운데 한 명이다. 생리학 문제를 정량적 관점에서 접근하여 체온계, 맥박계와 같은 새로운 기구를 발명하기도 했다. 또한 요한 본Johann Bohn, 로버트 보일, 프란시스코 레디Francisco Redi, 클로드 페로Claude Perrault, 얀 스바메르담Jan Swammerdam이 뇌 제거 실험을 하면서 신경계 생리학 연구가 부활했다. 니콜라스 스테노Nicolaus Steno, 조반니 보렐리Giovanni Borelli, 토머스 윌리스, 프랜시스 글리슨Francis Glisson 등의 학자들은 근육 생리학을 탐구했다.

마르첼로 말피기(1628~1694)는 모세혈관을 발견(1661)하여 하비의 혈액순환 이론을 완성했다. 말피기의 놀라운 업적은 모세혈관 발견에서 그치지 않는다. 현미경으로 폐, 비장, 신장, 간, 피부 구조를 최초로 발견했고 혀유두lingual papilla와 맛봉오리taste bud를 설명했다. 말피기의 이름은 여러 신체 구조 명칭의 기원이 되었다. 그는 현미경해부학자인 동시에 탁월한 발생학자, 식물 해부학자, 동물학자였다. 한마디로 말피기는 당대의 위대한 과학자였다.

현미경의 출현은 네덜란드 델프트 출신 포목상이자 아마추어 과학자 안톤 판 레이우엔훅(1632~1723)에게도 영향을 주었다. 레이우엔훅은 현미경을 활용하여 의학에 중요한 성과들을 남겼다. 예컨대 세균, 가로무늬근육striped muscle, 정자sperm를 처음으로 묘사했다. 다른 초기 현미경해부학자로는 자연발생설spontaneous generation에 첫 타격을 가한 프란시스코 레디(1626~1697), 현미경으로 발견한 혈액 내 미생물이 전염병을 유발한다고 설명한 예수회 수사 아타나시우스 키르허Athanasius Kircher(1602~1680)(그가 저전력 현미경으로 발견한 '미생물'은 적혈구였을 것이다), 앞에서 언급한 생리학자로 식물에서 관찰한 구조를

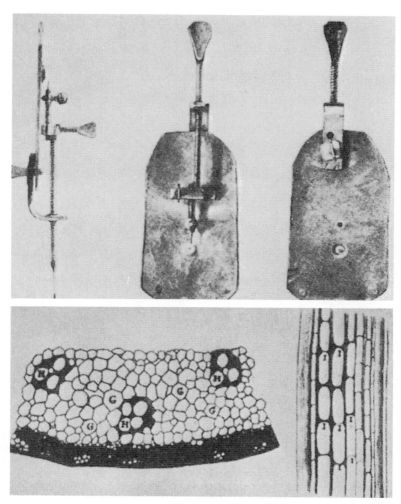

그림 13 안톤 판 레이우엔훅의 현미경(위)과, 현미경을 보고 그린 그림(아래)

'세포'라고 명명한 로버트 훅, 적혈구를 최초로 설명한 얀 스바메르담 (1637~1680)이 있다.

17세기 해부학에서 가장 중요한 사건은 가스파레 아셀리Gaspare Aselli(1622), 장 페케Jean Pecquet(1651), 토마스 바르톨린Thomas Bartholin(1652), 올라프 루드베크Olaf Rudbeck(1653)가 림프계lymphatic system를 발견한 일이다. 17세기 해부학자 요한 게오르그 비르숭 Johann Georg Wirsung, 바르톨린, 윌리엄 쿠퍼William Cowper, 요한 하인리 히 마이봄Johann Heinrich Meibom, 요한 콘라트 브루너, 요한 콘라트 파 이어Johann Conrad Peyer, 스테노, 레니에 드 그라프의 이름은 지금도 해 부학 용어집에 남아 있다. 이들의 이름이 붙은 구조가 주로 분비관 duct과 분비샘gland이라는 사실은 17세기 해부학자들이 그 구조에 관 심이 많았음을 알려준다(비르숭관[췌장관]Wirsung's duct, 브루너샘Brunner's gland, 그라프난포Graafian follicles). 분비선에 대한 많은 관심은 아마도 그 당시에 의화학이 주목받은 결과일 것이다. 비교해부학은 16세기에 피에르 벨롱, 기욤 롱들레Guillaume Rondelet, 폴허르 코이터르Volcher Coiter가 재발견했다. 건축가 겸 과학자 클로드 페로(1613~1688)와 침 팬지를 연구한 에드워드 타이슨Edward Tyson(1655~1708)이 주축인 집 단이 17세기 파리에서 비교해부학 연구를 이어갔다. 페로는 낙타를 해부하다가 생긴 상처 부위 감염으로 사망했다.

새롭게 싹튼 기초과학 분야인 물리와 화학에서 단편적인 연구 결과 가 도출되자, 이 결과들을 임상의학에 적용하려는 매혹적인 시도가 이어졌다. 이 시도는 2가지 거대한 흐름, 즉 의물리학iatromathematics, iatrophysics과 의화학iatrochemistry이라는 형태로 드러났다. 1천4백 년 간 지속된 체액병리학 시대 이후 의물리학과 고체병리학이 전면에 등장했다. 의물리학은 주로 유럽 남부에서, 의화학은 유럽 북부에서 활발히 연구되었다. 탁월한 철학자 르네 데카르트(1596~1650)는 프랑스에서 철학자 겸 의사로 활동했다. 데카르트에게 인간이란 영혼이 자리 잡은 솔방울샘pineal gland을 제외하면 기계와 마찬가지였다. 그가 내세운 이원론은 생리학 연구를 촉진했으나 지금도 풀리지 않은 수수께끼를 남겼다. 의물리학의 중심지였던 이탈리아 파도바에서 갈릴레오 갈릴레이(1564~1642)는 정량적이며 수학과 실험에 기반한 새로운 형태의 물리학(낙하 운동 법칙law of fall)을 창조했다. 니콜라우스 코페르니쿠스(1473~1558)는 갈릴레이가 개량한 망원경을 활용해 태양중심설을 전파하여 고대부터 유지되어온 권위를 위협했다. 조반니 보렐리(1608~1679)는 기계적인 관점에서 근육의 움직임을 분석하는 데 성공했다. 그런데 조르지오 바글리비Giorgio Baglivi(1668~1706)가 보렐리와 같은 원리를 분비샘 기능과 호흡과 소화 현상에 적용하자 다소 터무니없는 결과가 도출되었다. 물리학과 의학 사이의 긴밀한 상관관계는 안과학ophthalmology 연구에 보탬이 되었다. 데카르트, 에듬 마리오트Edme Mariotte, 크리스토프 샤이너Christoph Scheiner 등의 물리학자들이 안과학에 큰 성과를 남겼다.

의화학자들은 의물리학자만큼 업적을 남기지 못했다. 아직 화학이 발달하지 못한 시기였기 때문이다. 뛰어난 의화학자에는 프랑수아 드 라 보어(1614~1672)가 있는데, 레이덴의 실비우스Sylvius of Leyden라고도 부르므로 16세기 해부학자 파리의 실비우스(자크 뒤부아)와 혼동해서는 안 된다. 프랑수아 드 라 보어는 질병을 산증acidosis과 알칼리증alkalosis으로 구분했다. 보렐리가 신장 기능을 기계적 관점에서 보았다면, 프랑수아 드 라 보어는 순수하게 화학적 관점에서 보았다.

토머스 윌리스(1621~1675)는 드 라 보어보다 먼저 열을 발효로 해석했다.

17세기의 의물리학 및 의화학 연구는 전반적으로 실패했다. 그럼에도 두 학문의 역사는 기초과학 자료를 임상의학에 너무 서둘러 적용하면 어떠한 위험이 있는지 보여준다는 점에서 흥미롭다. 또 임상의학에 기초 지식을 응용하여 성과를 거두려면 엄청난 분량의 이른바 '쓸모없는 지식'을 쌓아야 한다는 것도 알려준다. 그리고 중구난방인 기초 지식을 질서 있게 정리하는 데 필요한 근본 이론을 과학자들이 항상 바랐다는 것도 알 수 있다. 이후에는 생명 현상을 단순한 물리학이나 화학 관점에서는 설명할 수 없다는 '생기론vitalism' 지지자들이 움직였다. 생기론 지지자들은 먼저 동물 조직의 독특한 성질인 흥분성irritability을 논하는 프랜시스 글리슨의 이론을 제시했다.

의화학과 의물리학 이론은 임상의학에 거의 공헌하지 못했다. 17세기 임상의학은 두 이론과 별개로 발전했다. 그런데 17세기에 임상의학이 놀랄 만큼 성장했다는 사실은 순수 과학이 남긴 성과에 가려져 이따금 빛을 잃는다. 프랑수아 드 라로슈푸코François de La Rochefoucauld 공작, 루이 드 루브루아 드 생시몽Louis de Rouvroy, duc de Saint-Simon 공작, 장 드 라브뤼예르Jean de La Bruyère 등 비전문 의사가지도 임상학적 시각에서 환자를 냉철하고 객관적으로 관찰했다. 이 비전문가들 가운데 유일하게 업적을 남긴 '영국의 히포크라테스' 토머스 시드넘Thomas Sydenham(1624~1689)을 당대의 불충분한 이론을 뛰어넘어 활약한 유일한 실용주의자로 보는 시각은 다소 부당하다. 업적을 과소평가하려는 것은 아니지만, 시드넘도 당대의 불충분한 이론에서 자유롭지 못했다. 더구나 저명한 의화학자와 의물리학자 대부분은 시드넘 못지않게 임상 현상을 노련하게 관찰하고 설명했다.

본래 올리버 크롬웰Oliver Cromwell이 이끄는 부대의 대위였던 시드넘은 뒤늦게 의학에 입문하여 39세에 의사 면허를 취득했다. 로버트 보일, 철학자 겸 의사 존 로크와 친구였던 시드넘은 무엇보다 관찰을 중요시하는 접근법을 두 친구에게 배웠다. 이러한 점에서 시드넘과 히포크라테스는 분명 흡사하다. 시드넘은 '비등' 개념을 옹호하는 히포크라테스 학파이기도 했다. 반면에 질병을 식물 보듯이 관찰해서 분류하려 한 그의 계획은 히포크라테스와 거리가 멀었다(참고로 시드넘은 계획을 실행하지 않은 덕분에, 다음 세기에 실제로 그 계획을 실행한 사람들이 받은 비난을 피할 수 있었다). 히포크라테스는 좋든 싫든 질병이 아닌 환자를 관찰했다. 그리고 증상을 관찰할 때면 질병을 분류하는 기준이 아닌 환자 상태를 판가름하는 지표로 삼았다.

시드넘이 살았던 시대에 널리 유행한 질병이 전염성 '열병'이었기에, 그가 유행병 발생 이론을 주로 탐구한 사실은 그리 놀랍지 않다. 그런데 그가 제시한 '유행병의 성질'에 관한 이론은 히포크라테스 사상의 부활이자 확장이었다. 현대 의사조차도 여전히 유행병이라는 현상을 제대로 설명하지 못하지만, 어쨌든 시드넘의 막연한 이론이 유행병에 관한 사실을 제대로 설명하지도, 전염병학 발전에 기여하지도 못했다는 것은 분명하다.

시드넘의 위대함은 그가 고수한 임상 관찰법과 비교적 합리적인 치료법에서 발견된다. 그는 말라리아, 이질, 홍역, 성홍열, 그리고 자신의 이름을 붙여 시드넘무도병sydenham chorea이라고도 불리는 소무도병chorea minor 연구로 유명하다. 그의 저술 중에서는 본인도 앓았던 통풍을 다룬 논문이 가장 유명하다. 또한 히스테리를 주제로 탁월한 논문을 남겼는데, 논문에서 그는 열병이 아닌 질병을 앓는 남녀 환자 가운데 절반이 오늘날 '정신신체' 질환이라 부르는 병으로 고통받고 있다고 냉철하게 주장했다.

시드넘은 '신체의 자가 치유 능력'을 옹호하면서, 이론이 아닌 경험에 기초한 치료법을 내세웠다. 비록 전반적으로 사혈법의 유혹에서 벗어나지는 못했으나, 동시대에 만연한 치료법과는 제법 달랐다. 시드넘은 치료법을 엄격하게 처방하여 질병을 섬세하게 분류하려 했다. 질병 분류에 대한 아이디어가 질병에 특화된 치료로 연결된 것이다. 시드넘은 또한 청교도였음에도 1630년대에 '예수회의 가루약'이라는 이름의 특효약 퀴닌quinine을 페루에서 수입하는 과정에 혁혁한 공을 세웠다. 전직 기마 장교로서 승마는 만병통치약이며, 폐결핵과 히스테리에도 효능이 있다고 주장했다.

퀴닌은 당대에 수많은 환자를 치료한 것과 별개로 의학사에 놀라운 성과를 남겼다. 말라리아와 다른 열병을 객관적으로 분리하는 기준이 되었기 때문이다. 이는 치료법을 기준으로 질병을 분류한다는 아이디어에 힘을 실었다. 무엇보다 퀴닌을 투약하면 갈레노스와 체액병리학자가 제시한 '배출법'을 쓰지 않아도 치료되었다. 덕분에 전통 약전과 전통 병리학 이론은 서서히 힘을 잃었다.

현대 관점에서 보면 의학 이론가로 보기에 부족한 인물들이 당대에는 훌륭한 임상의로 활약했다. 예컨대 의물리학자 조르지오 바글리비는 일단 병실에 들어가면 모든 이론을 버리고 히포크라테스 방식으로 치료하는 것을 원칙으로 삼았다. 그리고 장티푸스의 병리학에 가치 있는 업적을 남겼는데, '장간막의 열mesenteric fever'에 관한 내용이었다. 시드넘이 크롬웰 지지자였듯, 굳건한 왕정주의 지지자였던 의화학자 토머스 윌리스는 현대 뇌 해부학 분야에서 '윌리스의 고리circle of Willis'라는 업적으로 기억되고 있다. 윌리스는 식물 신경계를 둘로 나누어 설명했다. 그리고 대뇌 피질의 역할을 규명하고, 뇌를 부위별로 나누어 실험했다. 심리학, 신경학, 비교해부학이라는 용어도 만들었다. 반사작용을 발견하고 이름을 붙이기도 했다. 또 당뇨병 환자의 소변에서 단맛이 난다는 사실을 발견했으며, 산후열, 장티푸스, 중증근무력증myasthenia gravis, 히스테리를 훌륭하게 묘사했다. 윌리스는 히스테리를 신경계 장애라고 최초로 규정한 인물이다. 또한 불완전마비paresis를 설명하는 초기 저작도 남겼다. 프랜시스 글리슨(1597~1677)이 남긴 구루병에 관한 묘사는 너무나도 훌륭해서 1582년에 같은 질병을 서술한 바르톨로메우스 로이스너Bartholomaeus Reusner의 성과를 무색하게 만들었다. 글리슨은 해부학자로도 알려져 있다. 리처드 모턴Richard Morton(1635~1698)은 폐결핵과 말라리아를 다룬 위대한 저작 두 권을 남겼다. 모턴은 퀴닌의 선택적 치료 효과를 기준으로 말라리아와 다른 열병을 구별한다는 아이디어를 최초로 내놓았다.

17세기의 수많은 임상 성과는 임상 관찰과 병리해부학 자료를 꾸준히 통합한 결과이다. 레이덴 대학에 병상 교육을 부활시킨 프랑수아 드 라 보어가 결핵을 서술한 글에서도 잘 드러난다. 샤프하우젠Schaffhausen 학파를 이끌고 실험독성학에 앞장섰던 요한 야코프 베퍼Johann Jakob Wepfer(1620~1695)는 베일에 싸였던 '뇌졸중'의 원인이 뇌에 발생한 출혈임을 증명했다. 몽펠리에의 레몽 뷰상Raymond Vieussens(1641~1717)은 2가지 주요 판막 질환인 대동맥판부전aortic insufficiency(대동맥판막이 제대로 닫히지 않는 상태)과 승모판협착증mitral stenosis(승모판막이 잘 열리지 않는 상태)을 임상 관찰하고 병리해부학적으로 탁월하게 서술했다. 뷰상은 또한 신경계 해부학에 큰 업적을 남겼다. 교황 세 명의 주치의였던 조반니 마리아 란치시Giovanni Maria Lancisi(1654~1720)는 심장병과 말라리아를 훌륭하게 설명했다. 란치시는 고대부터 19세기 중반까지 통틀어 누구보다도 모기와 말라리아 사이에 연관이 있다는 사실을 잘 알았을 것이다. 위생 관리를 실용적으로 설명하는 그의 저서는 놀랄 만큼 우수하다. 제네바 출신 테오필 보넷Théophile Bonet은 유명한 저서 《부검 실례Sepulchretum seu anatomia practica》에 모든 병리학, 해부학 지식을 집대성했다.

17세기 임상의들은 완전히 새로운 분야를 개척했다. 베르나르디노 라마치니Bernardino Ramazzini(1633~1714)는 직업병을 주제로 시대를 초월하는 고전을 남겼다. 몇몇 네덜란드 임상의는 열대성 질병을 폭넓게 연구했다. 야코프 본티우스Jacob Bontius와 니콜라스 튈프 Nicolaes Tulp(렘브란트의 명화에 등장하는 튈프 박사와 동일 인물임)는 최초로 각기병beriberi을 서술했다. 빌럼 피소Willem Piso(1563~1636)는 브라질 원주민에게서 아메바이질amebic dysentery 치료에 토근ipecacuanha을 쓰는 법을 배웠다(토근이 함유한 알칼로이드인 에메틴emetine은 지금도 같은 용도로 쓰인다). 마르코 아우렐리오 세베리노Marco Aurelio Severino(1580~1656)는 외과병리학, 그중에서도 종양을 명료하게 설명했다. 외과학은 16세기에 힐덴 출신 빌헬름 파브리Wilhelm Fabry와 영국 출신 리처드 와이즈먼Richard Wiseman이 명맥을 유지했지만, 눈에 띄는 발전은 없었다.

17세기에는 수천 년간 조산사의 영역이었던 산과학이 남자 의사의 영역으로 넘어왔다. 조산사보다 외과 의사의 문맹률이 낮았으므로, 산과학 기술은 과학에 기반해 더욱 발전했다. 왕이 왕비와 정부情婦를 위해 '남성 조산사'를 고용하자 국민들도 마지못해 산과 전문의를 받아들이기 시작했다. 헨드릭 판 데벤터르Hendrik van Deventer (1651~1724)가 이끈 네덜란드 산과 의사들과 프랑수아 모리소François Mauriceau(1637~1709)가 이끈 프랑스 산과 의사들이 17세기에 두각을 나타냈다. 모리소는 난관임신tubal pregnancy을 설명하고, 분만 도중 골반뼈가 탈구한다는 오해를 바로잡았다. 이처럼 산과학이 발전했지만 17세기에는 M. L. 부르주아M. L. Bourgeois(1564~1644)나 유스티네 지게문트Justine Siegemund(1650~1705) 같은 뛰어난 조산사도 여전히 활약했다.

17세기에는 또한 교황의 주치의였던 파올로 차키아스Paolo Zacchias (1584~1659)와 라이프치히 출신 요한 본(1640~1719)이 집필한 위대한 논문에서 체계적이고 과학적인 법의학이 탄생했다. 얀 스바메르담은 사산아의 폐가 물에 뜨지 않는다는 것을 발견했고, 이를 토대로 1681년 요한 슈라이어Johann Schreyer가 부유검사docimasia(영아가 살해되었는지 사산되었는지 확인하는 검사-옮긴이)를 최초로 수행했다. 1662년 존 그란트John Graunt가 저술한 《사망표에 관한 자연적 혹은 정치적 관찰Natural and Political Observations upon the Bills of Mortality》에서는 의학 통계가 본격적으로 등장한다. 그란트의 업적은 윌리엄 페티 경Sir William Petty(1623~1687), 천문학자 에드먼드 핼리Edmund Halley(1656~1742), 프로이센의 육군 성직자 요한 페터 쥐스밀히Johann Peter Suessmilch가 이어받았다. 예방의학preventive medicine을 구축하려는 초기 시도로 프로이센에 위생 학교가 설립되기도 했다.

17세기에 훌륭한 임상의들이 활동했음에도, 대학에서는 일반적으로 임상 기술이 아닌 무의미한 지식을 가르치며 사혈이나 하제처럼 인체에 해로운 관행을 답습했다. 작가 몰리에르Molière는 그러한 의사들의 모습을 위대한 풍자화에 묘사했다. 몰리에르는 당대 가장 보수적이고 침체한 파리 의과대학 교수진과 친분이 있었다. 파리 의과대학의 태도는 흡혈귀 학장(갈레노스를 신봉하여 사혈을 남발한 탓에 붙은 별명-옮긴이) 기 파탱Guy Patin이 쓴 시시콜콜한 편지에 잘 드러난다. 대체로 중세에 머무른 대학은 과학적 진보에 적응하지 못했다. 사실상 세기의 위대한 발견은 모두 대학이 아닌 아카데미나 학회에서 이루어졌다. 이를테면 보일, 말피기, 레이우엔훅의 저술은 1662년 인가된 런던 왕립학회의 회보를 통해 발표되었는데, 1645년 창설된 '보이지 않는 대학'이라는 단체가 만든 런던 왕립학회는 1662년에 공인받았다. 이와 비슷한 무료 아카데미나 과학 학회가 유럽의 주요 국가에 활발히 설립되었다. 1603년 로마에 린체이 아카데미Academia del Lincei, 1665년 파리에 프랑스 과학 아카데미French Academy of Science, 1677년 독일에 레오폴디나 아카데미Leopoldina Academy가 창립되었다. 이 아카데미들은 대학이 개혁된 19세기까지 과학적 발견을 공유하고 토론하는 실질적인 중심지가 되었다. 17세기에는 의학 학술지가 최초로 발행되기 시작했다.

17세기는 의학계가 눈부신 성과를 얻고 치료 회의주의가 처음 등장(다니엘 루트비히, 1625~1680)한 시대였다. 그러나 다약제와 미신이 널리 퍼지고 만연했으며 돌팔이 의사가 성행했음을 간과해서는 안 된다. 이 시기에 케넬름 딕비 경Sir Kenelm Digby은 '신비한 능력을 지닌 가루약'에 효험이 있다고 주장했다. 상처를 입힌 무기 위에 가루를 올려놓은 다음 그것을 상처에 바르면 회복된다는 발상이었다. 발렌타인 그레이트레이크Valentine Greatrake의 '자기magnetic 치료법', 니컬러스 컬페퍼Nicholas Culpeper의 점성술 치료법이 성행했고, 프랑스와 영국 왕의 손길이 닿으면 선병질scrofulosis, King's Evil 환자를 치료할 수 있다는 믿음도 퍼졌다. 장미십자회Rosicrucian(신비주의 사상과 연금술을 공유하는 비밀결사-옮긴이)와 갖가지 신비주의 운동도 번창했다.

이탈리아는 정치적으로 쇠퇴했으나 의학과 과학 분야에서는 여전히 유럽을 선도했다. 프랑스는 침체기에 놓였고, 네덜란드와 영국은 정치 및 예술뿐만 아니라 과학과 의학에서도 강대국 반열에 올랐다. 독일은 30년 전쟁이 발발하여 역사상 최악의 시기를 보낸 탓에 다른 나라와 비교해 성과가 낮았지만, 스위스는 걸출한 의료인을 많이 배출했다.

11장

18세기
의학

18세기 의학과 과학을 특징짓는 놀라운 업적은 대부분 세기의 후반에 등장한다. 18세기 후반에 위대한 계몽주의 운동이 새로운 의학적 발견으로 이어지며 성과가 도출되었기 때문이다. 17세기와 18세기 초반을 나누는 것은 인위적인 구분에 불과하다. 17세기에 만연했던 관념은 다음 세기로도 넘어왔으며, 넘어온 이후에는 오히려 수준이 낮아지기도 했다.

의학자들은 간단한 기본 원리를 중심으로 의학 체계를 구축하려고 꾸준히 노력했다. 뉴턴이 기본 물리 법칙을 발견하는 데 성공하자, 의학의 체계화도 속도가 붙었다. 한편으로는 무의미한 체계화에 지성이 낭비되었다. 의화학자와 의물리학자들은 끊임없이 가설을 내놓았다. 17세기에 이미 주목받았던 생기론은 의화학과 의물리학에 대항하는 이론으로서 힘을 얻었고, 독일 할레의 게오르크 에른스트 슈탈Georg Ernst Stahl(1660~1734)이 주창한 애니미즘animism의 자극을 받아 절정에 이르렀다. 슈탈은 생물의 각 부분에 깃들어 자발적인 부패를 막는 감각혼sensitive soul, 즉 아니마anima의 작용을 토대로 생명과 질병을 설명했다. 당대의 위대한 화학자였음에도 슈탈은 화학과 약을 별개로 보았다. 연소를 플로지스톤phlogiston의 탈출로 해석한 슈탈의 플로지스톤 가설은 앙투안 로랑 라부아지에Antoine Laurent Lavoisier가 등장하기 전까지 시대를 지배했다. 애니미즘은 슈탈이 정신병리학과 정신요법을 통찰하는 데 도움이 되었는데, 사망할 때까지 우울증을 앓았던 그의 성격도 통찰에 반영되었을 것이다. 그의 생기론은 몽펠리에 학파의 테오필 드 보르되Théophile de Bordeu와 폴 조제프 바르테즈Paul Joseph Barthez가 계승했다.

슈탈은 새로 설립된 할레 대학교(1694)에서 의학 권위자로 활동했다. 신비주의 신학의 새로운 분파인 경건주의Pietism의 고향이었던 할레는 마녀사냥에 반대한 것으로 유명한 크리스티안 볼프Christian Wolff와 크리스티안 토마시우스Christian Thomasius가 이끄는 계몽철학의 본고장이었다. 슈탈은 경건주의자였다. 하지만 동료이자 라이벌인 프리드리히 호프만Friedrich Hoffmann(1660~1742)만큼 인기를 얻지는 못했다. 기계론적 자연관을 창시한 호프만은 "경험을 토대로 추론한다"라는 구호를 내세운 노련한 의사였다. 호프만은 인체란 가상의 액체가 끊임없이 신경계를 순환하는 일종의 수압식 기계라고 보았다. 그가 남긴 방대한 임상 기록 중에는 특히 풍진rubella(풍진을 영어로 '독일

홍역German measles'이라고 명명했다), 위황병chlorosis, 췌장 및 간 질환에 관한 내용이 눈에 띈다. 그는 당시 지나치게 복잡했던 약전을 유효 약재 10~12종이 포함된 제제로 간소화하려고 했다.

에든버러의 윌리엄 쿨렌William Cullen(1712~1790)은 생명과 질병의 기본적인 현상이 '신경력nervous force'이라는 가정을 세우고 의학 체계를 세웠다. 쿨렌의 제자이자 알코올의존증 환자였던 존 브라운(1735~1788)은 쿨렌의 체계를 바탕으로 또 다른 체계를 창안했는데, 고대 방법학파 이론을 부활시킨 이 체계는 독일과 이탈리아, 미국에서 호평받았다. 브라운이 보기에 모든 질병은 과잉 자극이 일으킨 항진증sthenia, 혹은 자극 무반응이 일으킨 무력증asthenia이었다. 따라서 항진과 무력에 대응하여 치료제로 억제제와 자극제를 처방했는데, 특히 아편과 알코올을 썼다.

시드넘이 질병도 식물처럼 분류하자고 제안하자, 동물계와 식물계를 분류하는 탁월한 체계를 이미 고안했던 스웨덴의 위대한 식물학자 칼 폰 린네Carl von Linné(1707~1778)가 제안을 받아들였다. 하지만 질병은 식물도 동물도 아니며 의학 역시 식물학이나 동물학이 아니므로, 린네가 개발한 질병 분류 체계는 사실상 가치가 없었다. 오래된 의학은 질병의 본질을 모른 채 '열병' 혹은 '역병' 같은 포괄적인 범주로 분류하는 데 만족하는 반면, 질병을 분류하려 한 학자들은 불합리할 만큼 질병 분류 항목을 늘렸다. 예컨대 프랑수아 부아시에 드 소바주François Boissier de Sauvages는 질병 2천4백 종을 기술했다. 이윽고 의학자들은 실용적 지식을 얻은 만큼 계통 분류에 대한 흥미를 잃었다.

네덜란드 의학자 헤르만 부르하버는 18세기에 가장 성공한 임상

의학자이자 의학 교수다. 부르하버는 프랑수아 드 라 보어의 시대에 이미 의학 도시였던 레이덴을 세계적인 의학 중심지로 만들었다. 합리적인 성격과 중도적 관점으로 많은 사람에게 지지를 얻었다. 절충학파인 부르하버는 어느 체계에도 종속되지 않았고 기계적, 화학적, 임상적 접근의 특성을 결합하려고 노력했다. 병상 교육을 고수한 부르하버의 영향력은 그가 가르친 수많은 제자의 뛰어난 능력이 입증한다.

부르하버의 제자들은 18세기에 임상의학 중심지로 새롭게 떠오른 에든버러와 빈의 명성을 구축했다. 에든버러에서는 부르하버가 가르친 알렉산더 먼로Alexander Monro(1697~1767)와 로버트 휘트Robert Whytt(1714~1766)가 활약했다. 에든버러 대학교는 북미 식민지 출신 대학원생들에게 인기가 많았다. 영국 본토에서 하나뿐인 현대식 대학이자, 영국성공회 신자가 아니어도 입학할 수 있는 유일한 대학이었기 때문이다. 영국성공회 신자가 아닌 많은 학생이 다른 소수 집단(독일계 유대인, 프랑스계 개신교도)과 마찬가지로 현대 의학, 특히 19세기 의학 발전에 중요한 역할을 했다. 부르하버의 제자 헤라르트 판 스비턴Gerard van Swieten(1700~1772)과 안톤 드 한Anton de Haen(1704~1776)은 빈에 의과대학교를 설립했다. 이처럼 네덜란드 의사들이 오스트리아로 들여온 새로운 임상 체계는 빠르게 뿌리를 내렸다. 그들이 설립한 학교는 약리학자 안톤 슈퇴르크Anton Stoerck, 전염병학자 막시밀리안 슈톨Maximilian Stoll, 피부학자 요제프 폰 플렝크 Joseph von Plenck 같은 우수한 의사를 배출했다. 그러나 얼마 지나지 않아 관료주의의 압박을 받은 빈 의과대학교는 하락세를 탔다. 부르하버의 제자들은 러시아와 프로이센에서도 활약했다.

18세기에 의학자들은 새로운 임상 체계를 구축하는 한편, 질병을 개별적으로 연구하고 새로운 질병을 분류하는 일도 꾸준히 진척시켰다. 영국 본토는 17세기에 저력을 발휘한 실용적인 분야에서 변함없이 앞서나갔다. 특히 18세기와 19세기에 퀘이커 교도 중에서 훌륭한 의사가 많이 배출되었다. 당시 영국성공회 비신자에게 열려 있는 유일한 전문 직종이 의학이었기 때문이다. 에든버러에서 수련한 퀘이커 교도 존 포더길John Fothergill(1712~1780)은 디프테리아와 신경통 연구로 이름을 남겼다. 또 다른 퀘이커 교도 존 C. 렛섬John C. Lettsom(1744~1815)은 알코올의존증 연구에 집중했다.

　　18세기에 활약한 영국 의사로는 부르하버의 제자 존 헉스햄John Huxham(1692~1768)도 있다. 헉스햄은 '신체에 괴사가 일어나는 악성' 열병과 '서서히 진행하는 신경성' 열병을 주로 연구했는데, 두 질병은 오늘날의 발진티푸스와 장티푸스다. 부르하버의 또 다른 제자 로버트 휘트는 신경학에서 충격과 반사신경을 관찰하여 값진 결과를 얻었다. 그는 관찰한 반사신경을 '교감sympathy'이라 명명했다. 또 그는 소아 결핵수막염tuberculous meningitis을 최초로 묘사했다. 조지 체인George Cheyne(1671~1743)은 본인이 앓으며 괴로워했던 비만증과 신경증적 행동을 탐구하고, 이 행동을 '영국병English disease'이라고 불렀다. 임상의이자 식물학자이자 사회개혁가인 버밍엄의 윌리엄 위더링William Withering(1741~1799)은 1775년 부종 환자에게 디기탈리스를 처방하면 효과가 있다는 것을 어느 나이 든 여성에게 배운 후 디기탈리스를 정통 의학에 도입했다. 헨리 파울러Henry Fowler, 에드워드 제너Edward Jenner 등의 계몽주의 의사들은 민간요법을 쉽게 받아들였다. 당시 가장 능숙한 임상의로 손꼽혔던 윌리엄 헤버든

William Heberden(1710~1801)은 협심증angina pectoris(1768), 수두varicella, chickenpox(1767), 그리고 변형관절염으로 손가락에 형성되는 결절을 최초로 설명했다. 헤버든의 저서 《해독제와 방독제에 관한 에세이 *Essay on Mithridatum and Theriaca*》는 마법과 효험 없는 약제에 반대하며 당대의 약전이 개선되는 데 기여했다.

실용성을 추구하는 18세기 의학이 영국 본토에서만 성행한 것은 아니다. 1735년 스페인의 가스파르 카살Gaspar Casal(1691~1759)은 펠 라그라pellagra를 최초로 묘사했다. 부르하버가 가장 아꼈던 제자인 제네바의 테오도르 트롱생Théodore Tronchin(1709~1781)은 종두법을 지지했고, 치료법을 합리적으로 단순화하여 18세기에 가장 인기 있 는 의사가 되었다. 30년 전쟁의 충격에서 회복된 독일은 피부 발진을 훌륭히 연구한 파울 베를호프Paul Werlhof(1699~1767), 크리스티안 젤 레Christian Selle(1748~1800) 등 호프만에 비견할 만한 뛰어난 임상의 를 배출했다. 켐니츠의 요한 플라트너Johann Platner는 1744년에 포트 병에 결핵의 특성이 내재한다는 것을 처음 언급했다.

특히 18세기에 프랑스에서는 외과학이 미신에서 해방되어 빠르 게 발전했다. 1686년 궁정 의사 샤를 프랑수아 펠릭스Charles-François Felix의 치료로 치루를 고친 루이 14세는 감사의 표시로 프랑스 외과 학이 부흥하는 길을 열어주었다. 당시 회계 장부를 조금씩 작성하 기 시작한 전제군주와 관료들은 이윽고 군인과 소작농에게 의료 혜 택을 제공하는 편이 바람직하다는 것을 깨달았다. 그러한 의료 혜택 은 소수의 교육받은 의사가 아닌 다수의 외과의가 있어야 가능했다. 그리하여 펠릭스의 뒤를 이어 궁정 의사가 된 조르주 마레샬Georges Mareschal과 프랑수아 드 라 페이로니François de la Peyronie가 1731년 왕립 외과 아카데미Royal Academy of Surgery를 세우고 외과의를 양성하는 현실적인 토대를 마련했다. 18세기에 등장한 걸출한 외과의에는 외과해부학의 기초를 닦은 피에르 디오니스Pierre Dionis(1718년 사망), 최초로 꼭지돌기를 수술하고 뼈 병리학을 다루는 우수한 저서를 남겼으며 암 환자에게 전이성 림프샘을 절제해야 한다고 권고한 장 루이 프티Jean Louis Petit(1674~1750), 마리 프랑수아 그자비에 비샤Marie François Xavier Bichat의 스승이자 외과해부학과 병리해부학에서 두각을 드러낸 피에르 조제프 드소Pierre-Joseph Desault(1744~1795)가 있다. 프랑스 외과의들이 병리해부학 분야에 커다란 업적을 남긴 결과, 당시 프랑스 내과의들의 업적은 다소 퇴색했다. 그러나 장 바티스트 세낙Jean-Baptiste Senac이 심장병 분야에 이룩한 업적과 앙투안 포르탈Antoine Portal이 결핵 분야에 남긴 성과는 주목할 만하다.

영국도 뛰어난 외과의를 배출했는데, 가장 위대한 외과의는 존 헌터John Hunter다. 18세기의 훌륭한 영국 의학자들처럼 스코틀랜드 출신인 헌터는 외과학이 단순히 손으로 하는 작업에서 실험 과학으로 탈바꿈하는 데 핵심적인 역할을 했다. 이 과정에 헌터만 공헌한 것이 아니다. 프랑스 외과의 F. 포푸르 뒤 프티F. Pourfour du Petit(1664~1741)와 니콜라 소세로트Nicolas Saucerotte(1741~1814)는 신경외과와 신경해부학의 수수께끼를 풀기 위해 동물실험을 했다. 헌터가 가장 크게 이바지한 분야는 염증 실험 연구였다. 그러나 그가 유명해진 이유는 업적을 남겨서가 아니라 온갖 분야 연구에 앞장섰기 때문이다. 그는 병리해부학 분야에서 눈부신 성과가 도출되는 시대를 열었을 뿐만 아니라, 비교해부학에도 공헌했다. 우수한 제자도 많이 양성했다. 1728년에는 영국 본토에 치과학을 처음으로 도입했는데, 이 새로운 치과학 분야는 피에르 포샤르Pierre Fauchard가 저술한 논문 〈치과 의사Le Chirurgien Dentiste〉에 상세하게 기술되었다. 이 시대에 유명한 영국 외과의로는 윌리엄 체슬던William Cheselden, 찰스 화이트Charles White, 퍼시벌 포트Percival Pott가 있다.

산과학을 가르치는 기관이 설립되었다는 사실은 산과학도 18세기에 꾸준히 발전했음을 의미한다. 산과학 교육기관은 1720년 파리에 최초로 설립되었다. 프랑스에서는 기욤 드 라 모트Guillaume de la Motte와 장 루이 보들로크Jean Louis Baudelocque가 산과학 발전을 견인했고, 다른 대륙에서도 얀 팔페인Jan Palfijn, 페터르 캄퍼르 Peter Camper, 카를 카스파르 지볼트Karl Kaspar Siebold 등의 남성 의사가 산과학을 이끌었다. 영국에서는 스코틀랜드인 윌리엄 스멜리 William Smellie(1697~1763)와 존 헌터의 형인 윌리엄 헌터William Hunter (1718~1783)가 산과학에서 인정받았다.

1761년 파도바의 조반니 바티스타 모르가니Giovanni Battista Morgagni 는 79세에 기념비적인 저서 《질병의 발병 부위와 원인에 관하여On the Sites and Causes of Disease》를 발표했다. 이 위대한 책에서 18세기 병리해부학은 절정에 달했다. 모르가니가 스승 안토니오 발살바Antonio Valsalva와 함께 시신 7백여 구를 부검한 결과를 바탕으로 집필한 이 병리해부학 저서는 내용이 체계적이고 빈틈이 없는 데다, 임상 증상과 부검 결과의 연관성을 성공적으로 밝혔다는 점에서 이전에 발표된 어느 저술보다 뛰어났다. 《질병의 발병 부위와 원인에 관하여》의 항목을 이집트 시대 저술처럼 '머리끝부터 발끝'순으로 배치한 모르가니는 여전히 체액병리학에 의존했기에 본인의 책이 어떠한 결과를 가져올지 전혀 예측하지 못했다. 이 책은 내과학과 외과학에서 새로운 시대를 열었다. 의학자들은 질병을 설명할 때면 신체의 정상 상태와 체액병리학에 집중하지 않는 대신, 기관의 국소적 변화에 초점을 맞추기 시작했다. 기관의 국소 변화는 임상 증상과 인과관계를 맺었다. 헌터 형제의 조카이자 제자인 스콧 매튜 베일리Scot Matthew Baillie(1761~1823)는 병리해부학 교과서를 집필하면서 모르가니가 고안한 새로운 관점을 도입했다. 그러한 관점은 레이덴의 에뒤아르트 산디포르트Eduard Sandifort(1740~1819)의 저작에서도 발견된다.

모르가니의 대작 《질병의 발병 부위와 원인에 관하여》가 출간된 해에, 빈의 레오폴트 아우엔브루거Josef Leopold Auenbrugger(1722~1809)는 신체 진단 분야에 이정표를 남긴 《새로운 발견Inventum Novum》을 발표했다. 이 저서는 아우엔브루거가 생존한 당시에는 거의 알려지지 않았으나, 오늘날에는 옛 빈 학파의 의학에서 가장 주목할 만한 작품으로 평가받는다. 이 얇은 책에서 아우엔브루거는 타진打診, percussion으로 흉부를 검사하는 새로운 기술을 알렸고, 이 새로운 기술이 흉부 질환 진단과 예후 판정에 어떻게 도움이 되는지를 서술했다. 재능 있는 아마추어 음악가로 여러 오페라를 작곡한 아우엔브루거는 아버지가 운영하던 여관의 지하 창고에 보관된 술통을 두들겨보다가 타진을 익혔다고 추정되었다. 그런데 에르나 레스키Erna Lesky(1911~1986, 오스트리아 의사 겸 의학사학자-옮긴이)는 아우엔브루거의 스승 헤라르트 판 스비턴이 일찍이 배에 복수가 찬 환자를 타진했다는 중요한 사실을 발견했다. 아우엔브루거는 체액병리학자였지만, 그의 저술에는 모르가니의 병리해부학에서 언급된 '국소주의(신체 전반의 불균형이 아닌 기관의 국소적 변화로 질병이 생긴다는 관점-옮긴이)'가 마찬가지로 언급된다. 이러한 경향은 정확한 신체 진단법을 바라는 사람이 증가했다는 것을 증명한다. 체온 측정은 18세기에 더욱 인기를 끌었다. 체온 측정의 중요성을 강조한 인물로는 안톤 드 한, 그리고 스코틀랜드 출신인 조지 마틴George Martine과 제임스 커리James Currie가 있다. 존 플로이어 경Sir John Floyer은 이들보다 앞선 1707년에 시계로 맥박 측정하기를 권장했다.

18세기 의학에 두각을 나타낸 또 다른 인물은 부르하버의 제자인 스위스 출신 알브레히트 폰 할러Albrecht von Haller(1708~1777)다. 28세가 되던 해에 새로 설립된 괴팅겐 대학교 교수로 임용된 할러는 활발하게 연구하며 학교를 연구 중심지로 만들었다. 식물학과 시에도 관심이 많았던 그는 해부학, 특히 혈관해부학에 놀라운 업적을 남겼다. 할러가 가장 중요한 성과를 남긴 분야는 실험생리학이다. 그때까지도 기계론적 또는 화학생리학적 사변 체계가 남아 있었는데, 할러는 다양한 기관을 대상으로 단계별로 실험하고 실제 생리 작용을 밝혀서 그러한 사변 체계를 대체했다. 또 근육의 주요 성질인 '흥분성'과 신경의 주요 성질인 '감각성sensibility'의 차이를 실험으로 입증하여 의학 사상에 광범위하고 지속적으로 영향을 미쳤다. 할러의 실험은 신경 충동nerve impulse과 근육 수축muscular contraction을 구별했다는 측면에서 중요하지만, 불행하게도 그 실험 결과는 여러모로 오용되었다. 특히 근육 흥분성 개념이 의료계에서 남용되었다. 할러는 8권으로 구성된 탁월한 백과사전《인체 생리학Elementa Physiologiae Corporis Humani》을 저술하며 당시까지 알려진 생리학의 모든 것을 망라했다. 생리학자 프랑수아 마장디François Magendie는 새로운 실험을 했다고 생각할 때마다 할러의 저서에 같은 실험이 이미 수록된 것을 발견하고는 화를 냈다고 한다. 할러가 내세운 계몽주의 철학은 그가 집필한 정치 소설에 또렷이 나타난다.

영국 성직자 스티븐 헤일스Stephen Hales(1677~1761)는 혈압, 심장 박출량, 혈류 속도를 측정하는 방법을 고안하여 혈류 역학 분야에 값진 성과를 남겼다. 헌터 형제의 제자 윌리엄 휴슨William Hewson(1749~1774)은 혈액응고를 밝히는 중요한 실험을 했다.

화학 분야가 무르익은 18세기에는 주로 화학 문제를 다루었던 생리학 분야도 눈에 띄게 발전했다. 박물학자 르네 앙투안 드 레오뮈르René Antoine de Réaumur(1683~1757)와 라차로 스팔란차니Lazaro Spallanzani(1729~1799)는 소화가 순전한 기계적 분쇄 과정도, 미생물 분해 과정도 아니라는 것을 실험으로 명확히 밝혔다. 두 학자는 소화가 오히려 화학 용액에 의존한다는 것을 증명했다. 시대를 통틀어 가장 뛰어난 과학자로 손꼽히는 스팔란차니는 실험을 통해 생물의 자연발생설을 반증했다. 또 동물의 정자와 난자를 인공수정하고, 호흡 과정에 발생하는 가스 교환 현상을 입증했다.

1757년 글래스고의 조지프 블랙Joseph Black은 이산화탄소를 재발견했다. 1766년 헨리 캐번디시Henry Cavendish는 수소를 발견했고, 그로부터 6년 후 대니얼 러더퍼드Daniel Rutherford는 질소를 발견했다. 산소는 1772년 칼 W. 셸레Carl W. Scheele가 처음 발견하고 1774년 조지프 프리스틀리Joseph Priestley가 다시 발견했다. 이후 1775년 앙투안 로랑 라부아지에가 산소의 본질을 밝혔다. 공기를 구성하는 기체에 관한 지식이 새롭게 정립되자, 학자들은 이전에 로버트 보일이 언급했던 '미지의 부분'이 무엇인지 알게 되었다. 그와 동시에 연소 과정이 호흡과 화학적으로 동일하다는 사실도 깨달았다. 호흡에 얽힌 수수께끼를 풀어 18세기 의학에 중대한 과학적 영향을 준 인물은 앙투안 로랑 라부아지에(1743~1794)이다. 현대 화학량론의 기초를 다지고 현대 화학 용어의 상당수를 고안한 라부아지에의 업적을 여기서 모두 나열하기는 불가능하다. 라부아지에의 사생활을 깊게 파고드는 것 또한 힘들지만 1794년 프랑스 혁명정부에 의해 처형당했다는 사실은 유명하다. 그가 처형된 이유는 과학 활동 때문이 아니라 구체제에서 세금 징수원으로 활동하며 많은 사람에게 미움을 샀기 때문이다.

라부아지에는 1777년 산화와 호흡을 논하는 회고록에서 호흡이란 본질적으로 산소를 마시고 그에 상응하는 이산화탄소를 내뱉는 과정이라고 언급했는데, 이 개념은 오늘날 호흡률respiratory quotient로 표현된다. 1780년에 그는 천문학자 피에르 시몽 라플라스Pierre-Simon Laplace와 연구하여 석탄이 연소할 때처럼 호흡할 때에도 산소 소모량이 같으면 열 발생량이 같다는 것을 증명했는데, 이는 현대 열량 측정의 기본 원리가 되었다. 1789년 라부아지에는 아르망 세귄Armand Seguin과 함께 인간이 일하고, 먹고, 쉬는 동안의 산소 섭취량 변화를 측정했다. 라부아지에의 연구 결과는, 1791년 호흡하는 동안 폐에서는 화학적 변화가 일어나지 않음을 발견한 수학자 조제프 루이 라그랑주Joseph-Louis Lagrange와 1803년 그러한 화학적 변화를 세포 조직 내로 한정한 스팔란차니가 확장했다. 라부아지에가 처형당하자 라그랑주가 남긴 다음 문장은 그의 삶을 적절하게 요약한다. "라부아지에의 목을 치는 데는 찰나의 순간으로 충분했지만, 그와 같은 인물이 나타나려면 1백 년도 충분치 않을 것이다."

현대 발생학 연구는 18세기에 카스파르 프리드리히 볼프Caspar Friedrich Wolff(1733~1794)와 함께 시작되었다. 볼프의 연구 결과는 전성설 지지자와 후성설 지지자 사이의 논쟁에서 후성설 지지자에

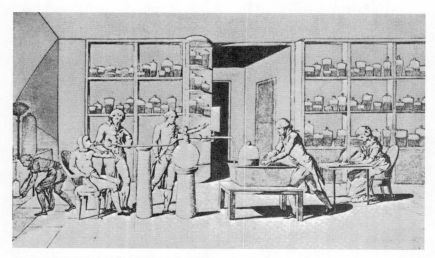

그림 14 라부아지에의 호흡 실험(마리 앤 폴즈 라부아지에Marie-Anne Paulze Lavoiser의 그림)

게 힘을 실었다. 볼프는 또한 탁월하고도 유일한 현미경학자였다. 그를 제외하면 이 시기에는 현미경 연구가 전혀 발전하지 못했다. 외과해부학 분야를 제외하면 맨눈해부학도 근본적으로 성장하지 못했다. 근육과 신경의 기능에 전기가 작용한다는 루이지 갈바니Luigi Galvani(1737~1798)와 알렉산드로 볼타Alessandro Volta(1745~1827)의 발견은 19세기에 풍성한 열매를 맺는다. 한편으로 두 학자의 발견은 곧 전기치료 및 전기를 이용한 사기 행각을 불러왔다.

18세기 의학에는 놀랄 만한 임상 연구와 과학적 진보가 잇따랐지만, 그중에서도 두드러진 발전은 계몽주의 철학과 관련 있다. 17세기 영국에서 탄생한 계몽주의 철학은 드니 디드로Denis Diderot, 장 르 롱 달랑베르Jean le Rond d'Alembert, 쥘리앵 오프루아 드 라 메트리Julien Offray de La Mettrie, 볼테르Voltaire, 장 자크 루소 같은 위대한 프랑스 철학자의 업적으로 절정에 달했다. 벤저민 프랭클린Benjamin Franklin과 토머스 제퍼슨Thomas Jefferson이 대표하는 미국 계몽주의 철학은 프랑스혁명은 물론 미국 독립혁명의 토대를 마련했다. 계몽주의 철학은 죽음 뒤 영혼의 운명에 집착하던 사람들이 현실 환경을 개선하는 쪽으로 관심을 옮기도록 촉진했다. 계몽주의 철학자들은 지식이 폭넓게 보급되고, 모든 문제에 합리적으로 접근하는 방식인 '계몽'이 확산하면 그러한 관심의 변화가 일어나리라 생각했다. 과학의 응용을 강조하기도 했다. 사회과학이라는 용어가 계몽주의 저술에서 처음 등장한 것은 우연이 아니다. 히포크라테스는 기후, 풍토를 기준으로 모든 것을 설명했지만, 18세기에는 기후보다 특히 산업혁명기에 급격하게 변화한 사회적 조건의 중요도가 높아졌다. 그런데 인간은 기후를 조정할 수는 없지만, 사회적 조건은 조정할 수 있다!

계몽주의 철학이 급속도로 퍼지자 악마에 대한 믿음과 귀신에 들리는 현상이 사라졌다. 그리하여 정신 질환이 의사의 치료 영역에 속하게 되었다. 또 정신 장애의 원인이 신들림이나 죄악 혹은 범죄가 아니라 질병이라는 인식이 퍼지자, 그때까지 끔찍한 상태로 갇혀 있었고 심지어는 쇠사슬에 묶여 있던 정신병 환자들도 인도적인 치료를 받게 되었다. 새로운 치료법에 내재한 낙관주의에 따라 이래즈머스 다윈Erasmus Darwin의 회전의자(그는 특수하게 고안한 회전의자에 환자를 앉히고 빠르게 돌리면 잠들거나 치료 효과가 좋아진다고 믿었다-옮긴이) 같은 잔인한 장치가 치료 수단으로 활용되기도 했다. 그러나 한편으로는 존 해슬럼John Haslam, 프리드리히 샤이데만텔Friedrich Scheidemantel, 사뮈엘 오귀스트 티소Samuel-Auguste Tissot가 새로운 관점에서 정신요법을 이해하는 길을 열었다. 정신 질환의 원인으로는 사회적 압박이 꼽혔다. 정신과학을 과학적이며 인간적인 관점에서 새롭게 접근한 인물로는 정신이상을 주제로 의학철학적인 논문을 쓴 필리프 피넬Philippe Pinel(1755~1826)이 대표적이다. 피넬은 1794년 파리의 비세트르 병원에서 쇠사슬에 묶여 있던 정신병 환자들을 풀어주었다. 그는 다른 분야에서 쌓은 명성 덕분에 정신과학을 발전시킬 수 있었다. 피넬은 존경받는 질병분류학자이자 영향력 있는 철학파인 '관념학파Idéologues'의 일원이었으며 걸출한 임상의였다. 곧 뛰어난 프랑스 정신과학자들이 그의 연구를 받아들이고 발전시켰다. 영국에서는 윌리엄 배티William Battie, 토머스 아널드Thomas Arnold, 윌리엄 퍼펙트William Perfect, 독일에서는 프리메이슨 단원이기도 했던 요한 크리스티안 라일Johann Christian Reil, 미국에서는 벤저민 러시Benjamin Rush가 새로운 정신과학을 주도했다. 건강염려증은 18세기에 유행한 정신 질환이었다. 에스터 피셔-홈베르거Esther Fischer-Homberger는 멜랑콜리, 척추과민증spinal irritation, 신경쇠약neurasthenia, 히스테리 혹은 신경증neurosis 등으로 다양하게 불린 우울증을 연구했다.

계몽주의가 내세운 새로운 접근 방식은 오늘날 공중보건이라 부르는 의학 분야가 성장하도록 자극했다. 의학의 전 분야에서 질병을 예방한다는 관념이 중요시되었다. 이때부터 사람들은 육군, 해군, 감옥, 병원의 처참한 위생 상태를 그냥 지나치지 않게 되었다. 발진티푸스, 장티푸스, 결핵 환자로 넘쳐나는 교도소의 위생을 개혁하는 일은 주로 영국의 자선가 존 하워드John Howard(1726~1790)가 주도했다. 위대한 학자 라부아지에는 감옥 건물과 하수도의 위생 문제를 연구했다. 군의학의 발전은 부르하버의 제자로 1742년부터 1758년까지 영국군에서 의무총감을 지낸 스코틀랜드 의사 존 프링글 경Sir John Pringle(1707~1782)과 괴팅겐 대학교 교수 에른스트 고트프리트 발딩거Ernst Gottfried Baldinger(1738~1804)가 이끌었다. 스코틀랜드 의학자 제임스 린드James Lind(1716~1794)와 토머스 트로터Thomas Trotter(1760~1832)도 수많은 해군 선원을 죽음으로 몰아간 괴혈병, 발진티푸스 등 여러 질병을 상대로 용감하고 효율적으로 맞서 싸웠다. 린드는 감귤류 과일이 괴혈병을 예방하고 치료하는 데 효과가 있음을 실험으로 증명했다. 그리고 이louse가 들끓는 비위생적인 감옥에서 출소하고 바로 해군에 입대한 선원들의 의복을 불에 쬐어서 영국 해군 내에 발진티푸스가 전파되는 것을 막았다. 바닷물을 증류하는 방법도 고안했다.

이 시기에는 병원 위생도 개선되었는데, 특히 1788년 자크 르네 테농Jacques-René Tenon이 파리 병원의 위생 문제를 폭로한 사건이 계기가 되었다. 1783년에는 체스터의 존 헤이거스John Haygarth(1740~1827)가 주도하여 열병 환자용 특수 병동을 최초로 설립했다. 요한 페터 프랑크Johann Peter Frank(1745~1821)는 공중보건을 기초부터 연구하여 관련된 모든 분야를 망라한 기념비적인 저작을 남겼는데, 여기에는 비치, 바덴바덴, 라슈타트에서 의사로 일하며 얻은 경험과 괴팅겐 대학교, 파비아 대학교, 빈 대학교, 빌뉴스 대학교에서 의학 교수로 근무하며 얻은 경험, 그리고 브루흐잘과 상트페테르부르크에서 궁정 의사로 일하며 얻은 경험이 풍부하게 녹아 있다. 그가 집필한 6권 분량의 《완전한 의학 정책의 체계Complete System of Medical Policy》는 1777년에 출간되기 시작해 1817년에 완간되었다. 이 놀라운 저술은 재난 의학, 풍요의 질병을 고치는 의학 등 현대 의학이 거론하는 요소까지 포함한다. 가난을 '질병의 어머니'로 여긴 프랑크는 자신이 섬겼던 오스트리아 황제 요제프 2세 같은 박애주의자 군주의 '계몽된 전제주의'가 혁신을 불러오리라 생각했다. 그는 또한 뛰어난 임상의였다. 로잔의 위생학자 사뮈엘 오귀스트 티소(1728~1797)와 그는 서로 영향을 주고받았다.

계몽주의는 개인위생도 촉진했다. 해부학자 페터르 캄퍼르는 비위생적인 신발이나 양말로 생기는 발 변형을 예방하려 했고, 또 다른 해부학자 자무엘 죄메링Samuel Soemmering은 코르셋을 없애기 위해 용맹하게 투쟁했다. 위대한 물리학자이자 미국 국왕파 지지자로 나중에 럼퍼드 백작이 된 벤저민 톰슨Benjamin Thompson(1753~1814)은 난방, 환기, 의복, 음식을 대상으로 놀라운 연구를 했다.

유아와 아동의 건강 상태가 개선되는 과정에는 제네바 출신 소설가이자 철학자 장 자크 루소의 활약이 두드러졌다. 루소 덕분에 아기를 속싸개로 꽁꽁 싸매는 관습이 사라지고, 산모가 아이를 직접 돌보기 시작했다. 이 사례는 아동 건강 개선과 공중보건 운동에 평범한 시민들도 참여했음을 보여준다. B. 파우스트B. Faust, 닐스 로센 본 로센스타인Nils Rosen von Rosenstein을 비롯한 의사들도 루소의 운동에 적극적으로 동참했다. 1780년 장 안드레 브넬Jean André Venel은 역사상 최초로 장애 아동을 위한 정형외과 연구소를 스위스에 설립했다. 아동복지와 아동보건에 대한 관심이 높아지면서 통계상 영·유아 사망률이 감소했다. 계몽주의 철학의 영향을 받은 의학자들은 아동뿐만 아니라 산모, 노인, 청각장애인, 시각장애인 등에도 관심을 기울였다.

새로운 공중보건 운동의 가장 큰 성과는 효과적인 천연두 예방법이 널리 전파된 것이다. 당시에 천연두는 유아 사망의 주요 원인으로 꼽혔다. 동양에서는 이미 수백 년 전부터 실천한 천연두 예방법이 서양에서는 계몽주의 시대인 18세기에 들어서야 시행되었다는 점이 의미심장하다. 그 예방법은 인두 접종, 즉 실제 천연두균을 몸에 넣고 인위적으로 가벼운 감염을 발생시켜 향후 균 공격에 대비하는 것이었다. 서양에는 콘스탄티노플에 살았던 의사 에마누엘 티모니Emanuel Timoni(1713)와 영국 대사의 아내였던 메리 워틀리 몬태규Mary Wortley Montagu(1718)의 저술로 동양의 인두 접종이 처음 알려졌다. 그런데 인두 접종에는 위험이 따랐다. 서양 의학에 천연두 예방법이 소개된 이후, 에드워드 제너Edward Jenner(1749~1823)가 인두 접종보다 훨씬 안전하고 효과적인 방법을 개발했다.

시골 의사였던 제너는 우유 짜는 여인들이 우두cowpox에 감염되고 나면 천연두에 걸리지 않는다는 이야기를 들은 적이 있었다. 스승

그림 15 우두 예방접종을 표현한 풍자화

존 헌터의 지지를 받은 그는 이야기 속 현상을 조사하기 시작했다. 1798년 발표한《우두 접종의 원인과 효과에 관한 연구Inquiry into the Causes and Effects of Variolae Vaccinae》에서 제너는 우두를 접종하면 환자가 위험에 빠지지 않으면서 천연두 예방 효과를 얻을 수 있음을 입증했다. 종두법이라고도 불리는 이 방식은 급속도로 확산되어 인류에게 헤아릴 수 없는 거대한 혜택을 안겼다. 세계보건기구World Health Organization, WHO가 '박멸'했다고 발표할 수 있을 정도로 천연두는 발생률이 낮아졌다. 후진국 통계의 신뢰성을 고려하면, 이 발표는 시기상조일 수도 있다.

계몽주의의 영향으로 박애주의가 확산하자 의료 윤리에 관심을 기울이는 사람도 많아졌다. 최초의 근대 산업도시 가운데 하나인 맨체스터에서 토머스 퍼시벌Thomas Percival이 1803년 출판한《윤리 강령 Code of Ethics》은 이후에 등장하는 모든 강령의 본보기가 되었다. 18세기에 의사는 매우 높은 사회적 지위와 위상을 누렸는데, 후대 사람들이 이 시기를 의료계의 황금기로 간주할 정도였다. 당대에 의사는 비교적 숫자가 적었으므로, 군주의 궁정이나 소비력이 강한 특권층 귀족만을 위해 일했다. 그보다 더욱 폭넓은 집단에 의료 서비스를 제공하려면 어떻게 해야 하는지 고민하는 과정에 보험 제도 및 대학 혁신 계획이 등장했다.

18세기의 또 다른 수확은 자무엘 하네만Samuel Hahnemann(1755~1843)의 동종요법이다. 동종요법이란 대량으로 투여하면 질병 증세를 일으키는 약물을 소량으로 써서 병을 치료하는 방법이다. 이 요법은 "흡사한 증상을 일으키는 물질로 그 증상을 치료한다Similia similibus curantur"라는 문구로 요약된다. 이론은 과학적으로 검증된 바 없지만, 18세기에 다른 의학 요법과 비교해 큰 문제를 일으키지 않은 듯한 이 요법은 19세기 초에 널리 대중화되었다. 하네만의 동종요법은 사혈, 하제, 다량의 독성 약제, 인위적인 구토 등 그 시대에도 여전히 널리 쓰인 대담하고 치명적인 치료법에 비하면 부드러운 치료 대안이었다. 그러나 독단론에 빠진 동종요법은 발전하는 주류 과학으로부터 떨어져 나왔고, 현재는 소수의 사람만이 추종하는 사이비 의학으로 존속하고 있다. 18세기 후반에 등장한 또 다른 사이비 의학에는 프란츠 안톤 메스머Franz Anton Mesmer가 만든 '최면술mesmerism'이 있는데, 뒤에서 정신과학의 발전사와 함께 다룰 것이다. 하네만과 메스머는 프리메이슨의 일원이었다.

12장

19세기 전반의
임상의학파

의학은 오래전부터 과학이 되기 위해 분투했다. 19세기에 이르러서는 실제로 과학적 체계를 광범위하게 갖추었다. 19세기를 대표하는 특징은 자연과학이 체계적으로 성장하고 응용되었다는 것이다. 이 책에서 19세기의 흐름 모두를 상세히 다룰 수는 없다. 하지만 이 시기 의학, 기술, 과학의 발전이 산업과 자본주의 성장에 따른 경제 발전, 그리고 민주주의, 민족주의의 진화에 따른 정치 발전과 흐름을 같이했다는 점은 언급할 필요가 있다.

19세기 후반에 해당하는 수십 년 동안, 의학은 자연과학에서 도출된 연구 성과를 적용하여 크게 발전했다. 그렇지만 처음부터 의학이 그런 식으로 발전하지는 않았다. 《허풍선이 남작의 모험》의 주인공 바론 폰 뮌히하우-젠Baron von Muenchhausen 남작이 본인의 땋은 머리를 잡아당겨 늪에서 빠져나왔듯이, 의학은 스스로 구하고 발전하기 시작했다. 의학 종사자들은 18세기 이론과 체계의 늪에서 벗어나 시체 해부대 앞에 서서 철두철미하게 탐구하고 부족한 내용은 보완하는 임상 관찰로 돌아왔다. 이 방식은 히포크라테스 방식으로의 회귀보다 더 가치 있었다.

19세기 초의 임상 관찰은 고전적인 히포크라테스 관찰 방식과 비교해 3가지가 달랐다. 첫째, 19세기 임상 관찰은 범위가 넓었다. 유명한 부르하버의 임상 강의에서는 남성용 병상 6개와 여성용 병상 6개를 썼지만, 파리 임상의학파를 이끈 장 바티스트 부요Jean-Baptiste Bouillaud는 5년 만에 증례 2만 5천 건을 보았다. 둘째, 19세기 임상 관찰은 히포크라테스에서 시드넘으로, 시드넘에서 부르하버로 전해져 내려온 수동적인 기법이 아니었다. 기존의 신체 진단법을 수정하거나 새롭게 만든 다음, 현실에 폭넓게 적용할 수 있도록 개선한 능동적인 검사 기법이었다. 셋째, 19세기 의학자들은 임상 관찰에서 설명할 수 없는 증상은 배제하고, 부검대에서 발견되는 병변에 집중했다.

중세 의학의 중심은 도서관에 있었다. 중세가 저물고 3백 년간 의학은 고대와 마찬가지로 개인 병상에 초점을 맞췄다. 그러나 19세기 의학은 병원에 중심을 두었다. 19세기 초에 의학이 발전한 결정적 요소는 병원이었기에 이때의 의학을 '병원 의학'이라 명명할 수 있다. '병원 의학'은 19세기 이전의 도서관 의학과 병상 의학, 그리고 19세기 이후의 실험실 의학과 구별된다.

병원은 19세기 이전에도 존재했으나, 산업혁명으로 도시화가 급속히 진행되면서 수가 크게 늘었다. 성장하는 도시로 이주한 젊은 남녀 수만 명이 피난처를 찾았다. 이들은 장티푸스나 결핵에 걸리는 경우가 상당히 많았기 때문에 그러한 질병에 임상학적 관심이 집중되었다. 집도 없고 간호해줄 가족도 없는 이주자들이 병원 환자가 되었다. 북적이는 병원은 임상 관찰과 부검에 필요한 많은 환자를 연구자에게 제공했다. 사회적 기반이 없는 사람의 시신에 대한 부검을 허가받는 과정은 조금도 어렵지 않았다.

프랑스 내에서도 파리가 이 새로운 의학의 출발점이었고, 파리의 병원에서 새 의학은 정점에 달했다. 파리의 정치 상황도 이러한 변화에 도움이 되었다. 혁명 때문에 오래된 대학과 아카데미를 비롯한 전통적인 기관들이 전부 폐쇄되었다. 그러던 중 1794년 의학교Ecole de Santé가 파리에 개교하면서, 프랑스 의학은 오랜 시간 억눌렸던 전통의 손아귀에서 해방되었다. 그리하여 새로운 출발이 다른 어느 유럽 국가보다 수월했다.

프랑스혁명을 주도한 정치가들은 계몽주의 철학자들의 영향을 많이 받았다. 의학의 혁명가들도 철학자에게 적지 않은 영향을 받았는데, 특히 피에르 장 조르주 카바니스Pierre Jean Georges Cabanis (1757~1808)의 비중이 컸다. 프리메이슨의 일원인 카바니스는 관념학파의 일원이자 감각주의자로 감각 인상을 중요하게 여겼기 때문에 임상 관찰의 중요성을 무엇보다 강조했다. 카바니스의 영향을 받아, 프랑스 의학 교육은 임상을 바탕으로 재건되었다. 파리 임상학파의 초기 20년간 가장 뛰어났던 임상의는 11장에서 정신과 의사 겸 자선가 겸 관념학파의 일원으로 소개한 필리프 피넬이다. 마리 프랑수아 그자비에 비샤(1771~1802)에게 인체 조직에서 특정 질병의 병터를 찾아보라고 제안한 사람이 그의 스승인 피넬이었다. 이 제안을 계기로, 비샤는 조직을 대상으로 획기적인 연구를 시작했다. 인체 조직에서 병터를 찾는다는 아이디어는 제임스 카마이클 스미스James Carmichael Smyth(1741~1821)가 1788년에 처음 제시했다.

생리학의 본질적인 단위를 기관이라고 본 모르가니와 달리, 비샤는 21가지 조직으로 보았다. 따라서 심장에 생긴 염증을 단순하게 치부하지 않고, 심장막염pericarditis이나 심근염myocarditis 혹은 심내막염endocarditis으로 구분해 생각했다. 해부학자이자 실험학자인 비샤는 해부학 연구를 생기론에 기반한 생리학적 체계와 융합했다. 그의 연구는 국소주의 및 고체병리학적 관념을 강화하고, 병리해부학에 대한 관심을 북돋았다. 비샤는 '부검 몇 번만 하면 20년 넘게 증상을 관찰한 사람보다 더 많은 지식을 얻는다'라고 말했다. 그러나 결핵으로 추정되는 병을 얻은 비샤는 탄탄한 토대 위에 새로운 임상의학을 구축하기도 전에 너무 이른 죽음을 맞이했다. 비샤의 스승 피넬은 그러한 일을 해낼 수 없었다. 현대적 통찰이 있긴 했으나 결국 18세기 사람인 피넬은 여전히 증상에 근거해 질병을 분류하는 데 관심을 기울였으며, 1798년 발표한 유명한 저서 《질병 분류 철학Nosographie Philosophique》에서는 책의 3분의 1을 할애하여 '본질적인 체열essential fevers'과 같은 신비주의적 관념을 설명했다.

과거와의 급격한 단절은 나폴레옹 군대에서 복무한 군인이자 피넬의 제자였던 프랑수아 조제프 빅토르 브루세François Joseph Victor Broussais(1772~1838)가 이끌었다. 1816년 브루세는 성명서 〈일반적으로 수용되는 의료 원칙의 검토Examen de la doctrine médicale généralement *adoptée*〉를 발표하여 거리낌 없이 피넬을 공격했다. 그리고 개체가 저마다의 정체성을 드러내는 일련의 속성을 지닌다는 본질주의를 무너뜨리고 국소주의를 원칙으로 정했다. 브루세의 영향으로 증세를 다루는 의학이 질병이 발생한 병터를 다루는 의학으로 바뀌었다. 또한 인위로 항목을 만들어 질병을 분류하는 질병분류학자의 연구 행태가 비난을 받았다. 명석한 동시에 저돌적인 브루세는 순식간에 대단한 인기를 얻었다. 그러나 불행하게도 브루세가 주창하고 직접 이름 붙인 '생리학적 의학physiological medicine'은 퇴보한 체계가 되고 말았다. 수많은 장티푸스 환자를 해부한 결과에 매몰된 그는 갈수록 위장관에 발생한 병변에서만 병의 원인을 찾았다. 지나친 단순화는 치료법에도 영향을 주었고, 급기야 브루세는 거머리 치료와 식이요법으로만 병을 고치기로 했다. 브루세의 영향력을 반영하듯, 프랑스는 1833년에 거머리를 무려 4천2백만 마리나 수입했다.

파리 임상학파가 제시한 사상의 본질, 즉 임상의학의 기초인 시신 해부와 신체 진단의 융합은 나폴레옹의 주치의 장 니콜라 코르비사르Jean Nicolas Corvisart(1755~1821)가 피넬이 활약한 시대에 이미 분명하게 밝혔다. 초기 병상 교육의 선구자인 코르비사르는 심장 질병을 논하는 훌륭한 저술을 남겼다. 1808년에 코르비사르가 번역하여 발표한《아우엔브루거의 새로운 발견Auenbrugger's Inventum Novum》은 아우엔브루거가 고안한 타진법을 널리 전파했다. 피넬이 영국 저작을 번역한 반면, 코르비사르는 빈 저자의 글을 선호했다.

코르비사르의 제자 가스파르 로랑 벨Gaspard Laurent Bayle(1774~1816)과 르네 테오필 야생트 라에네크René Théophile Hyacinthe Laennec(1781~1826)는 당시 존재하던 신체 진단 기술에 청진법을 보탰다. 벨은 젊

그림 16 프랑수아 조제프 빅토르 브루세를 그린 풍자화("거머리 90마리 더 가져오게……. 그리고 식단은 엄격히 유지하도록.")

은 나이에 본인을 죽음으로 몰고 간 결핵을 주제로 우수한 저술을 남겼고, 귀로 소리를 직접 듣는 청진법을 고안했다. 벨에게서 영감을 받은 친구 라에네크는 청진기를 발명하고 간접 청진법을 고안했다(1819). 그리하여 라에네크는 의사에게 중세 시대의 소변통보다 더 품위 있는 상징을 제공한 것 이상으로 가치 있는 일을 해냈다. 의학계에 새로운 세상을 열어준 것이다. 라에네크는 흉부 질환에 관한 불후의 논문에서 임상학적이며 병리학적으로 폐결핵을 묘사했는데, 내용 수준이 타의 추종을 불허한다(그 또한 45세에 결핵으로 사망했다). 라에네크는 결핵 환자가 보이는 모든 징후를 하나의 일관된 병리학 개념으로 통합했다. 그리고 기관지확장증bronchiectasis, 기흉pneumothorax, 출혈가슴막염hemorrhagic pleurisy, 폐괴저pulmonary gangrene, 폐경색pulmonary infarct, 폐기종pulmonary을 최초로 설명했다.

라에네크는 오늘날 프랑스의 가장 위대한 임상의이자 역사상 가장 위대한 임상의로 손꼽힌다. 그런데 열렬한 왕정주의자였던 탓에 생전에는 인기를 거의 얻지 못했다. 라에네크는 브루세의 위세를 꺾을 수 없었다. 그 과제는 라에네크와 함께 '병리해부학파'로 알려진 다른 인물에게 맡겨졌다. 브루세의 명성에 최초로 도전한 인물은 가브리엘 앙드랄(1791~1876)이다. 비평적 임상 강의로 인기를 누린 앙드랄은 혈액 화학에 대한 관심을 발판으로 19세기 후기에 실험실 의학의 선구자가 되었다.

브루세의 권위를 가장 효과적으로 무너뜨린 인물은 '임상통계학'으로도 알려진 수치 계산법을 창시한 피에르 샤를 알렉상드르 루이Pierre Charles Alexandre Louis(1787~1872)일 것이다. 루이는 결핵과 장티

그림 17 르네 테오필 야생트 라에네크

푸스를 다룬 저술에서 통계 기법으로 두 질병의 주요 증상과 그에 상응하는 병변을 알아내려고 했다. 또 사혈에 효험이 있는지 탐구하며 통계 조사를 효과적으로 활용한 그는 브루세를 비롯한 과거 의학자들이 제시한 만병통치약이 건강을 해치지는 않더라도 많은 경우 무용지물임을 밝혔다. 당시 파리는 모든 나라의 의대생이 모여드는 메카였으며, 루이는 올리버 웬들 홈스Oliver Wendell Holmes, 윌리엄 W. 거하드William W. Gerhard, 헨리 잉거솔 보디치Henry Ingersoll Bowditch 등 수많은 미국인 의학도를 가르쳤다.

당대 파리에서 활약한 탁월한 임상의를 모두 나열하는 것은 불가능하지만, 몇 사람만큼은 빼놓을 수 없다. 브루세의 제자 장 바티스트 부요(1796~1881)는 실어증aphasia을 유발하는 부위를 결정하는 연구에서 시작해, 다관절염polyarthritis과 심내막염의 연관성을 찾았다. 부요는 오노레 드 발자크Honoré de Balzac가 쓴 작품에서 비안촌 박사로 등장한다. 피에르 아돌프 피오리Pierre Adolphe Piorry(1794~1879)는 타진판pleximeter과 간접 청진법을 개발했다. 피에르 프랑수아 올리브 라예Pierre François Olive Rayer(1793~1867)는 파리 임상학파의 고전적 문체로 피부와 신장 질환에 관한 기념비적인 논문을 쓰는 한편, 새로운 실험실 의학 시대를 여는 데 앞장섰다. 라예는 마비저glanders를 실험하여 업적을 남기고 '생물학회Société de Biologie'를 설립했으며 클로드 베르나르, 카지미르 다벤느Casimir Davaine, 장 앙투안 빌맹Jean Antoine Villemin 등 젊은 과학자를 후원했다. 파리 학파의 젊은 구성원들은 라에네크와 브루세의 시대에 존재했던 엄격한 학파 노선에 따르지 않았으므로 '절충학파'라고 불렸다.

이 시기 프랑스 의학에서 독보적인 인물이었던 투르의 피에르 브르토노Pierre Bretonneau(1771~1862)는 동시대 누구보다도 질병의 특수성을 강조했다. 브르토노는 장티푸스를 주제로 논문을 쓰고 알렉상드르 루이보다 먼저 발표했으나, 유감스럽게도 장티푸스에 'dothienenteritis'라는 발음하기 힘든 이름을 붙였다. 브르토노는 또한 당시 어린이들 사이에 급격히 퍼진 치명적인 질병 디프테리아의 현대적 개념을 정립하고 지금의 병명을 붙였다. 그리고 역사상 최초로 디프테리아를 기관절개로 치료했다. 다른 많은 동료와 다르게, 브르토노는 장티푸스와 디프테리아를 전염성 질병으로 여겼으며 면역 문제를 풀기 위해 고심했다. 브르토노의 연구 결과는 우수한 제자 아르망 트루소Armand Trousseau(1801~1867)가 파리 의학계에 이해하기 쉽게 소개했다. 트루소가 사망할 무렵 세계 의학의 주도권은 프랑스에서 독일로 넘어갔다.

파리 학파가 형성되는 데는 수술이 큰 역할을 했다. 외과의 피에르 조제프 드소는 파리에서 임상 교육을 시작했고, 비샤, 조제프 레카미에Joseph Récamier, 라에네크, 장 크뤼베이에Jean Cruveilhier, 브루세는 원래 외과의 교육을 받았다. 따라서 외과의가 국소주의를 내과학에 도입했고, 이는 결과적으로 외과학을 자극했다. 이 시기에 필리베르 조제프 루Phillibert Joseph Roux는 갑상샘을, 레카미에는 자궁을, 자크 리스프랑Jacques Lisfranc은 직장을 최초로 제거했다. 앙투안 랑베르Antoine Lembert는 장 봉합술을 발전시켰다. 프랑스 외과의들의 놀라운 업적은 파리의 위대한 임상의들이 세운 공로에 필적한다. 그중에서도 가장 위대한 인물은 본래 병리해부학자였던 기욤 뒤퓌트랑Guillaume Dupuytren(1777~1835)이다. 나폴레옹 군대 수석 군의관으로 복무한 도미니크 장 라레Dominique Jean Larrey(1766~1842), 아르망 벨포Armand

Velpeau, 조제프 프랑수아 말기뉴Joseph-François Malgaigne, 오귀스트 넬라톤Auguste Nelaton, 자크 마티외 델페시Jacques-Matthieu Delpech 또한 언급해야 한다. 프랑스혁명이 남긴 가장 큰 성과는 내과의와 외과의를 구분하지 않고 하나의 의료업으로 통합한 것이다. 프랑스 학파에서 외과학과 내과학이 얼마나 조화롭게 융합되었는가는 당시 뛰어난 외과의가 훌륭한 내과의로도 활약했다는 사실에서 드러난다. 여기에는 클로드 프랑수아 랄몽Claude François Lallemand, 프로스페르 메니에르Prosper Menière, 아르망 벨포가 포함된다.

파리 임상학파의 또 다른 특징은 국소주의를 중요하게 여겨 전문 분야가 발달했다는 점이다. 비샤 말마따나 전문 분야의 발달은 '자연스러운 현상'이었다. 병리해부학을 강조하는 파리 임상학파에서 전문 분야가 발달하는 것은 당연했다. 파리에서 처음으로 병리해부학 교수를 지낸 인물은 장 크뤼베이에(1791~1874)다. 또 당대 파리에서는 피부과 의사와 매독학자의 역할이 매우 중요했다.

한편 피넬과 그의 우수한 제자들, 특히 장 에티엔 도미니크 에스키롤은 새로운 전문 분야인 정신과학을 발전시켰다. 샤를 미셸 비야르Charles Michel Billard(1800~1832)가 쓴 논문은 정신과학의 고전으로 남았다. 노인의학도 하나의 분야로 인정받았으며, 이과학耳科學, otology은 장 마크 가스파르 이타르Jean Marc Gaspard Itard와 프로스페르 메니에르Prosper Ménière가 주도했다. 마티외 J. B. 오르필라Mathieu J. B. Orfila는 법의학에서 두각을 나타냈다. 19세기 초반 프랑스에서는 르네 루이 빌레르메René Louis Villermé, 프랑수아 에마뉘엘 포데레François-Emmanuel Fodéré, 알렉상드르 파랑 뒤샤틀레Alexandre Parent-Duchatelet가 앞장서서 공공 위생을 개선했다. 예방의학을 강조하는 목소리가 높아진 이유는 자유롭고 적극적으로 활용되었던 치료법들이 다소 신뢰를 잃었기 때문이다.

'유물론materialism'에 대한 반발 때문에 오스트리아를 떠나야 했던 프란츠 요제프 갈Franz Joseph Gall(1758~1828)은 파리에 정착하여 추종자들을 만났다(뇌의 구조에 따라 정신이 규정된다고 생각한 갈의 이론은, 특권층과 평민은 정신세계가 달라야 한다고 생각했던 당시 특권층의 반발을 샀다-옮긴이). 갈은 뇌에서 정신 기능을 담당하는 부위와 질병을 유발하는 부위를 알고 싶어 했고, 외부에서 그러한 뇌 부위를 파악하는 이른바 '두개 진찰cranioscopy'을 시도했다. 그리고 파리 임상의들이 새로운 신체 국소 진단법을 모색한 끝에 확립한 방침을 따랐다. 파리는 조르주 퀴비에Georges Cuvier, 장 바티스트 라마르크Jean-Baptiste Lamarck, 에티엔 조르푸아 생틸레르Étienne Geoffroy Saint-Hilaire의 활약으로 비교해부학이 번창한 도시였기에, 갈은 연구에 비교해부학을 활용하면서 더욱 유명해졌다. 골상학이라는 사이비 과학을 토대로 너무 성급하게 견해를 내긴 했지만, 갈이 제시한 기초 이론은 이후 과학 발전에 중요한 밑거름이 되었다.

프랑스 임상학파의 진단법은 다른 나라에도 소개되었다. 더블린에 설립된 여러 대형 병원도 이 진단법을 적용했다. 더블린에서 활동한 위대한 의사 로버트 그레이브스Robert Graves(1796~1853)의 이름은 그레이브스병Graves' disease이라는 병명으로 여전히 기억되고 있다. 그레이브스에 이어 더블린 학파를 이끈 윌리엄 스톡스William Stokes(1804~1878)의 이름은 스톡스-아담스증후군Stokes-Adams syndrome(심차단heart block이라고도 불림)이나 체인-스톡스호흡Cheyne-Stokes respiration 같은 병명으로 후대에 전해진다. 도미닉 J. 코리건

Dominic J. Corrigan(1802~1880)은 대동맥판부전이 유발한 비정상적 맥박을 부르는 명칭인 '코리건맥박Corrigan's pulse'으로 기억된다. 더블린 학파가 노력한 끝에 시계로 맥박수를 세는 행위가 일상 관행으로 굳어졌다. 더블린 학파에 속하는 위대한 외과의에는 '콜리스골절Colles' fracture'로 이름이 알려진 에이브러햄 콜리스Abraham Colles가 있다.

영국의 새로운 병원 의학을 대표하는 인물들은 런던에 설립된 가이 병원Guy's Hospital에서 주로 활동했다. 리처드 브라이트Richard Bright(1781~1858)는 알부민뇨albuminuria를 동반하는 특정 유형의 수종을 관찰하여 신장의 병리학적 변화(브라이트병Bright's disease)와의 관계를 밝혔다. 토머스 애디슨Thomas Addison(1783~1860)은 치명적인 빈혈증을 설명하고 부신suprarenal 병변이 유발하는 질병을 기술했는데, 오늘날 이 질병은 그의 이름을 따서 애디슨-실더증후군Addison-Schilder syndrome이라고 불린다. 퀘이커 교도 자선가이자 라에네크의 제자였던 토머스 호지킨Thomas Hodgkin(1798~1864)은 오늘날 호지킨병Hodgkin's disease이라 불리는 질병을 발견했다. 그는 주로 병리해부학자로 활동했다. 프랑스처럼 영국에서도 임상학파와 외과학파가 함께 번성했으며, 그러한 흐름을 이끈 인물에는 애스틀리 쿠퍼 경Sir Astley Cooper, 존 벨John Bell과 찰스 벨Charles Bell 형제, 벤저민 콜린스 브로디Benjamin Collins Brodie, 윌리엄 퍼거슨William Ferguson, 그리고 조지프 리스터Joseph Lister 남작을 가르친 제임스 사임James Syme이 있다.

새로운 임상의학은 마침내 빈에도 도입되었고, 신新빈 학파는 스비턴과 슈톨이 이끈 구舊빈 학파 못지않게 유명해졌다. 오스트리아가 게르만족 국가 가운데 가장 먼저 새 흐름을 받아들인 것은 우연이 아니다. 당시 정치적으로는 보수적이었던 오스트리아는 단연 가장 부유하고 강력한 게르만족 국가였다. 신빈 학파를 대표하는 권위자로 요제프 슈코다Josef Skoda(1805~1881), 카를 로키탄스키Karl Rokitansky(1804~1878)가 있다. 로키탄스키는 당대 최고의 병리해부학자였다. 슈코다는 청진법과 타진법을 발전시켰다. 당시 치료에 도움을 주는 객관적 진단법에 집착하던 프랑스 임상학자들은 회의주의에 빠졌다. 그런데 빈의 임상학자들은 그보다 한 단계 더 나아갔다. 일부는 '치료 허무주의자'가 되어, 존재하는 어떠한 치료법을 시도하기보다 아무런 치료도 하지 않는 편이 낫다고 주장했다. 이따금 그 주장을 증명할 수도 있었다. 허무주의자들의 견해는 결국 지지를 얻지 못했지만, 한편으로는 의학에서 오랜 기간 약세를 보였던 분야를 각성시켰다. 신빈 학파는 전문 분야마다 빛나는 업적을 남겼다. 피부과학, 매독학, 법의학, 눈·귀·코·목의 질병학에 새로운 관점을 적용했다. 산과학 전문가 이그나즈 P. 제멜바이스Ignaz P. Semmelweis(16장 참조)는 재능과 한계 양 측면에서 신빈 학파를 전형적으로 대표한다.

19세기 초에 독일의 임상학은 이렇다 할 성과를 내지 못했다. 질병분류학에서 드문드문 성과가 났는데, 이를테면 1840년 야코프 폰 하이네Jacob von Heine가 회색질척수염을 기술하고, 1820년 유스티누스 케르너Justinus Kerner가 보툴리누스중독botulism을 밝혔다. 당시 독일 의학은 낭만주의적 자연철학에 사로잡혀 있었다. 영국과 프랑스 의학이 냉철한 관찰을 기반으로 발전하는 사이, 독일 의학은 철학자 프리드리히 빌헬름 요제프 폰 셸링Friedrich Wilhelm Joseph von Schelling의 주도로 삶과 질병의 본질과 양면성을 탐구하고, 파라켈수스 의학과 비슷한 관점에서 대우주와 소우주를 논하는 등 사변적 논의에 빠졌다. 독일에 새로운 과학적 기법을 도입하고 모국어로 의학을 가르친 최초의 인물은 요한 루카스 쇤라인Johann Lukas Schoenlein(1793~1864)이다. 원래 자연철학자였던 쇤라인은 증상을 기반으로 한 질병 분류 체계를 장려하는 박물학파의 일원이 되었다. 그리고 정확한 진단법을 환자에 적용하는 동시에 학생들에게 가르쳐서 큰 성공을 거뒀다. 또 질병을 일으키는 진균이자 자신의 이름이 붙은 아코리온 스코인레이니Achorion schoenleini를 최초로 발견했다.

독일의 생물 연구에는 낭만주의가 오히려 긍정적인 영향을 주었다. 발생학자 이크나츠 폰 될링거Ignaz Doellinger(1770~1841), '독일의 퀴비에'라고도 불리는 병리학자 겸 비교해부학자 요한 프리드리히 메켈Johann Friedrich Meckel(1781~1833)을 비롯한 탁월한 인물들이 놀라운 업적을 이뤘다.

독일에서 외과학이 낭만주의를 가장 잘 극복한 것은 외과학 특성상 당연한 일이다. 이 시기 독일에서는 콘라트 랑겐베크Konrad Langenbeck, 필리프 프란츠 폰 발터Philipp Franz von Walther, 그리고 정형외과의 루이스 스트로마이어Louis Stromeyer 등 외국에서 교육받은 저명한 외과의가 활약했다. 카를 페르디난트 폰 그레페Karl Ferdinand von Graefe와 요한 프리드리히 디펜바흐Johann Friedrich Dieffenbach는 성형외과의로 두각을 나타냈다.

파리, 더블린, 빈에서 임상학파가 활약한 19세기 전반은 의학사에서 가장 주목해야 할 시기다. 그 학파들이 전하는 교훈을 잊어서는 안 된다. 그런데 당시 질병을 물리적으로 진단하고 맨눈으로 보는 병리해부학은 발전에 한계가 있었다. 의학 수업도 연구도 영원히 병원

병동에서만 이루어질 수 없었다. 국소주의는 혁신적인 주장이었으나, 병리학에 남아 있는 모든 문제를 풀지는 못했다. 피할 새 없이 막다른 골목에 다다랐다. 새로운 방법이 발견되어야 했다. 그 방법은 임상의학 문제에 기초과학을 적용하는 과정에서 발견되었다.

13장

19세기
기초과학

임상의학의 역사를 계속 짚어가기 전에, 19세기 전반에 미생물 해부학, 생리학, 병리학, 약리학 등의 기초과학이 놀랍게 발전한 과정을 살펴보려 한다. 19세기 중반에 다다르자 병원 의학을 떠받치는 2개의 축인 임상 관찰과 시체 부검으로 가능한 목표는 거의 달성되었다. 따라서 그보다도 더 진보하려면, 과학이 이룩한 혁신적 성과를 의학자들이 의학 분야에 적용해야 했다.

19세기부터 새로운 유형의 과학자가 등장하면서 과학이 비약적으로 발전했다. 이전까지 과학 연구는 의사나 부유한 아마추어 학자의 손에 맡겨져 있었다. 그러한 사회 상황은 발전에 장애가 되었다. 따라서 과학이 진보하려면 의견을 활발하게 공유하는 분위기가 필요했고, 새로운 유형의 '순수' 과학자에게 유리한 사회 환경이 만들어져야 했다. 독일 대학들은 혁명을 겪지 않고도 개혁에 성공했기에 가장 먼저 발전에 유리한 환경을 조성할 수 있었다. 그러한 역사적 배경 덕분에 19세기 후반 의학 분야에서 독일이 주도권을 잡았다. 한편으로 해부용 시체를 훔치는 사건이 발생하면서 퍼진 해부학에 대한 반감이 앵글로색슨족 국가에서는 계속 남아 연구자들을 괴롭혔다. 반면 유럽 대륙에서는 오래전부터 그런 반감이 연구에 걸림돌이 되지 않았다.

이 새로운 시기가 열리는 문턱에 생리학자 요하네스 뮐러Johannes Mueller(1801~1858)가 있었다. 젊은 시절 낭만주의자였던 뮐러는 나이를 먹고 성숙해지면서 냉철한 과학자가 되었다. 그리고 베를린에서 지내는 동안 다음 세대에 활약할 영웅들을 가르치며 많은 이에게 영감을 주었다. 뮐러가 본격적으로 일하기 시작할 무렵에는 과학이 충분히 발전하지 않은 상태였기 때문에 그는 여러 학문을 동시에 탐구할 수 있었다. 하지만 그가 사망할 무렵에는 지식의 규모가 방대해지면서 과학에 전문 분야가 발달했기 때문에, 홀로 담당했던 강좌를 맡길 후계자를 여러 명 임명해야 했다. 대학에서 뮐러는 마르첼로 말피기, 라차로 스팔란차니, 알브레히트 폰 할러, 알렉산더 폰 훔볼트Alexander von Humboldt로 이어지는 위대한 박물학자 계보의 마지막 인물이었다. 뮐러의 이름이 가장 깊이 각인된 분야는 생리학이다. 벨-마장디Bell-Magendie 법칙을 확립하고 시신경, 청신경, 감각신경, 운동신경을 자극하면 언제나 시신경, 청신경, 감각신경, 운동신경에만 반응이 일어난다는 '특수 신경 에너지설Law of Specific Nerve Energy'을 주장했다. 그뿐만 아니라 현미경으로 분비샘의 구조를 관찰하고, 발생학에서는 뮐러관Muellerian duct이라는 명칭을 남기고, 병리해부학에서는 종양을 탐구해 세포 체계를 예견하며 제자 루돌프 피르호에게 영감을 주고, 비교해부학에서는 해양 동물을 연구하는 등의 성과를 남겼다. 뮐러의 제자에는 조직학자 테오도어 슈반Theodor Schwann, 야콥 헨레Jakob Henle, 요제프 폰 게를라흐Joseph von Gerlach, 막스 슐체Max Schultze, 알베르트 폰 쾰리커Albert von Koelliker, 병리학자 루돌프 피르호, 생리학자 헤르만 헬름홀츠Hermann Helmholtz, 에밀 뒤 부아–레몽Emil du Bois-Reymond, 에른스트 브뤼케Ernst Bruecke, 에두아르트 플뤼거 Eduard Pflueger, 프리드리히 비더Friedrich Bidder 등이 있다.

한편 조직학에서 새롭게 발견된 수많은 결과가 세포설cell theory로 인정받았다. 19세기 초에는 로렌츠 오켄Lorenz Oken, 요한 프리드리히 메켈, 그 이후에는 프랑수아 라스파유François Raspail, 르네 조아킴 앙리 뒤트로셰René-Joachim-Henri Dutrochet 같은 의학자가 소낭vesicles이나 세포 혹은 소구체globules로 생명체가 구성된다고 주장했다. 비샤가 내세운 '조직 이론'을 능가할 만큼 발전한 견해였다. 이들의 견해는 특히 샤를 미르벨Charles Mirbel, 고트프리트 라인홀트 트레비라누스 Gottfried Reinhold Treviranus, 후고 폰 몰Hugo von Mohl이 적극적으로 받아들였다. 세포 구조는 특히 식물에서 쉽게 관찰되므로, 식물학자가 보기에 이치에 맞는 견해였다. 사실 로버트 혹이 1665년 '세포'라는 표현을 만든 것도 식물을 묘사하면서였다. 성능이 개선된 현미경이 등장한 1830년 이후부터 세포에 관한 직접적인 지식이 도출되었다. 얀 에반겔리스타 푸르키네Jan Evangelista Purkyně, 가브리엘 발렌틴Gabriel Valentin, 알프레드 프랑수아 돈네Alfred François Donné가 이 분야에 방대한 성과를 남겼다.

　세포설을 확립한 인물은 요하네스 뮐러의 제자 테오도어 슈반 (1809~1885)이다. 친구이자 식물학자인 마티아스 슐라이덴Matthias Schleiden의 연구에 자극을 받은 슈반은 1838년 모든 살아 있는 조직은 세포로 구성되어 있다는 학설을 발표했다. 그런데 슐라이덴-슈반 세포 이론은 치명적인 허점이 있었기 때문에 병리학에 적용하기 어려웠다. 슐라이덴과 슈반은 세포가 아체芽體, blastema라는 무정형 단백질 덩어리에서 발생한다고 주장했다. 그런데 후고 폰 몰, 존 굿서John Goodsir, 로베르트 레마크Robert Remak가 세포는 오직 세포에서만 발생함을 밝혔고, 마침내 1854년 루돌프 피르호가 세포 발생을 명백하게 증명했다. 당시의 조악한 현미경으로는 해내기 어려웠던 이 위대한 생물학적 발견이 현대 생물학적 사고의 토대를 구성하는 세포 이론을 완성했다.

　미세 해부학적 구조를 발견하고 기술하는 분야에서는 야콥 헨레(1809~1885)가 가장 탁월한 업적을 남겼다. 필딩 H. 개리슨(1870~1935, 미국 의학사학자-옮긴이)은 베살리우스가 맨눈해부학에 남긴 업적과 헨레가 현미경해부학에 남긴 업적을 비교했다.《합리적 의학 저널Journal of Rational Medicine》(14장 참조) 창간자 가운데 한 명인 헨레는 임상의학에서 새로운 시대를 선도했다. 또 전염병이 미생물로 발병하고 미생물로 전염된다는 이론을 옹호한 몇 안 되는 학자이기도 했다. 오래전에 프라카스토로가 주창한 이 이론은 헨레의 시대에 전혀 신뢰받지 못했으나, 이후 루이 파스퇴르와 헨레의 제자 로베르트 코흐Robert Koch가 사실로 증명했다. 현미경해부학자이자 실험생리학자로서 가장 두각을 나타낸 인물은 체코의 애국자 요하네스 에

반겔리스타 푸르키네Johannes Evangelista Purkinje(1787~1869)다. 그는 조직절편기microtome(현미경 관찰을 위한 표본을 만들기 위해 시료를 일정한 두께로 자르는 기계-옮긴이)를 최초로 사용하고 세포의 섬모운동을 묘사했다. 그의 이름은 소뇌의 특정 구조를 가리키는 대명사가 되었다. 그는 또한 '원형질protoplasm'이라는 용어를 고안하고, 신원 확인에 지문이 중요하다는 사실을 지적했다.

최초의 조직학 교과서를 집필한 알베르트 폰 쾰리커(1817~1905)는 평활근과 정자를 연구했다. 1844년에는 세포설을 발생학에 도입했다. 아우구스투스 볼니 월러Augustus Volney Waller(1816~1870)는 1856년에 신경이 변성되어 발생하는 징후를 신경 경로 연구에 활용했다. 이 연구는 현미경해부학으로도 탐구하기 어려운 분야를 개척하는 데 특히 중요했다. 발터 플레밍Walter Flemming은 1882년에 세포분열이 일어나는 절차를 설명했다. 빌헬름 발다이어Wilhelm Waldeyer(1837~1921)는 기존의 신경해부학 연구 결과를 종합하여 1891년에 뉴런 이론을 주창했다. 암세포가 결합조직이 아닌 상피조직에 발생한다는 것 또한 증명했다. 그리고 염색체라는 용어를 고안했으며, 편도tonsil를 이해하기 위해 많은 연구를 했다.

조직학은 성능 좋은 현미경이 등장하고 염색법이 개발되면서 급격히 성장했다. 신선한 표본으로만 연구할 수 있었던 19세기 조직학자들은 오늘날의 의대 신입생이 1년이면 깨닫는 사실들도 대부분 발견할 수 없었다. 새로운 염색법을 도입한 인물에는 요제프 폰 게를라흐, 막스 슐체, 병리학자 카를 바이게르트Carl Weigert와 그의 사촌 형제 파울 에를리히Paul Ehrlich가 있다.

발생학은 조직학과 불가분의 관계이며, 두 분야는 서로 의존하며 발전했다. 1821년 제네바의 장 루이 프레보Jean Louis Prévost, 그리고 루이 파스퇴르의 멘토였던 장 바티스트 뒤마Jean Baptiste Dumas는 일련의 중요한 발견을 발표했다(정자의 기원, 정자와 난자의 수정 위치, 난자의 분할 등). 카를 에른스트 폰 베어Karl Ernst von Baer(1792~1876)는 아리스토텔레스 시대부터 발생학 분야의 유일한 관심 대상이었던 병아리 배아 연구에서 벗어나 비교발생학으로 관점을 넓혔다. 그리고 1827년에 최초로 포유류의 난자를 설명했다. 그리하여 여성 성세포가 남성 성세포보다 거의 2백 년 늦게 세상에 알려졌다. 폰 베어는 또한 배엽胚葉을 구분했는데, 이 개념은 로베르트 레마크가 오늘날의 형태로 확립했다. 빌헬름 히스Wilhelm His(1831~1904)는 조직의 발생학적 기원을 밝히는 수많은 연구를 했으며, 배아 조직을 연속해서 자르고 현미경으로 관찰하여 배아의 발달 과정을 재구성했다. 실험발생학은 1883년 빌헬름 루Wilhelm Roux(1850~1924)가 최초로 소개했다.

19세기에 등장한 실험생리학을 탁월하게 연구한 인물은 프랑수아 마장디(1783~1855)였다. 임상의로 일한 마장디는 의과대학의 교수직을 맡지 않았는데, 이는 프랑스 의학의 전형적인 방침이었다. 마장디는 이론에만 몰두하며 제각기 다른 이론을 통합하려는 접근 방식을 19세기 과학자가 얼마나 혐오했는지를 명백히 드러낸다. 심장이든 위장이든, 혹은 림프계든 중추신경계든, 관심 대상을 막론하고 전 생리학 분야에서 가능한 한 많은 실험 자료를 수집하는 것이 마장디의 목표였다. 마장디는 척수신경 전근과 후근의 운동성과 감각성을 발견한 학자로 가장 잘 알려져 있다. 이 발견을 누가 먼저 했는지를 두고 마장디와 외과 의사 겸 해부학자 찰스 벨 경Sir Charles Bell(1774~1842)이 격렬하게 논쟁했다. 당대의 저명한 프랑스 신경생리학자 마리 장 피에르 플루랑스Marie Jean Pierre Flourens(1794~1867)는 이전에 세자르 쥘리앵 장 레갈루아César Julien Jean Legallois가 관찰한 호흡중추를 숨뇌medulla oblongata 속의 생명점noeud vital이라고 처음으로 명확하게 설명했다. 플루랑스가 남긴 가장 훌륭한 업적은 1820년대에 소뇌cerebellum와 반고리뼈관의 기능을 발견한 것이다. 플루랑스도 마장디와 마찬가지로 의대 교수로 일하지 않았다. 마셜 홀Marshall Hall(1798~1857)은 무의식 반사(토머스 윌리스, 요한 본, 로버트 휘트도 어렴풋이 인지함)와 외상 쇼크의 개념을 확립했다. 찰스 벨 경은 다섯 번째 및 일곱 번째 뇌 신경의 구조와 기능을 명쾌하게 설명했다. 영국의 3대 생리학자 마셜 홀, 아우구스투스 볼니 월러, 윌리엄 보먼 경Sir William Bowman이 임상의로 일하며 생계를 꾸려야 했다는 사실은 당시 영국의 상황이 어떠했는지를 여실히 드러낸다.

프란츠 요제프 갈은 뇌피질의 각 영역이 고유 기능을 맡는다는 뇌의 국재화localization 이론을 주장했지만 비웃음을 당했다. 갈의 이론을 추종한 장 바티스트 부요는 언어중추를 구체적으로 탐구했으나 역시 무시당했다. 그러다가 1861년 프랑스의 위대한 외과의 겸 인류학자 폴 브로카(1824~1880)가 과거에 갈과 부요가 연구한 뇌의 언어중추를 설명하고 나서야 그 이론이 받아들여졌다. 이후 뇌의 국재화 연구에 새로운 길이 열렸다. 1870년대에 구스타프 프리치Gustav Fritsch, 에두아르트 히치히Eduard Hitzig, 데이비드 페리어David Ferrier는 뇌의 감각 영역과 운동 영역을 지도화했다. 브로카는 뇌의 국재화 이론을 뇌 수술에 실제로 적용했다. 프리드리히 레오폴트 골츠Friedrich Leopold Goltz(1834~1902)는 1860년대에 쇼크를 연구하고, 1870년대에 뇌를 제거한 동물을 대상으로 실험했다.

19세기 생리학은 물리학 분야에서 개발된 실험 도구를 생리학 실험에 영리하게 활용한 독일에서 주로 발전했다. 이 경향은 베버 삼형제의 연구 성과에 명백히 드러나지만, 그 중요성을 제대로 인지하지 못하는 경우가 너무도 많다. 빌헬름 에두아르트 베버Wilhelm Eduard Weber(1804~1891)는 탁월한 물리학자로 전신electric telegraph 기술을 개발하는 과정에 많은 업적을 남겼다. 에른스트 하인리히 베버Ernst Heinrich Weber(1795~1878)는 자극역刺戟閾, stimulus threshold 개념을 확립한 생리학자이자, 낭만주의의 숙적이었다. 에른스트 베버는 또한 동생 에두아르트 프리드리히 베버Eduard Friedrich Weber(1806~1871)와 함께 맥박의 속도를 재고, 미주신경이 신체 기능을 억제한다는 점을 밝혔다. 그리하여 베버 형제는 신경생리학에서 억제inhibition 개념의 창시자가 되었다.

1840년대에 활동한 독일의 젊은 생리학자인 에밀 뒤 부아-레몽(1818~1896), 헤르만 헬름홀츠(1821~1894), 에른스트 브뤼케(1819~1892), 카를 루트비히Carl Ludwig(1816~1895)는 새롭고 정밀하며 과학적인 생리학을 창시하기 위해 힘을 모았다. 이들은 목표를 달성하지는 못했으나 생리학에 막대한 성과를 남겼다. 뒤 부아-레몽은 현대 전기생리학electrophysiology의 토대를 마련했고, 헬름홀츠는 생리학에 물리학을 응용하다가 순수 물리학자로도 활동했다. 그리고 1842년 로베르트 마이어Robert Mayer와 제임스 P. 줄James P. Joule이 에너지 보존 법칙을 제시한 지 얼마 지나지 않아, 1847년에 헬름홀츠가 그 법칙을 수학으로 공식화했다. 헬름홀츠는 또한 생리학자로서 근육의 열 생성과 신경 자극의 전달 속도를 측정했다. 1851년에는 검안경 ophthalmoscope을 발명하는 과정에서 감각의 생리학을 기초부터 연구했고, 음향학에 관한 기본 개념을 고안했다. 카를 루트비히는 주로 심장과 혈액순환의 생리학을 연구했다. 그가 발견한 생리학적 현상은 상당수가 제자들의 박사학위 논문으로 발표되었다. 그처럼 이타적이며 사심 없는 스승은 많은 제자를 끌어들이기 마련이다. 그가 배출한 제자 가운데 윌리엄 H. 웰치William H. Welch, 헨리 피커링 보디치Henry Pickering Bowditch, 프랭클린 P. 몰Franklin P. Mall, 존 J. 아벨John J. Abel은 미국 의학계에 활기를 불어넣었다.

앞에서 언급한 연구를 수행할 때 연구자들은 대부분 물리학 도구를 사용했다. 그런데 20세기에 들어설 무렵 화학이 크게 발전하면서 생리학에 화학적 도구들이 도입되었다. 그러한 경향은 결국 20세기에 물리학적 연구 방식이 빛을 잃도록 만들었다. 플로리안 헬러Florian Heller, 헤르만 펠링Hermann Fehling, 카를 A. 트로머Carl A. Trommer, 막스 폰 페텐코퍼Max von Pettenkofer, 벤스 존스Bence Jones가 고안한 방식을 포함하여, 일상에서 중요하게 활용되는 소변검사법은 대부분 1840년 이후 개발되었다. 위대한 화학자 유스투스 폰 리비히Justus von Liebig(1803~1873)는 음식의 기본 성분을 탄수화물, 단백질, 지방으로 구분하여 인간 생리학에 중요한 업적을 남겼다. 탄수화물 분석법은 조제프 루이 프루스트Joseph-Louis Proust가, 지방 분석법은 미셸 슈브뢸Michel Chevreul이 고안했다. 리비히는 소변에 함유된 질소를 분석해 단백질 대사를 측정한다는 개념도 내놓았다. 1828년 리비히의 친구 프리드리히 뵐러Friedrich Wöhler는 유기화합물인 요소urea를 합성하는 획기적인 업적을 세웠다. 뵐러의 업적으로, 유기화학만의 특수한 법칙이 존재한다는 낭만주의적 관념이 사라졌다.

리비히의 제자 카를 폰 포이트Carl von Voit(1831~1908)는 막스 폰 페텐코퍼(1818~1901)와 협력하여 기초대사 측정법을 깜짝 놀랄 만큼 발전시켰다. 이후에 포이트 학파는 외젠 F. 뒤부아, 프랜시스 G. 베니딕트Francis G. Benedict, 윌버 O. 애트워터Wilbur O. Atwater의 활약을 발판으로 미국에서 활발하게 분파를 형성해나갔다. 포이트의 연구는 신진대사량이 신체 표면적과 비례함을 발견한 그의 제자 막스 루브너 Max Rubner(1854~1932)가 완성했다. 루브너는 그보다 앞서 연구한 장 바티스트 오귀스트 쇼보Jean-Baptiste Auguste Chauveau와 마찬가지로, 식품이 신진대사에 영향을 주는 특수한 작용을 밝혔다. 이 같은 신진대사 연구를 토대로 새로운 과학적 영양학이 도입되었다. 이전까지 영양학은 순전히 경험을 기반으로 구축된 학문이었다.

1833년 테오도어 슈반이 효소 펩신pepsin을 발견하면서, 소화 digestion를 이해하는 새로운 장이 시작되었다. 소화 연구에서는 프랑수아 마장디의 제자 클로드 베르나르(1813~1878)가 특히 췌장액의 기능과 관련해 우수한 성과를 냈다. 베르나르는 처음엔 극작가로 일했으나 문단 권위자에게서 극작가로 성공할 가능성이 전혀 없다는 비평을 듣고 의학에 헌신하기로 했다. 그는 글리코겐을 생산하는 간 기능을 발견하고, 오늘날은 다소 다른 의미로 쓰이는 '내분비internal secretion'라는 용어를 고안했다. 이 발견으로 신체는 신진대사 과정에서 물질을 분해할 뿐만 아니라 합성도 한다는 사실이 처음 밝혀졌다. 베르나르는 또한 글리코겐을 연구하며 뇌의 네 번째 뇌실에 상처를 내서 당뇨병을 인위적으로 유도하기도 했다. 생리학에서 베르나르가 남긴 가장 큰 업적은 혈관 운동신경의 성질과 기능을 정확하게 밝힌 것이다. 혈관 운동계는 베르나르가 말하는 '신체 내 환경'을 조성하는 중요한 요소로, 여기서 '신체 내 환경'이란 항온동물이 외부 환경과

그림 18 클로드 베르나르와 제자들(레옹 레르미트Léon L'hermitte의 그림)

무관하게 유지하는 상태를 말한다.

질병에 걸려 실험을 포기해야 하는 상황이 되자, 베르나르는 이론을 다루는 글을 쓰기 시작했다. 그리고 19세기 생리학자들이 내세운 기본 철학을 종합하여 1865년 《실험의학 서설Introduction to the Study of Experimental Medicine》을 출간했다. 이 탁월한 저술은 베르나르를 19세기 생리학의 상징으로 만드는 데 무엇보다도 큰 역할을 했다. 사후 출간된 비망록을 살펴보면, 베르나르가 생전에 위엄 있는 가면을 쓰고 숨겨온 내적 갈등과 일평생 지속해온 명상의 결과물이 합쳐져 《실험의학 서설》이 탄생했음을 알 수 있다. 당시 베르나르는 시체 해부에 대한 반감 때문에 어려움을 겪었는데, 앵글로색슨 국가에서 전염병을 연구한 학자들에 비하면 그 어려움은 아무것도 아니었다.

19세기의 위대한 실험학자 샤를 에두아르 브라운-세카르Charles Edouard Brown-Séquard는 모리셔스섬 출신으로 미국인 아버지와 프랑스인 어머니 사이에서 태어나 미국, 프랑스, 영국에서 활동했다. 그는 생전에 늘 베르나르에게 가려져 있었지만, 혈관 운동신경의 발견에서는 베르나르보다 앞섰다. 호르몬 요법의 시대를 열어 내분비학에 수많은 사람의 이목을 집중시킨 인물도 브라운-세카르였다. 1889년 그는 고환에서 추출한 물질을 자신의 몸에 주입했고, 그 결과 72세의 나이로 백일해에 걸릴 만큼 젊음을 되찾았다. 아르놀트 아돌프 베르톨트Arnold Adolph Berthold, 모리츠 시프Moritz Schiff, 브라운-세카르가 내분비학 실험을 수행한 시기는 1840~1850년대였다. 이 실험들의 중요성은 브라운-세카르가 고환 추출물로 실험한 1880년대에 이르러 부각되었다. 클로드 베르나르가 가장 아꼈던 제자 폴 베르Paul Bert(1830~1886)는 고혈압과 저혈압을 포함한 생리학적 현상이 기압 변화에 어떠한 영향을 받는지를 연구하여 항공생리학aviation physiology의 주요 토대를 마련했다. 그가 1878년에 집필한 책은 제2차 세계대전이 발발한 뒤 항공생리학을 현실에 응용하려는 목적으로 영문으로 번역되었다.

생리화학은 루돌프 피르호의 제자 펠릭스 호페 자일러Felix Hoppe-Seyler(1825~1895)가 주도하여 독립된 학문으로 자리 잡았는데, 호페 자일러는 젊은 시절 상황이 절망적이어서 미국 이민을 결심한 적도 있었다. 호페 자일러는 혈액화학 분야에서 훌륭한 업적을 세웠다. 1862년 그는 헤모글로빈hemoglobin을 발견했다.

병리해부학을 이끈 대표 주자 카를 로키탄스키는 1846년에 총 3권으로 구성된《병리해부학 교과서Handbook of General Pathological Anatomy》의 첫 번째 책을 출판했다. 그리고 국소주의에 기반한 연구로는 만족하지 못하고, 병리학을 하나로 통합하여 '체액의 불균형dyscrasias' 이론을 창안하려 했다. 그러나 로키탄스키의 견해는 뒷받침할 근거가 부족했으며, 체액병리학으로의 회귀라는 소득밖에 얻지 못했다. 결국 로키탄스키의 이론은 베를린의 젊은 병리학자 루돌프 피르호(1821~1902)가 발표한 리뷰 논문에서 완전히 무너졌고, 이후 로키탄스키는《병리해부학 교과서》의 후속 판본에 문제가 된 구절을 싣지 않았다.

피르호는 백혈병leukemia을 발견하고, 자신이 명명한 질병인 색전증embolism과 혈전증thrombosis을 실험, 연구하여 의학계에서 주목받았다. 이 연구에서 그는 정맥염phlebitis이 모든 질병을 일으킨다고 주장하며 지나치게 병리학을 단순화한 장 크뤼베이에의 논리를 반증했다. 당시에는 병리학 자료가 괴저병으로 인한 상처나 산후열 환자

그림 19 1850년 뷔르츠부르크에서 피르호와 알베르트 폰 쾰리커(윗줄 왼쪽: 피르호, 윗줄 오른쪽: 쾰리커/아랫줄 왼쪽부터 요한 조제프 셰러Johann Joseph Scherer, 프란츠 키비슈Franz Kiwisch, 프란츠 리네커Franz Rinecker)

에만 집중되었으므로, 정맥염에 대한 선입견이 형성되는 것은 당연했다. 피르호는 병리학의 중심축이 맨눈해부학에서 현미경해부학으로 옮겨가는 시대를 대표한다. 수십 년간 그는 수백 가지 실험을 하여 병리학에 풍부한 자양분을 공급했다. 아밀로이드amyloid, 유혈소類血素, hematoidin, 말이집myelin을 발견하고, 결합조직과 염증에 관해 연구했으며, 종양(1863)과 선모충병trichinosis(1864)도 탐구했다. 피르호가 남긴 가장 중요한 업적은 병리해부학을 지배하는 기본 원칙을 확립한 것이다. 찰스 다윈이 《종의 기원Origin of Species》을 출간하기 1년 전인 1858년에 피르호는 《세포병리학Cellular Pathology》을 발표하여 세포란 정상 생명의 기본 단위일 뿐만 아니라 병리학적 장애의 기본 단위라고 주장했다. 이 주장을 판단 근거로 삼으면, 셀 수 없이 많은 병리학적 사실을 질서 있게 정리할 수 있었다. '모든 세포는 다른 세포에서 나온다'는 피르호의 논리는 일반 생물학에 막대한 영향을 주었다. 병리학의 기초 이론인 세포 이론과 물리학의 기초 이론인 원자 이론이 거의 동시에 발전한 역사가 흥미롭다.

19세기 후반 피르호는 가장 유명한 동시에 존경받는 의학자로, 의학의 '교황' 같은 위치에 올랐다. 의학의 지도자 역할을 맡은 사람이 실험실 연구자였다는 사실은 당대의 시대 정신을 잘 드러낸다. 피르호도 잘못된 주장을 한 적이 있고, 압도적인 자리에 올랐던 까닭에 결핵과 디프테리아를 오해하는 등 잘못된 지식을 전파하기도 했다. 한편으로 피르호는 새롭게 등장한 세균학과 진화론을 깊이 이해하지 못했다는 억울한 비난을 받아왔다. 옛 제자인 에드윈 클렙스Edwin Klebs와 에른스트 헤켈Ernst Haeckel의 주장을 반박하는 피르호의 글을 읽어보면, 그가 단지 위험한 열광에 맞서 건전한 과학적 회의론을 옹호했음을 알 수 있다.

피르호는 실험실에서 연구하면서도 사회와 단절되지 않았다. 1848년 유럽을 뒤흔든 혁명에 가담했다가 베를린 대학교 교수직을 잃고, 1849년부터 1856년까지 뷔르츠부르크에서 학생들을 가르쳤다. 베를린으로 돌아온 이후에는 오토 폰 비스마르크Otto von Bismarck에게 패배하기 전까지 60년간 프로이센의 자유주의 야당 지도자로 활동했다. 생애 마지막 30년 동안 피르호는 인류학과 고고학에 전념했으며, 두 학문의 창시자로도 여겨진다. 그는 공중보건에도 관심이 컸다. 1848년에는 상부 실레시아에 발생한 발진티푸스에 관해 보고했으며, 이를 본인 인생에 가장 결정적인 사건으로 보았다. 전염병 사회 이론과 관련하여 피르호는 "의학은 사회과학이다"라는 유명한 말을 남겼다. 베를린을 건강한 도시로 탈바꿈시킨 것도 그의 업적이다.

피르호의 수많은 우수한 제자 중에는 앞서 언급한 펠릭스 호페 자일러와 병리학자 프리드리히 다니엘 폰 레클링하우젠Friedrich Daniel von Recklinghausen(1833~1910)과 율리우스 콘하임Julius Cohnheim(1839~1884)이 있다. 콘하임은 백혈구가 혈관벽을 통해 이동함을 입증하여 세포 내 염증 반응의 원리를 설명했다. 피르호는 염증이 발생하면 국소적으로 백혈구가 생성된다고 믿었다. 제자가 스승이 내세운 주요 이론을 무너뜨렸다는 사실은 피르호가 간혹 불렸던 별명처럼 고집 센 폭군은 아니었음을 보여준다.

이전까지 의사들은 순전히 경험에 의존해 약물 치료를 했다. 그런데 생리학의 실험법과 화학의 분석법이 눈부시게 발전하자 약제 실험에도 과학기술이 자연스럽게 적용되기 시작했다. 그리하여 새로운 과학인 약리학이 탄생했다. 생리학을 이끌었던 마장디가 현대 약리학의 아버지인 것은 우연이 아니다. 근대 약리학은 약학자가 생약에서 순수한 물질을 분리한 이후부터 비로소 시작되었다. 가장 먼저 분리된 물질은 알칼로이드계에 속했다. 프리드리히 제르튀르너Friedrich Sertuerner가 1806년 모르핀morphine을, 피에르-조제프 펠르티에Pierre-Joseph Pelletier와 조제프 카방투Joseph Caventou가 1818년 스트리크닌strychnine과 1820년 퀴닌을 분리했다. 마장디는 스트리크닌, 모르핀, 에메틴emetine, 브롬화물bromides, 아이오딘iodine으로 실험했다. 마장디의 제자 베르나르는 아편, 니코틴nicotine, 에테르, 쿠라레curare를 분석했다. 독일에서는 루돌프 부흐하임Rudolf Buchheim(1820~1879)이 주도하여 약리학이 독립된 학문으로 자리 잡았다. 부흐하임의 제자 오스발트 슈미데베르크Oswald Schmiedeberg(1838~1921)는 디기탈리스와 히스타민을 주제로 중요한 연구를 하고, 세계 곳곳에 전파된 학파의 창시자가 되었다. 영국에서는 알렉산더 크럼 브라운Alexander Crum Brown과 토머스 프레이저Thomas Frazer(1841~1920)가 물질의 화학 구조와 약리 효과를 연관시켰다. 토머스 로더 브런튼 경Sir Thomas Lauder Brunton(1844~1916)은 심장병 약제를 분석하고, 협심증에 아질산 아밀amyl nitrite을 썼다. 1880년대에는 제약 산업이 급격히 성장하면서 수많은 합성 의약품이 탄생했다. 대부분 안티피린antipyrine, 살리피린salipyrin, 아세트아닐리드acetanilid, 술포날sulfonal 같은 해열제였다. 이를 시작으로 20세기에는 화학요법chemotherapy, 즉 특정 질환 치료에 쓰이는 약물을 다루는 과학이 발달했는데 이 이야기는 14장에서 검토할 것이다.

기초과학은 복잡한 인체 구조에 관한 새로운 지식을 주었다. 또한 병리학적 징후를 인체 구조 변화와 연결하는 매개체 역할을 하는 동시에 이전과 다른 관점에서 신체의 주요 기능인 호흡, 순환, 소화, 대사, 신경 작용, 내분비, 생식을 이해하게 해주었다. 기초과학은 또한 신체 기능을 측정하고, 정상 상태에서 얼마나 벗어났는지 가늠하는 도구로도 쓰였다. 치료 효과를 예상하고 측정할 수 있는 치료법도 제공했다. 이처럼 전에 없던 환경은 향후 임상의학이 발전하는 데 결정적인 요인이 되었다.

14장

19세기 후반
임상의학

눈부시게 성장한 조직학, 병리학, 생리학, 약리학은 19세기 후반에 새로운 임상의학이 발전하도록 이끌었다. 이 새로운 임상의학이 바로 오늘날의 의학이다. 새로운 임상의학을 선도한 클로드 베르나르는 실험실이 의학의 '성역'이라고 단언했다. 그리하여 중세에 성행한 도서관 의학, 히포크라테스와 부르하버와 시드넘이 대표한 병상 의학, 라에네크와 그레이브스 병원이 상징하는 병원 의학을 뒤잇는 새 시대의 의학은 '실험실 의학'이라 불리게 되었다. 보고 느낀 것을 숫자로 옮기는 실험실 의학은 이전 의학보다 추상적이었다. 19세기 후반 임상의학에서 독일이 주도권을 잡은 이유는 의학에만 전념하는 학자들이 많았기 때문이다. 생리학 전문가와 연구소가 수없이 많았던 독일과 달리, 영국에서는 의학자 대부분이 생리학 연구와 교육을 여전히 병행했다.

헤르만 헬름홀츠, 카를 루트비히, 에른스트 브뤼케, 에밀 뒤 부아-레몽이 생리학 분야에서 협력하기 시작한 무렵, 몇몇 젊은 독일 의사들이 새로운 임상의학을 창시하기 위해 의학지를 창간했다. 1842년 카를 분더리히Carl Wunderlich, 빌헬름 로저Wilhelm Roser, 빌헬름 그리징거Wilhelm Griesinger가 의학지 《생리학적 의학Journal of Physiological Medicine》을, 1844년 야콥 헨레와 카를 포이퍼Karl Pfeufer가 의학지 《합리적 의학 저널Journal of Rational Medicine》을, 1847년 피르호와 베노 라인하르트Benno Reinhardt가 의학지 《병리해부학, 생리학 그리고 임상의학Archives for Pathological Anatomy, Physiology and Clinical Medicine》을 창간했다. 동일한 목표를 추구하는 경쟁자로서 논쟁을 되풀이했으나 이들은 근본적으로 접근 방식이 같았다. 독일 의학을 헛된 사변만 남은 막다른 골목으로 이끌었던 과거 낭만주의로부터 확실하게 벗어나려 한 것이다. 동시에 파리 학파와 빈 학파가 이끌었던 의학에 만족하기를 거부했다. 젊은 독일 의사들은 파리 학파와 빈 학파가 내세운 '존재론적 접근 방식'을 거부했다. 그러면서 의학은 질병의 본질을 임의로 구축해서는 안 되며, 신체에 발현한 기능장애를 탐구하는 데에만 초점을 맞춰야 한다고 주장했다. 게다가 파리 학파와 빈 학파가 지지한 순수 해부학적 관점도 거부했다. 독일 의사들은 해부대에서 관찰한 사항은 병리학적 과정이 아니라 병리학적 최종 결과라고 강조했다. 병리학적 과정은 장애가 발생한 신체 기능을 연구해야만 밝힐 수 있다는 의견도 내놓았다. 즉, 이 새로운 학파는 '병태생리학

pathological physiology'을 내세웠다. 독일 의사들의 접근법에서는 브루세의 영향력이 뚜렷하게 드러난다.

그러나 시간이 흐르면서 존재론적 접근법을 향한 비난은 시기상조였음이 드러났다. 필리프 피넬과 루카스 쇤라인의 잘못은 질병의 본질을 구축하는 것 자체가 아니라, 질병의 그릇된 본질을 구축하는 데 있었다. 르네 라에네크나 피에르 브르토노가 주장한 '존재론적' 질병의 실체는 세균학에서 이루어진 발견으로 완전히 확인되었다. 한편으로 병태생리학을 지지하는 개혁론자의 입장은 순수 해부학적 관점과 다르게 온건하고 진보적이었다. 해부학이 베살리우스에서 하비로 이어지면서 형태학에서 생리학으로 발전했듯, 임상학은 병리학적 구조 연구에서 병리학적 구조에 기반한 병리학적 기능 연구로 발달해야 했다.

실험실 결과와 임상 관찰을 통합하는 것은 결코 쉬운 일이 아니었고, 오늘날에도 어려운 과제다. 새로운 의학이 실험실 부속물 이상의 가치를 지니기까지는 시간이 걸렸다. 실험실 의학 초기는 주로 간 질환을 연구한 프리드리히 테오도어 폰 프레릭스Friedrich Theodor von Frerichs(1819~1885)와 폐렴과 신장 및 심장 질환을 실험, 연구한 루트비히 트라우베Ludwig Traube(1818~1876)라는 두 베를린 임상의가 대표한다. 1860년대에 카를 분더리히(1815~1877)는 질병에 걸리면 체온이 어떻게 변화하는지 연구해 크게 발전시켰다. 분더리히의 연구는 병태생리학에서 거둔 놀라운 성과였다. 그런데 존재론적 관점을 거부했던 분더리히는 한편으로 특정 질환을 체온과 연결하는 이론을 만들면서 스스로 존재론적 관점을 구축하는 모순된 태도를 보였다. 분더리히의 연구 결과로 질병 치료는 '해열'에 집중하게 되었다. 그때부터 의사들은 가차 없이 발열을 억제했는데, 특히 살리실산salicylic acid, 안티피린, 페나세틴phenacetin 같은 새로운 약으로 열을 낮췄다. 19세기 후반을 대표하는 다재다능한 임상학자 아돌프 쿠스마울Adolf Kussmaul(1822~1902)은 1859년에 신생아 심리학, 1860년에 결절동맥주위염periarteritis nodosa에 관하여 저술했다. 1859년에는 당뇨병혼수diabetic coma에 아세톤혈증이 어떻게 작용하는지를 입증했다. 1867년에는 위 세척기를 도입하여 위 질환을 치료하고 위 기능을 연구할 길을 열었다. 신체 기능 연구는 점점 더 성장하며 새로운 임상의학의 신조로 자리 잡았다.

임상의의 관심이 구조 연구에서 기능 연구로 처음 옮겨간 분야는 위 질환이었다. 임상의들은 환자 생전에 들은 청진음 혹은 환자 사후 관찰하는 위장 형태보다 위장의 운동, 분비 및 소화 능력에 더 큰 관심을 가졌다. 카를 안톤 에발트Carl Anton Ewald(1845~1915)와 이스마어 보아스Ismar Boas(1858~1938)는 위 기능 연구에 쓰이는 시험식 Test meal을 개발했다. 기능 연구를 개척한 오토마어 로젠바흐Ottomar Rosenbach(1851~1907)는 1870년대에 신체 구조보다 신체 기능이 더 중요하다고 강조했다. 그리고 '심실의 확장' 개념을 '심장의 기능 저하' 개념으로 대체하는 등 해부학적 진단을 기능 진단으로 대체하기 시작했다. 기관의 '잠재 예비력latent reserve force' 같은 유용한 개념도 고안했다.

심장학자 제임스 매켄지James Mackenzie(1853~1925)는 기능의 관점에서 심장박동의 불규칙성을 연구했다. 신장 및 간 질환도 비슷한 방식으로 접근했다. 19세기 후반 이후 등장한 혈뇨, 혈중 빌리루빈, 혈당 측정법의 기본 원칙은 신체 기능을 확인하는 것이며, 이 원칙은 19세기 후반에 확립되었다. 프리드리히 폰 뮐러Friedrich von Mueller(1858~1941)와 아돌프 마그누스 레비Adolf Magnus Levy(1865년 출생)는 신진대사 기능을 측정하면 갑상샘 같은 내분비샘의 상태를 확인할 수 있다고 주장했다. 베른하르트 나우닌Bernhard Naunyn(1839~1925)은 주로 당뇨병과 담석 연구에 집중했다. 1889년 프랑스 스트라스부르에 위치한 그의 진료실에서 오스카 민코프스키Oskar Minkowski와 요제프 폰 메링Joseph von Mering이 췌장 질환 때문에 당뇨병이 발생한다는 것을 증명하는 결정적인 실험을 진행했다. 개를 대상으로 췌장을 절제하는 실험은 이미 1683년 스위스의 요한 콘라트 브루너가 수행했지만, 그 결과가 제대로 규명되지 않았다. 매켄지 외에, 토머스 클리퍼드 올버트 경Sir Thomas Clifford Allbutt(1836~1925)과 미국에서 수년간 활동한 캐나디인 윌리엄 오슬러 경(1849~1919)도 영국의 실험실 의학을 상징한다. 19세기 후반 영국과 프랑스가 임상 의학에서 가장 위대한 성과를 남긴 분야는 신경학이었다. 이 부분은 신경학을 논의하면서 다시 언급하겠다.

생리학, 실험병리학, 약리학 분야의 실험 결과는 임상 지식, 특히 진단과 관련된 지식을 풍성하게 만들었다. 지식은 급격하지 않게, 서서히 증가했다. 그러나 실험실 의학적 접근으로도 질병의 실제 원인에는 거의 다가가지 못했으며, 실험실 의학에 기반한 치료법은 대부분 20세기에 이르러서야 도출되었다. 실험실 의학이 초기에 수확한 결과는 과학적으로 사고하는 의사에게 열정을 불러일으키기 충분했다. 그러나 평범한 의사나 비전문가의 상상력을 자극하려면, 지금 당장 유용하고 인상적인 결과가 실험실에서 나와야 했다. 그리고 그런 인상적인 결과 덕분에 과학적 의학은 오늘날의 위치에 오를 수 있었다.

인상적인 결과란, 전염병의 원인이 미생물임을 발견한 것이다. 이 발견으로 세균학, 즉 미생물학이라는 새로운 과학이 탄생했는데, 미생물학은 기초과학 중에서도 젊은 축에 속한다. 1870년대와 1880년대에 여러 미생물이 차례차례 발견되었다. 이에 맞추어 예방접종과 혈청치료, 질병 예방법이 잇달아 개발되었다. 그리고 질병군 전체가 완전히 사라지기 시작했다. 이러한 일련의 사건은 실험실 의학적 접근법의 가치를 명백하게 증명했다.

15장

미생물학

유행병은 사람들 사이에서 전염되는 질병이며, '씨앗', '극미동물' 같은 아주 작은 생물을 통해 전파된다는 생각이 19세기 중반에도 완전히 새로운 개념은 아니었다. 16세기에 프라카스토로가 제시한 이 이론을 17세기에 아타나시우스 키르허가, 18세기에 조반니 마리아 란치시와 칼 폰 린네가 지지했다. 1840년 야콥 헨레가 다시 주장하고 나설 당시는 전염 이론의 지지 기반이 가장 약한 시기였다. 따라서 헨레는 새 시대의 선도자가 아니라 철 지나고 잘못된 개념의 옹호자로서 무모하게 동시대인 앞에 나타난 셈이었다. 환자를 격리해도 전염 예방 효과가 거의 없다고 판명된 황열병, 발진티푸스, 콜레라를 경험한 사람들은 유행병에 전염성이 없다고 주장한 반反전염론자를 옹호했다. 반전염론자에는 프랑수아 마장디, 르네 루이 빌레르메, 장 바티스트 부요, 도미닉 J. 코리건 등 저명한 과학자도 있었다. 화학이 무한히 발전하리라 전망한 시대에는 살아 있는 전염원을 찾는 연구가 주류로 취급되지 않았다. 1836년에 샤를 카냐르 드 라 투르Charles Cagniard de la Tour가, 1837년에는 테오도어 슈반과 프리드리히 T. 퀴칭 Friedrich T. Kuetzig이 효모가 발효를 일으킨다고 주장하면서 화학 공정에 생명체가 영향을 준다는 명백한 증거를 제시했으나, 화학자 리비히는 그 증거를 무시했다.

하지만 19세기 후반 의학계는 조금씩 의견을 바꾸었다. 반전염론이 전염론 못지않게 콜레라 유행병 퇴치에 효과가 없음이 입증되었기 때문인데, 비유하자면 시계추가 본래 자리로 되돌아오는 것과 같았다. 질병 원인이 미생물임을 가리키는 증거가 빠르게 축적된 것도 전염론자에게 유리했다. 가장 결정적인 사건은 1835년 변호사 아고스티노 바시Agostino Bassi가 누에의 특정 질병을 진균이 일으킨다는 사실을 증명한 것이었다. 바시는 발견한 내용을 토대로 전염병의 보편적인 특성을 폭넓게 설명했다. 1837년에는 알프레드 프랑수아 돈네가 질편모충Trichomonas vaginalis이 존재함을 증명하고, 1839년에는 요한 루카스 쇤라인이 두부백선균Trichophyton schoenleinii을 설명했다 (로베르트 레마크가 쇤라인의 이름을 따서 명명함). 1844년에 다비드 그뤼비David Gruby는 백선을 일으키는 다른 진균 트리코피톤 톤슈란스 Trichophyton tonsurans를 묘사했다.

1850년 마침내 세균이 질병을 일으키는 미생물 목록에 추가되었다. 세균은 안톤 판 레이우엔훅이 처음 발견했다. 18세기에는 덴

마크 박물학자 오토 프리드리히 뮐러Otto Friedrich Mueller가, 19세기에는 박물학자 크리스티안 고트프리트 에렌베르크Christian Gottfried Ehrenberg와 식물학자 페르디난트 콘Ferdinand Cohn이 세균을 폭넓게 연구했다. 그러나 이들은 세균이 병원성이라고는 의심하지 않았다. 1850년 카지미르 다벤느(1812~1882)와 피에르 프랑수아 올리브 라예(1793~1867)는 죽어가는 동물의 혈액에서 탄저균을 발견하고, 다른 동물에게 전염시키는 실험에 성공했다. 1855년 프란츠 폴렌더Franz Pollender는 본인이 1849년에 한 관찰을 바탕으로 탄저병의 원인에 관하여 발표했다. 크기가 큰 편인 병원성 세균이 처음으로 발견된 것은 당연한 일이다. 평범한 의사였던 다벤느는 실험실이 없었기에, 실험용 동물을 친구의 정원에 보관했다고 한다. 이 시기에 발견된 또 다른 병원성 미생물에는 1860년 피르호와 프리드리히 알베르트 쳉커Friedrich Albert Zenker가 발견한 선모충trichinae, 그리고 재귀열relapsing fever을 일으키는 병원균이자 1868년 피르호의 조수 오토 오베르마이어Otto Obermeier가 발견한 나선균spirilla이 있다. 1872년 레옹 코제Leon Coze, 빅터 T. 펠츠Victor T. Feltz, 다벤느는 세균이 패혈증을 일으킨다는 증거를 폭넓게 제시했다. 전염 개념의 근거로는 마비저 같은 질병을 대상으로 접종 실험을 수행한 결과가 제시되었다. 첫 번째 접종 실험은 1837년 피에르 라예가 실시했다. 1865년에는 장 앙투안 빌맹이 접종 실험을 진행하여 결핵의 전염성을 입증했다. 결핵 접종 실험은 이미 1843년 헤르만 클렝케Hermann Klencke가 수행한 적이 있지만, 결과를 인정받지 못했다.

이처럼 실용적이지만 산발적으로 관찰된 사항들이 발전해 새로운 과학으로 완성된 데에는 단 한 명의 천재, 루이 파스퇴르(1822~1895)

의 공로가 크다. 쥐라산맥에 자리한 도시 돌르에서 무두장이의 아들로 태어난 파스퇴르는 본래 의학자가 아닌 화학자였다. 이러한 배경이 그가 의료 문제에 대한 해답을 곧장 내놓기보다는 기초적이며 과학적인 방식으로 접근한 까닭을 설명해주는지도 모른다. 디종, 스트라스부르, 릴에서 화학 교수로 일한 그는 1857년 프랑스 파리의 고등사범학교 과학연구부 책임자로 부임해서 전국 대학교수들을 가르쳤다. 1848년에는 화학자로서 분자의 비대칭성dissymmetry 발견이라는 위대한 업적을 남겼다. 1857년에 시작한 발효 연구도 화학자로서 한 일이었다. 이때 파스퇴르는 발효를 순수한 화학반응으로만 여겼던 보편적인 견해와는 다른 결과를 얻었다. 그리고 발효가 다양한 미생물의 작용임을 명백하게 제시했다. 이때의 발견이 계기가 되어, 파스퇴르는 훗날 세균학으로 성장하는 분야에 뛰어들었다.*

세균학이 발전하기 위해서는 아직 완벽하게 반증되지 않은 세균의 자연발생설을 타파해야 했다. 파스퇴르는 1862년 몇 가지 실험을 하여 자연발생설에 종지부를 찍었다. 미생물 전문가로 자리매김한 이후에는 미생물의 소행처럼 보이는 문제를 해결하고 프랑스 산업을 구하기 위해 정부 및 민간단체와 손을 잡았다. 포도주의 부패를 연구한 끝에 1863년 자신의 이름을 따 명명한 저온살균법pasteurization을 발명했다. 1865년에는 누에의 질병, 1871년에는 맥주의 부패를 연구했다. 파스퇴르가 질병과 부패를 일으키는 미생물을 성공적으로 발견한 덕분에, 파멸해가던 프랑스 경제의 핵심 산업이 되살아났다.

---

* 여기서 '세균학'이라는 용어는 전통적인 의미에서 모든 병원성 미생물을 연구하는 학문을 뜻한다.

1868년에는 뇌출혈로 반신불수가 되었지만 파스퇴르는 꿋꿋하게 일했다.

20년간 미생물학을 연구한 파스퇴르는 1877년 연구 범위를 확장하여 인간과 고등동물의 질병을 탐구하기 시작했다. 먼저 탄저균과 닭 콜레라를 연구했다. 질병 원인균을 확인하는 선에서 만족하지 않은 그는 1880년 에밀 루Émile Roux, 샤를 샹베를랑Charles Chamberland, 루이 투이에Louis Thuillier 같은 우수한 제자의 도움을 받아 탄저균과 닭 콜레라를 예방하는 백신을 개발했다. 두 백신은 이전에 수의사장 조제프 앙리 투생Jean Joseph Henri Toussaint과 피에르-빅토르 갈티에Pierre-Victor Galtier가 개발을 시도한 적이 있었다. 파스퇴르는 1885년에 광견병rabies 백신을 개발하며 이 분야에 가장 눈부신 업적을 세웠다. 광견병 예방접종의 원리는 1890년대에 알베르트 프렝켈Albert Fraenkel이 디프테리아 백신, 페르낭 위달Fernand Widal과 앰로스 라이트Almroth Wright가 장티푸스 백신, 발데마어 하프킨Waldemar Haffkine이 콜레라 및 페스트 백신을 개발하는 데 응용되었다.

1889년 프랑스 국민은 감사하는 마음을 담아 파스퇴르 연구소를 설립했고, 세계는 다양한 방식으로 파스퇴르에게 존경을 표했다. 파스퇴르는 근면 성실함과 천재성과 인간미로 기억된다. 게다가 아이디어를 성공으로 이끄는 데 필요한 또 다른 자질, 즉 끝없이 샘솟는 승부 근성까지 타고났다. 탁월한 아이디어와 훌륭한 발명품이 가치를 지녔다고 해서 무조건 받아들여지는 것은 아니다. 파스퇴르는 의료계에 전해져 내려오는 보수성을 극복해야 할 뿐만 아니라 의학을 전공하지 않은 외부인으로서 의료 문제를 해결해야 했다는 점에서 더욱 돋보인다.

그림 20 루이 파스퇴르

그림 21 로베르트 코흐

세균학이 학문으로 자리 잡는 과정을 짚어나가며 파스퇴르와 함께 반드시 언급해야 하는 인물이 로베르트 코흐Robert Koch(1843~1910)다. 파스퇴르와 달리 코흐는 괴팅겐에서 야콥 헨레의 가르침을 받아 의학 학위를 취득했다. 그리고 동부 독일에서 봉직의사로 일하다가 탄저균으로 실험하고 싶다는 과학적 호기심에 사로잡혔다. 놀라운 발견을 한 코흐가 1879년 발표한 저술에는 그간 알려지지 않았던 탄저균의 수명 주기 단계가 서술되어 있다. 이 무명의 시골 의사가 성취한 발견의 중요성을 브로츠와프의 식물학자 페르디난트 콘과 병리학자 율리우스 콘하임이 이내 알아차렸고, 이후 이들은 코흐가 경력을 쌓는 동안 사심 없이 후원했다. 코흐는 고정 배지solid medium를 고안하고, 세포를 고정하고 염색하는 새로운 방법을 개발했다. 이러한 기술이 발전한 덕분에 1879년 그는 상처 감염을 일으키는 세균을 식별할 수 있었다. 프리드리히 다니엘 폰 레클링하우젠, 에드윈 클렙스, 조지프 리스터, 테오도르 빌로트Theodor Billroth, 에른스트 할리어Ernst Hallier를 비롯한 저명한 과학자들은 순수 배양균을 얻으려는 실험에서 극복하기 힘든 기술적 난관에 부딪혔고, 코흐처럼 문제를 해결하지 못했다. 이들은 본인이 겪은 실패를 다형성론polymorphism으로 합리화했는데, 이 이론은 세균이 다른 유형으로 변화할 수 있다고 주장한다. 하지만 다형성 이론은 페르디난트 콘이 이미 비판한 바 있었다. 그리고 코흐의 연구 결과로 완전히 무너졌다.

코흐는 세균학 연구가 무분별하게 성행하지 않도록 '코흐의 공리 Koch's postulates'라는 4가지 연구 원칙을 발표했는데, 그 내용은 스승 헨레가 쓴 전염에 관한 논문에도 등장했다.

'코흐의 공리'는 다음과 같다. ① 미생물은 질병에 걸린 모든 개체

에서 검출되어야 하며, 건강한 개체에서는 검출되지 않아야 한다. ②
미생물은 질병에 걸린 생물체에서 분리되고 배양될 수 있어야 한다.
③ 배양된 미생물을 건강한 생물체에 접종하면 앞에서 언급한 질병
을 유발해야 한다. ④ 미생물은 접종을 받아 질병에 걸린 생물체에서
다시 분리되어야 하며, 처음 질병에 걸린 개체에서 분리한 것과 동일
한 미생물이어야 한다.

코흐는 1880년에 베를린으로 이주했다. 1882년에는 파울 바움가
르텐Paul Baumgarten과 동시에 결핵균을 발견했고, 1883년에는 이집트
와 인도를 여행하던 중 콜레라균을 발견했다. 결핵균과 콜레라균의
발견으로 인류는 가장 치명적인 2가지 적을 성공적으로 공격할 수
있게 되었다. 1890년 코흐가 투베르쿨린tuberculin을 발표하자, 전 세
계 의학계는 마침내 유효한 결핵 치료법을 찾았다고 생각했다. 그런
희망이 실제로 구현되지는 않았지만, 투베르쿨린은 결핵 진단에 도
움을 주었다. 코흐가 말년에 진행한 주요 연구로는 1897년 남아프리
카에 발생한 소 전염병 연구, 1898년 인도에 발생한 전염병 연구가
있다.

코흐는 파스퇴르만큼 극적인 삶을 살지는 않았다. 파스퇴르보다
20년 늦게 연구에 뛰어들었기에, 훨씬 좋은 환경에서 연구할 수 있
었다. 하지만 코흐를 상징하는 근면함과 독창성은 과학 발전에 꼭
필요한 요소라는 것을 기억해야 한다.

이 책에서 세균학의 발전사를 상세하게 짚어가기는 지면상 불가
능하다. 세균학은 첫 번째 중요한 발걸음을 뗀 이후, 1870년대와
1880년대에 놀랍게 발전했다. 한편으로는 같은 시기에 세균으로 모
든 질병과 생물학적 기능을 설명하는 무지몽매한 세균학 신봉자들

이 가치 없는 연구를 많이 진행했다. 1870년대 이후 수십 년간 질병의 병원균이 속속 밝혀졌는데, 그 질병명과 병원균 발견자를 나열한 다음 연표를 보면 얼마나 급속도로 세균학이 발전했는지 알 수 있다.

1875	아메바이질(프리드리히 뢰슈Friedrich Loesch)
1879	임질(알베르트 나이서Albert Neisser)
1880	장티푸스(카를 요제프 에베르트Karl Joseph Eberth, 게오르크 가프키Georg Gaffky)
	한센병(아르메우에르 한센Armauer Hansen)
	말라리아(알퐁스 라브랑Alphonse Laveran)
1882	결핵(로베르트 코흐)
	마비저(프리드리히 뢰플러)
1883	얕은연조직염(프리드리히 펠라이젠Friedrich Fehleisen)
	콜레라(로베르트 코흐)
1884	디프테리아(에드윈 클렙스, 프리드리히 뢰플러)
	파상풍(아서 니콜라이어Arthur Nikolaier, 기타사토 시바사부로北里柴三郎)
	폐렴(알베르트 프렝켈)
1887	유행성 수막염(안톤 바이크셀바움Anton Weichselbaum)
	몰타열malta fever(데이비드 브루스David Bruce)
1889	연성궤양soft chancre(아우구스토 두크레이Augusto Ducrey)
1892	기체괴저gas gangrene(윌리엄 H. 웰치)
1894	페스트(알렉상드르 예르생Alexandre Yersin, 기타사토 시바사부로)
	보툴리누스중독(에밀 피에르 마리 판 에르멘젬Emile Pierre Marie van Ermengem)
1898	세균이질(시가 기요시志賀潔)
1901	수면병(데이비드 브루스, 조지프 E. 더턴Joseph E. Dutton)
1905	매독(프리츠 샤우딘Fritz Schaudinn)
1906	백일해(쥘 보르데)

1890년대 세균학자들, 특히 프리드리히 뢰플러Friedrich Loeffler와 에

밀 루는 소 발굽과 구강에 질병을 일으키는 다수의 병원균이 너무 작아서 세균을 얻을 때 쓰는 일명 샹베를랑 세균여과기Chamberland filter를 통과한다는 사실을 발견했다. 여과성 병원체filtrable virus라고 불리는 이 유기체는 크기가 너무 작아 보편적인 현미경으로는 관찰할 수 없었다. 이처럼 바이러스와 세균의 중간 위치를 차지하며 20세기에 들어서서 규명된 제3유기체를 리케차Rickettsia라고 부른다.

19세기를 선도한 주요 세균학자의 일대기를 빠짐없이 나열하기란 불가능하다. 이 시기 세균학자들은 유럽 각국에서 활동했으나 파스퇴르와 코흐의 활약이 두드러졌던 프랑스와 독일에 특히 많았다. 또 지금까지는 의학에 크게 기여하지 못한 두 나라, 즉 윌리엄 H. 웰치와 사이먼 플렉스너Simon Flexner와 시어벌드 스미스Theobald Smith가 활약한 미국, 그리고 기타사토 시바사부로北里柴三郎와 시가 기요시志賀潔가 활약한 일본이 세균학에 뛰어들어 중요한 발견을 했다.

세균학에서 기초적인 발견은 대부분 1878~1887년에 이루어졌다. 파스퇴르가 남긴 불후의 업적에 자극받은 세균학자들은 질병 원인균을 단순히 식별하는 선에서 멈추지 않았다. 1886~1896년 사이에는 혈청학과 면역학을 탐구하며 치료학에도 진출했다. 1889년 알렉상드르 예르생Alexandre Yersin과 에밀 루는 디프테리아 환자가 겪는 증세의 원인이 질병을 유발하는 병원균이 아니라 병원균에서 생산되어 혈류를 순환하는 독성 물질임을 증명했다. 같은 해에 크누드 파버Knud Faber는 파상풍을 대상으로 예르생과 같은 현상을 발견했다. 1년 후에 에밀 베링(1854~1917)과 기타사토는 신체가 파상풍에 대항하는 항독소를 만든다는 사실을 입증했다. 베링은 또한 1890년에 디프테리아 독소를 효과적으로 중화하는 항독소를 개발했다. 이로써 베링은 혈청치료의 문을 열었다. 베링의 발견으로 어린이에게 치명적인 질병인 디프테리아로 인한 사망률이 크게 낮아졌다. 같은 시기에 파상풍균, 뱀독 등 다양한 질병 원인에 대응하는 항독소도 제안되었다. 파울 에를리히(1854~1915)는 혈청치료로 얻는 면역을 수동면역passive immunizatio이라고 명명했는데, 예방백신으로 얻는 능동면역active immunization과는 반대되는 개념이다. 에를리히는 항독소와 면역을 연구하여 자가면역질환을 최초로 발견했다. 이처럼 혈청치료가 현대 특이요법 역사의 첫 페이지를 장식했다.

병원성 미생물이 혈액에서 항체 농도를 높인다는 사실이 알려지자, 이 현상을 이용하여 장티푸스를 검사하는 위달 응집검사Widal's agglutination test가 1896년에 개발되었다. 혈청 진단법 개발의 첫출발이었다. 혈청 진단의 역사에서 눈여겨봐야 할 성과는 쥘 보르데Jules Bordet가 개발한 보체결합검사complement-fixation test(1902)와 아우구스트 폰 바세르만August von Wassermann이 개발한 매독 검사(1906)다. 베링을 포함한 일부 혈청학자는 본인의 연구 성과가 새로운 '체액병리학'의 시대를 열었다고 여기며 세포병리학의 종말을 알렸다. 그러나 파스퇴르 연구소의 엘리 메치니코프Élie Metchnikoff가 식세포작용phagocytosis을 입증하여 세포는 항체를 생산할 뿐만 아니라 침입한 세균을 섭취하고 파괴하는 등 중요한 역할을 맡는다는 사실을 밝혔다.

학자들이 병원체에 관한 새로운 지식을 쌓았음에도 수많은 전염병의 발생 원인과 전염 메커니즘은 전염 매개체의 역할이 증명되기 전까지 수수께끼로 남아 있었다. 이와 관련해 가장 주목할 만한 전염병 매개체는 1855년에 일찍이 막스 폰 페텐코퍼가 콜레라 매개체로 지목한 '건강한 인간'이다. 건강한 인간 보균자의 역할은 1890년대에 프리드리히 뢰플러, 에밀 루, 알렉상드르 예르생, 로베르트 코흐, 윌리엄 H. 파크William H. Park 등이 입증했다. 디프테리아, 콜레라, 수막염, 장티푸스, 회색질척수염, 이질의 확산에는 건강한 인간 보균자의 영향이 큰 것으로 드러났다. 감염병 발생을 이해하는 두 번째 중요한 과정은 기생 생물을 옮기는 동물 매개체를 파악하는 것이었다. 개가 광견병균과 몇몇 기생충을 전파한다는 사실은 이미 알려져 있었으며, 파리가 음식에 배설물을 누어 전염병을 퍼뜨린다는 사실도 밝혀졌다. 그러나 동물이 전염성 물질을 옮기는 과정은 파리의 일상적인 활동보다 훨씬 더 복잡했다.

다수의 동물 매개 감염에서는 질병을 일으키는 유기체가 동물 매개체의 몸에서 특정한 단계를 거치는데, 학술 용어로 숙주변경metaxeny, change of host이라 부른다. 이 현상은 1851년 G. H. F. 퀴헨마이스터G. H. F. Kuechenmeister가 조충류cestodes로 실험해 입증했다. 루돌프 로이카르트Rudolf Leuckart와 멜니코프Melnikoff는 1868년 개에 기생하는 이도 같은 단계를 거쳐 개촌충을 옮긴다는 것을 보였다. 1877년 패트릭 맨슨 경Sir Patrick Manson은 모기가 반크로프트사상충 Filaria bancrofti을 전파하는 매개체임을 밝혔다. 1889년 시어벌드 스미스와 프레더릭 킬본Frederick Kilbourne은 텍사스 소에게 열병을 일으키는 원충의 매개체가 진드기라는 사실을 확인했다. 데이비드 브루스 David Bruce는 1894년 체체파리가 아프리카 소에게 치명적인 기생충 트리파노소마trypanosoma를 옮긴다는 것을 증명했다. 브루스의 성과를 발판으로 1897년 로널드 로스 경Sir Ronald Ross은 말라리아를 옮기는 혈액 기생충의 매개체로 모기를 지목했고, 1898년 바티스타 그라시Battista Grassi는 그 모기가 학질모기속Anopheles임을 밝힐 수 있었다. 1897년 폴 루이 시몽Paul-Louis Simond과 오가타 마사노리緒方正規는 벼룩이 페스트를 옮긴다는 사실을 증명했다. 1901년 미군 소속인 월터 리드Walter Reed와 제임스 캐럴James Carroll, 제시 W. 러지어Jesse W. Lazear, 아리스티데스 아그라몬테Aristides Agramonte는 쿠바 의사 후안 카를로스 핀라이Juan Carlos Finlay가 창안한 가설을 연구하던 중 뎅기열 매개체인 이집트숲모기Aedes aegypti가 황열병도 전파함을 밝혔다. 1909년 샤를 니콜은 이가 발진티푸스를 비롯하여 참호열trench fever과 재귀열을 퍼뜨리는 것을 알아냈다. 질병 매개체의 발견은 감염자 격리보다 더욱 효과적인 전염병 예방책을 가르쳐주었다.

세균학이 발전한 결과는 놀라웠다. 세균학 덕분에 역사상 최초로 수많은 질병의 원인을 알게 되었다는 사실은 아무리 중요성을 강조해도 지나치지 않다. 증상이나 경험에 근거한 치료에서 벗어나 인과관계를 따져 질병을 치료하고 예방할 수 있게 되었다. 질병을 일으키는 물질이 '나쁜 공기miasma'인지, 화학물질인지, 혹은 살아 있는 유기체인지를 궁금해하는 질문에 마침내 확실한 답을 얻을 수 있었다. 질병의 특이성에 얽힌 궁금증이 해결되었다. 순수 과학적인 발견과 그 발견의 성공적인 응용 사이에 존재하던 격차가 어느 때보다 빠르게 좁혀졌다. 이 성과는 과거의 어느 발견보다도 일반 대중에게 의학의 잠재력을 일깨웠다. 전례 없는 규모로 전염병을 합리적으로 예방하고 치료할 수 있게 되었다. 공중보건과 외과학이 완전히 부활하면서 의학의 판도가 바뀌었다.

임상의학의 역할은 결핵이나 매독 같은 질병이 나타내는 증상에서 공통분모를 찾아 분류하는 것이었다. 이 같은 임상의학의 역할은 오늘날 더욱 분명해졌다. 과거에 순수 임상의학과 해부병리학을 바탕으로 구분했던 수많은 질병 단위가 오늘날 세균학적 발견을 토대로 규명되고 확증되었다는 사실이 놀랍다. 임상의학적 방식에 내재한 가치가 명백히 입증된 것이다. 조지프 우드워드Joseph Woodward가 주장한 '티푸스성 말라리아' 같은 소수의 질병 단위만이 허구로 드러났다.

물론 세균학도 발전하는 중에 위기나 절망을 겪었다. 세균학에 대한 열광이 한 차례 지나간 이후, 암과 여러 질환에서 발견된 수많은 세균에 병원성이 없다는 사실이 뒤늦게 밝혀졌다. 폐렴을 포함한 많은 질환에서는 세균 한 종류가 활동할 때보다 훨씬 더 복잡한 양상이 드러났다. 바이러스성 질병을 연구하는 세균학자는 일반적인 방식으로 극복할 수 없는 기술 장벽에 부딪혔다. 세균이 질병의 원인인 경우가 많긴 하지만, 세균학 초기에 생각했듯 세균이 질병 자체는 아니라는 사실이 분명해졌다. 야콥 헨레와 루돌프 피르호는 질병의 원인과 경과 사이에는 차이가 있다고 경고했으며, 두 학자의 경고는 근거가 있다고 증명되었다.

세균이 질병의 유일한 원인은 아니었다. 세균과 숙주의 물리적 접촉을 뛰어넘는 훨씬 더 많은 요소를 고려해야 했다. 세균학에 대한 맹목적인 신뢰 탓에 수십 년간 방치되었던 사회적, 지리적, 체질적 요인을 재고해야 했다. 학자들은 사회적, 경제적 요인 탓에 기생 생물이 일으키는 질병의 원인과 효과적인 치료법을 제대로 활용하지 못한다면 질병 퇴치가 불가능하다는 것을 깨달았다. 말라리아, 결핵, 매독의 사례가 이를 증명한다. 현재의 의학 지식은 그러한 질병을 근절할 만큼 축적되었지만, 사회 환경 때문에 질병이 영속된다.

과학이라는 거대한 틀 안에서 세균학의 발흥은 당대의 탁월한 생물학적 성과 중 하나일 뿐이며 한계도 분명했다. 하지만 의학 관점에서 볼 때, 세균학의 발전이 다사다난했던 19세기는 물론 기록된 모든 역사를 통틀어 가장 중요한 사건이었음에는 의심의 여지가 없다.

16장

19세기 외과학과
부인과학

19세기 외과학은 다양한 요인 덕분에 급격히 발전했다 내과학과 외과학을 차별하던 중세 관행이 사라지고 외과의가 명예를 되찾은 것을 제외하면 다음 3가지 요소가 중요했다. 바로 국소주의 강조, 마취 기술의 발전, 무균법의 등장이다. 이 요인들이 외과학 분야에 과학적 통찰을 적용할 수 있게 했다.

국소주의의 영향은 이전 장에서 논의했다. 체액병리학이 의학을 지배하는 한, 외과의는 겁을 먹은 채 수술칼을 들 수밖에 없었다. 예컨대 종양을 절제하는 것은 터무니없는 짓이었다. 종양이란 단지 체액 불균형이 불러온 증세라고 믿었기 때문이다. 게다가 같은 부위나

다른 부위에 종양이 재발하는 일도 잦았다. 그런데 외과의가 창시해 열렬한 지지를 얻은 국소주의적 병리해부학이 수술에 새로운 의미를 부여했다. 마취 기술과 무균법이 발명되기 수십 년 전부터 외과의의 수술 건수는 비약적으로 증가했다. 그러면서 골절과 창상, 성병을 치료하고 전쟁터에서 부상병의 사지를 절단하는 수술을 주로 하던 전통적인 외과의와는 다른 낯선 유형의 외과의가 등장했다.

　새로운 지식과 기술을 겸비했음에도, 외과의는 여전히 2가지 심각한 문제를 안고 일했다. 첫 번째 문제는 피할 수 없는 상처 감염이었다. '성공적'으로 마무리된 수술조차 목숨을 위협하는 패혈증 감염으로 이어졌다. 이러한 감염은 특히 라이프니츠가 '죽음의 온상'이라고 부른 병원에 만연했다. 이 시대에 환자가 병원에 가야 할지 모른다고 예상하는 순간 얼마나 큰 공포를 느꼈을지 쉽게 짐작이 간다. 병원에서 내과 환자는 '병원열hospital fever(발진티푸스)'로 사망했고, 외과 환자는 기이하게도 '병원괴저'로 목숨을 잃었다. 그런데 외과 환자의 죽음은 무균법으로 해결되었다.

　현대 무균법의 역사는 절망에 휩싸인 한 인물에서 시작된다. 현대 외과학이 승리를 거두기 수십 년 전, 무명의 산부인과 의사가 상처 감염과 발병 양상이 같은 산후열을 해결할 실마리를 발견했다. 그러고는 본인의 발견을 선물로 준비해 의학계의 발 아래에 바쳤지만, 기껏해야 비웃음을 사거나 무시당했다. 이 의사는 신빈 학파에서 가장 훌륭한 의사로 손꼽히는 이그나즈 제멜바이스(1818~1865)다. 그는 카를 로키탄스키, 요제프 슈코다, 페르디난드 폰 헤브라Ferdinand von Hebra와 친구였다.

　제멜바이스는 빈 대학교 부속병원 제1산과 병동에서 일하던 중, 제

1산과 병동과 제2산과 병동 사이 사망률의 현격한 차이를 발견하고 깜짝 놀랐다. 제1산과 병동 사망률이 제2산과보다 3배 높았다. 제1산과 병동에서는 의대생이, 제2산과 병동에서는 조산사가 교육을 받았다. 1847년 부검 보고서를 신중하게 분석한 제멜바이스는 부검실에서 나온 의사와 의대생이 불결한 손으로 제1산과 병동을 드나들어 산후열이 발생했다고 결론내렸다. 그리고 산모를 진찰하기에 앞서 염소 용액으로 손을 씻는 규칙을 도입하여 본인의 결론이 진실임을 입증했다. 결과적으로 영아 사망률은 급격히 낮아졌다. 제멜바이스는 산후열의 원인을 밝히면서 산후열과 창상열의 본질이 같다는 것도 깨달았다. 하지만 제멜바이스의 동료 의사들은 대부분 그가 주장하는 산후열 가설을 이해하지 못했고, 산후열과 창상열이 같은 원인으로 발생한다는 주장을 무시했다. 발견에 대한 대가로 병원에서 해임당한 제멜바이스는 부다페스트로 돌아가야 했다.

제멜바이스의 발견이 완벽하게 독창적인 것은 아니다. 애버딘의 알렉산더 고든Alexander Gordon, 맨체스터의 찰스 화이트 같은 18세기 영국의 산과 의사도 태아 감염의 근원이 의사에게 있다고 의심했다. 청결이 신생아 사망률을 낮춘다는 점도 파악했다. 하지만 감염 원리는 천연두와 같다고 상상했다. 이처럼 제멜바이스의 가설과 유사한 산후열 개념을 1843년 올리버 웬들 홈스가 발표했다. 그 결과 제멜바이스와 마찬가지로 적의가 담긴 저항에 부딪혔는데, 홈스는 자기 의견을 고집하지 않았다. 해부학을 가르치고 시를 쓰며 아들을 대법원 판사로 키우는 데 만족했다.

제멜바이스에게는 본인이 주창한 새 이론을 굽히지 않을 에너지와 열정이 있었다. 의사들의 무지 때문에 매년 병원에서 희생되는 산모

수천 명을 보았기 때문이다. 하지만 그의 산후열 가설에 귀를 기울이는 사람은 아무도 없었고, 제멜바이스는 동료 의사들이 고집하는 어리석고 견고한 보수주의에 맞서 싸우다가 끝내 정신이 흐려졌다. 1865년 그는 빈 정신병원에서 패혈증으로 47세에 사망했다. 제멜바이스의 저작을 1880년대에 접한 조지프 리스터는 패혈증의 원리를 외과학에 도입한 공로가 그에게 돌아가야 한다고 너그럽게 인정했다.

상처 감염과 패혈증 외에, 외과학 전반에 걸쳐 있던 두 번째 큰 문제는 외과의가 통증 조절을 위해 사용할 만한 도구가 적었다는 점이다. 따라서 환자가 극심한 통증을 느끼는 부위는 수술에 제약이 있었고, 수술 속도는 반드시 빨라야 했다. 향후 외과학이 발전하려면, 적합한 통증 조절법이 개발되어야 했다.

19세기 초반부터 에테르와 아산화질소는 일명 '에테르 유희ether frolics'라는 파티에서 오락거리로 사용되었다. 1800년 험프리 데이비 경Sir Humphry Davy을 시작으로 유럽 과학자들은 두 가스를 마취제로 사용할 수 있음을 깨달았다. 그런데 가스를 마취제로 쓰는 움직임은 미국에서 먼저 일어났다. 1844년 코네티컷에서 치과의로 일하던 호러스 웰스Horace Wells(1815~1847)는 아산화질소로 환자를 마취하는 데 성공했다. 그는 마취 성공 소식을 다른 치과의 윌리엄 토머스 그린 모턴William Thomas Green Morton(1819~1868)에게 알렸다. 한편 모턴의 스승 찰스 T. 잭슨Charles T. Jackson(1805~1880)은 마취제로 다이에틸 에테르Diethyl ether에 주목했다. 모턴은 에테르를 치과 치료에 써서 성공한 다음, 보스턴의 유명 외과 의사 존 콜린스 워런John Collins Warren에게 연락해 환자를 에테르로 마취하고 공개 외과 수술을 하자고 제안했다. 공개 수술은 1846년 10월 16일 매사추세츠 종합병원에서 진행되었고, 큰 성공을 거두었다.

보수주의자들의 반대에도, 새로운 마취 기술은 대서양 연안을 따라 엄청난 속도로 퍼져 나갔다. 그런데 마취 기술 개척자 세 명은 특허권을 둘러싸고 추악한 논쟁을 벌였다. 끝내 웰스는 자살하고, 찰스 잭슨은 정신병에 걸리고, 모턴은 전 재산을 탕진하며 모두 비극적인 죽음을 맞이했다. 역사의 아이러니는, 이들 가운데 진정 최초로 가스 마취를 한 사람은 없다는 점이다. 조지아주 대니얼스빌에 거주한 크로퍼드 W. 롱Crawford W. Long(1815~1878)이 1842년에 에테르 마취를 했다. 그러나 발견한 내용을 공개하지 않았기에 마취법 도입과는 무관한 일로 남았다.

에든버러의 산부인과 교수 제임스 영 심슨 경Sir James Young Simpson (1811~1870)은 유럽에 에테르를 처음 도입한 사람 중 한 명이다. 1847년에는 클로로폼chloroform을 마취제로 사용하기 시작했다. 클로로폼은 선풍적인 인기를 끌었고, 한때는 에테르 대신에 주요 마취제로 쓰였다. 이후 다양한 마취제가 발명되고 기술이 향상하면서 마취는 전문 분야로 자리 잡았다. 전신마취가 발명되고 40년 후에는 다양한 국소마취법도 개발되었다. 코카인 국소마취제는 1884년 카를 콜러Carl Koller가 안과학 수술에 처음 적용했다. 전도마취conduction anesthesia는 1885년 윌리엄 S. 할스테드가, 침윤마취infiltration anesthesia 는 1894년 카를 루트비히 슐라이히Carl Ludwig Schleich가 개발했다. 마취의 놀라운 가치, 그리고 마취가 생리학 실험을 비롯한 모든 수술에 불러온 커다란 변화를 이보다 더 상세하게 설명하는 것은 불필요해 보인다.

마취가 도입된 지 20년이 흐른 뒤, 조지프 리스터(1827~1912)가

그림 22 조지프 리스터   그림 23 장 마르탱 샤르코

상처 감염 문제를 다시 다루었다. 19세기 최후의 위대한 퀘이커 교도 의사 리스터는 외과 진료를 받는 수많은 사람이 사망한다는 사실에 충격을 받았다. 특히 단순골절 환자와 복합골절 환자 간의 사망률 차이에 놀랐다. 단순골절과 비교하면, 복합골절은 환부가 공기와 접촉한다는 점이 다르다. 프랑스 화학자 루이 파스퇴르가 공기 중 어디에나 세균이 존재함을 증명하자, 이에 착안한 리스터는 공기 중 세균이 상처로 들어가 치명적인 패혈증을 일으킬지 모른다고 생각했다. 그래서 파스퇴르의 발견을 고려하여, 1860년부터 쥘 르메르Jules Lemaire가 권장한 소독제 석탄산carbolic acid으로 개방골절 환부를 소독해 세균으로부터 보호했다. 리스터가 1867년부터 발표하기 시작한 연구 결과는 놀라웠다. 이윽고 리스터는 자신이 발견한 새로운 원리를 제부법制腐法, antiseptic principle이라 부르며 모든 외과학 분야에 석탄산을 도입했다. 리스터의 활약과 함께 '고름은 좋은 것'으로 여기던 시대가 막을 내렸다.

설득력 있게 연구 결과를 제시했음에도, 리스터가 제안한 제부법은 의학계에 신속하게 수용되지도 널리 퍼지지도 않았다. 1870년대 초반 리하르트 폰 폴크만Richard von Volkmann, 카를 티르슈Carl Thiersch, 요한 폰 미쿨리치Johann von Mikulicz 등 독일 의사들이 리스터의 제부법을 받아들이고 나서야 미국, 프랑스, 그리고 마침내 영국의 의사들이 뒤를 따랐다. 리스터가 고안한 어설픈 제부법은 1880년대에 베를린의 에른스트 폰 베르그만Ernst von Bergmann의 병원에서 고용의사로 일한 쿠르트 테오도어 시멜부슈Curt Theodor Schimmelbusch와 파리의 옥타브 테리용Octave Terrillon이 개선한 무균법asepsis으로 대부분 대체되었다. 리스터는 수술 도구, 상처, 외과 의사의 몸을 석탄산으로 소독했다. 그런데 시멜부슈와 테리용이 제안한 새 소독법은 수술 도구에 증기를 쐬고, 외과 의사의 손과 수술실에 각종 소독제를 뿌려 세균을 말끔히 제거했다. 제부법과 무균법이 외과학에 활기를 불어넣자, 수백 년간 병원괴저의 온상이던 수술 병동은 살아서 나갈 수 있다는 희망이 깃든 장소로 변했다.

수술이 급속도로 발전하는 과정에는 소소하지만 끊임없이 고안된 기술과 발명품이 크게 기여했다는 사실을 잊으면 안 된다. 지혈겸자 artery clamp는 1862년 외젠 쾨베를레Eugene Koeberlé와 쥘 페앙Jules Péan 이 개발했다. 윌리엄 S. 할스테드는 지혈겸자를 개선하고 수술 장갑을 도입했다. 베를린의 카를 루게Carl Ruge는 1878년 동결절편검사를 설명했다.

1880년대에 의사들은 과거에 손댈 엄두도 못 냈던 신체 부위, 이를테면 복부와 머리 내부, 관절과 척주도 다루기 시작했다. 이 시대에 복부외과를 이끈 인물로 음악가 요하네스 브람스Johannes Brahms와 친구였던 위대한 빈 외과의 테오도르 빌로트(1829~1894)가 있다. 빌로트는 1872년에 식도, 1881년에 유문pylorus, 1878년에 장 일부를 절제했다. 빌로트의 제자 안톤 뵐플러Anton Woelfler는 1881년 위소장연결 gastroenterostomy을 고안했다. 맹장수술은 1885년 취리히의 루돌프 울리히 크뢴라인Rudolf Ulrich Kroenlein, 1886년 레지널드 히버 피츠Reginald Heber Fitz가 시작했다. 담낭창냄술cholecystostomy은 1878년 제임스 매리언 심스James Marion Sims가, 신장제거술은 1869년 구스타프 지몬Gustav Simon이 집도했다. 윌리엄 메이스웬 경Sir William Macewen과 빅터 호슬리 Victor Horsley(1857~1916)는 뇌종양 및 척수종양 절제 수술을 시작했다. 호슬리는 또한 분비샘도 수술했다. 이 시기에 처음 등장한 내분비외과학은 주로 갑상샘종 환자나 그레이브스병 환자에게서 갑상샘을 제거하는 수술에 집중했다. 이 분야의 개척자로는 테오도어 코허Theodor Kocher, 자크 루이 르베르댕Jaques-Louis Reverdin, 안톤 아이젤스베르크 Anton Eiselsberg가 있다. 분비샘 수술을 시작한 초기에는 갑상샘과 부갑상샘의 기능을 알지 못한 까닭에, 유감스럽게도 갑상샘을 완전히 절제했다. 그로 인한 끔찍한 결과를 목격한 외과의들은 겸허히 실패를 인정하고 곧 수술 방식을 바꾸었다.

유방암절제술이나 탈장수술 등 오래전에 탄생한 수술은 윌리엄 S. 할스테드와 에도아르도 바시니Edoardo Bassini가 획기적으로 개선했다. 카를 티르슈는 피부 이식을 시작했다. 이 시기 활약한 영국 외과의로는 조지프 리스터와 빅터 호슬리 이외에 '패짓병Paget's diseases'으로 이름을 남긴 제임스 패짓 경Sir James Paget, 다방면으로 활약한 윌리엄 메이스웬 경, 복부외과의 버클리 모이니한 경Sir Berkeley Moynihan이 있다. 미국은 마취학 외에 부인과학에도 이바지했는데 제임스 매리언 심스, 토머스 애디스 에밋Thomas Addis Emmet, 그리고 존 라이트 애틀리John Light Atlee와 워싱턴 레뮤얼 애틀리Washington Lemuel Atlee 형제 등 탁월한 외과의가 부인과학에서 활약했다. 미국 치과 및 부인과 의사들의 기술을 유럽 의사들이 모방했다. 이때 러시아는 저명한 외과의사 니콜라이 I. 피로고프Nikolay I. Pirogov(1810~1881)를 배출했다.

산과학과 부인과학은 고대부터 내려온 외과학 전문 분야다. 외과학을 부활시킨 힘은 산과학과 부인과학에도 새 시대를 열었다. 1809년 에프라임 맥도웰Ephraim McDowell은 켄터키주 외딴 지역에서 보기 드문 용기와 지성을 발휘해 역사상 최초로 난소절개ovariotomy를 실시했다. 그리고 펜실베니아의 존 라이트 애틀리·워싱턴 레뮤얼 애틀리 형제가 맥도웰의 뒤를 이었다. 이후 난소절개는 두 영국인, 토머스 스펜서 웰스Thomas Spencer Wells와 로버트 로슨 테이트Robert Lawson Tait가 각각 1858년과 1871년 시작한 뒤 유럽에서 보편적인 수술로 자리 잡았다. 테이트는 또한 자궁외임신ectopic pregnancy 및 고름자궁관pyosalpinx 수술을 처음 시도하고 자궁절제hysterectomy를 실시했다. 이후 1878년 빌헬름 알렉산더 프로인트Wilhelm Alexander Freund가 자궁절제를 더욱 발전시켰다.

수백 년간 부인과 의사들은 방광질샛길vesicovaginal fistula을 제대로 다루지 못했다. 그러던 중 사우스캐롤라이나에서 제임스 매리언 심스(1813~1883)가 여성 노예를 상대로 실험한 끝에 1852년 방광질샛길 환자가 안심하고 받을 만한 수술법을 처음으로 고안했다. 이 시대에 활약한 미국 부인과 의사로는 토머스 애디스 에밋, 조지아의 로버트 배티Robert Battey가 있다. 제왕절개는 1876년 에두아르도 포로Eduardo Porro가, 1882년 막스 젱거Max Saenger가 기존 수술법을 개선한 이후 흔한 수술이 되었다.

카를 지그문트 크레데Karl Siegmund Crédé(1819~1892)가 부인과학에 남긴 업적은 본질적으로 외과학과 연관이 없다. 그러나 이 시기에 탄생한 새로운 수술법과 비견할 만큼 의학 분야에 유용했다. 크레데는 산모에게 태반압출expressing placenta을 실시해서 산후 과다 출혈을 막았다. 그리고 살균 소독제인 질산은silver nitrate 용액을 신생아 눈에 점안하는 간편한 시술을 도입하여, 당시 수많은 신생아에 실명을 일으켰던 임질성 감염을 방지했다.

17장

19세기 의학의
새로운 전문화

19세기에는 현대 의학의 특징인 전문 분야의 발전이 두드러졌다. 현재 미국은 활동 중인 의사 대다수가 전문의이며, 66개의 전문의 위원회가 조직되어 있다. 오늘날의 의학 전문 분야는 수백 년간 존재한 내과학, 외과학, 산과학 정도로 끝나지 않는다. 오히려 19세기부터 내과학과 외과학에서 독립한 다수의 세부 분야가 눈에 띈다.

전문 분야에서 다루는 질병은 당연히 그 분야가 등장하기 이전부터 연구되었으며, 때로는 문헌에서 별도로 서술되었다. 그런데 19세기에 과학 지식이 방대해지면서 의학자는 취급하는 질병을 처음으로 특정 신체 기관이나 기관계로 한정할 수 있게 되었고, 심지어는 그러한 관점이 필요해졌다. 게다가 검안경 등 새롭게 발명된 도구들이 전문 분야의 형성을 더욱 부추겼다. 새 도구를 제대로 사용하려면 특별한 교육을 받아야 했다. 때로는 새 도구들이 적용 분야를 송두리째 바꾸기도 했다. 국소병리학이 전문 분야의 발전에 밑거름이 되었다는 점도 기억해야 한다. 파리와 빈, 이후에는 베를린이 전문 의학의 역사에 비중 있는 역할을 담당한 것은 우연이 아니다. 의학 외적인 요소들, 특히 많은 환자가 꾸준히 발생하는 대도시나 여러 중소도시가 전문 분야 성장에 영향을 미쳤다. 일반 시민은 의학의 전문화를 환영하는 동시에 수요를 창출하여 전문 분야가 오늘날처럼 거대하게 성장하도록 뒷받침했다. 하지만 일반 내과의와 일반 외과의를 대표하는 의사 집단은 전문화에 반대했는데, 과거에는 전문 직업인이라면 이리저리 떠돌아다니는 석공이나 검안사처럼 평판이 좋지 않은 직업을 떠올렸기 때문이다. 전문화에 따르는 위험성도 예견되었다. 의료계에 뿌리박힌 보수주의, 환자 감소에 대한 우려 등 그다지 고상하지 않은 이유로 전문화에 대한 반감이 커졌다.

발전 양상은 모든 전문 분야가 비슷했다. 신생 분야의 전문의는 대개 가난한 사람들을 무료로 치료해주는 특수 진료소를 개설하며 경력을 시작했는데, 그러면 경쟁 의사의 반발이 적었다. 전문 분야가 일단 자리 잡으면 일반 진료소가 설립되었다. 이어서 대학에 강의가 개설되고, 협회가 문을 열고, 전문 학술지가 창간되었다.

의학의 전문화를 이야기할 때 전문 분야를 외과학과 내과학 두 부류로 나누면 편리하다. 초기 외과학의 전문 분야에 속하는 정형외과는 본질적으로 근래에 발명된 새로운 도구의 산물이 아니었고, 국소주의, 마취술, 무균법 등 전문 외과학이나 일반 외과학의 성장을 견인한 요소의 산물도 아니었다. 오히려 불우 아동에 대한 인도주의적 관심이 불러온 결과로, 계몽주의의 영향을 받았다. 이 사실은 1741년 '정형외과orthopédie, orthopedics'라는 용어를 만든 니콜라 앙드리Nicolas Andry(1658~1742)의 저작에 또렷이 드러난다. 1780년 장 안드레 브넬은 스위스에 기형아 연구소를 최초로 설립했다. 걸출한 외과의들이 활약한 병원 의학 시대에는 자크 마티외 델페시, 루이스 스트로마이어, 야코프 폰 하이네 등의 정형외과의도 있었다. 그 당시 정형외과의들은 무균법을 몰라서 활동에 제약이 있었고, 피하 수술에만 의존해야 했다. 밸런타인 모트Valentine Mott는 1840년 뉴욕에 정형외과 연구소를 설립하는 데 실패했지만, 하이만 베렌트Heimann Berend가 1851년 베를린에 연구소를 여는 데 성공했다. 1875년부터 1900년까지는 대학 부속 정형외과가 곳곳에 개원했다. 정형외과 수술과 외과학이 함께 성장했다. 아돌프 로렌츠Adolf Lorenz가 제시한 선천고관절탈구 치료법과 같은 보수적인 처치 방식도 효과가 있는 것으로 판명되었다.

물리치료 또한 수백 년간 뒷전으로 밀려나 있다가 계몽주의 시대에 재조명받았다. 정형외과와 관련 있는 체조와 안마에 특히 관심이 집중되었다. 장 자크 루소, 요한 페터 프랑크, 사뮈엘 오귀스트 티소 등 여러 사람이 물리치료법에 주목했다. 이들의 연구는 프랑스 학자 르네 데주네트René Desgenettes, 샤를 론데Charles Londe, 프란시스코 아모로스Francisco Amoros, 그리고 독일의 체조클럽 '터너스Turners'가 계승했다. 1813년 스웨덴의 비의료인 페르 헨릭 링Per Henrik Ling이 고안한 보건체조는 체조 분야에 강한 자극을 주었다. 또 다른 스웨덴인 J. G. W. 산데르J. G. W. Zander는 체조 기구를 도입했다. 1850년대에 프랑스의 피에르 마뉴Pierre Magne와 아메데 보네Amédée Bonnet는 히포크라테스의 저술을 깊이 분석하고 체조를 부흥시켰다. 사혈과 약물 치료를 회의적으로 보는 관점도 체조의 발전을 이끌었다. 1870년대에는 카를 모젱가일Karl Mosengeil이 실험과학적 방식으로 체조를 연구하고, 테오도르 빌로트, 콘라트 랑겐베크, 에른스트 폰 베르그만을 비롯한 저명한 외과의가 체조에 주목했다.

안과학은 18세기 말까지 돌팔이 의사의 손에 맡겨져 있었다. 1748년에 자크 다비엘Jacques Daviel은 백내장 수술을 크게 개선했다. 저명한 물리학자이자 공학자이자 이집트학자인 퀘이커 교도 토머스 영Thomas Young(1783~1829)은 빛의 굴절에 관한 많은 문제를 해결했다. 영의 업적은 19세기 초 의학자들이 안과학을 깊이 탐구하는 데 밑바탕이 되었다. 요제프 바르트Joseph Barth는 1812년 빈에서 최초의 안과학 교수가 되었다. 존 C. 손더스John C. Saunders는 1805년 영국에 안과 병원을 최초로 설립했고, 1820년에는 동료 의사들의 반대를 무릅쓰고 뉴욕에도 안과 병원을 최초로 설립했다. 1851년 헤르만 헬름홀츠가 검안경을 발명하고 프란스 C. 돈더르스Frans C. Donders가 빛 굴절의 기초를 연구하면서, 안과학은 놀랄 만큼 발전했다. 안과학 수술은 다른 일반적인 외과학 분야와 나란히 발전했으며, 특히 홍채절제iridectomy, 백내장 및 사시strabism 수술을 도입한 알브레히트 폰 그레페Albrecht von Graefe(1828~1870)가 이 분야를 선도했다. 1860년에는 대학에 안과학 강좌가 개설되었고, 1870년대에는 대학 부속 안과 병원이 문을 열었다. 16장에서 언급했듯, 1884년에는 카를 콜러가 안과학 수술에 국소마취를 도입했다.

이과학耳科學, otology은 본래 안과학과 융합되어 있었는데, 의학 이론이 정교해지고 새로운 진단법이 개발되면서 두 분야는 다른 외과학과 같은 발전 단계를 밟아나갔다. 정밀해진 이과학 이론은 1821년 장 마크 가스파르 이타르(1773~1838)가 발표한 저술에서 드러난다. 천공 거울은 부르크슈타인푸르트의 프리드리히 호프만Friedrich Hofmann(1806~1886)이 1841년 발명하고, 빈의 아담 폴리처Adam Politzer(1835~1920)가 보급했다. 작가 오스카 와일드Oscar Wilde의 부친 인 더블린의 윌리엄 로버트 와일드 경Sir William Robert Wilde(1815~1876) 과 독일 할레의 헤르만 슈바르체Hermann Schwartze(1847~1916)는 1870년대에 꼭지돌기절제mastoidectomy를 고안하여 이과학 발전사 에 이름을 남겼다. 꼭지돌기절제는 최근 화학요법이 급격하게 발전하 면서 중요도가 낮아졌다. 이과학 대학 강좌는 1860년대 독일에 처음 개설되었다.

비과학鼻科學, rhinology과 후두과학喉頭科學, laryngology은 비교적 늦게 발전했다. 두 분야는 안과학과 분리된 이과학과 결합하고 나서야 독 립된 분야로 인정받았다. 이 분야의 발전을 견인한 기초 기술로 간접 후두경 검사indirect laryngoscopy가 있다. 과거에도 많은 사람이 후두 경 검사를 시도했으나, 1854년 비의료인 스페인 가수 마누엘 가르시 아Manuel García가 후두경 검사에 얽힌 문제를 처음 해결했다. 빈의 루 트비히 튀르크Ludwig Tuerck와 요한 네포무크 체르마크Johann Nepomuk Czermak 또한 각각 1857년과 1858년에 해법을 찾았다. 1873년 후두 학회가 뉴욕에 설립되었다. 1880년대에 비중격 수술과 부비강 수 술이 발전하는 과정에는 국소마취의 공로가 컸다. 기관지 내시경 검사는 1898년 마인츠의 구스타프 킬리안Gustav Killian이 제안하고, 1900년 필라델피아의 슈발리에 잭슨Chevalier Jackson이 구현했다.

이비인후과학의 역사는 여러 전문 분야를 가르는 경계가 변화할 수 있음을 명확하게 드러낸다. 새로운 분야의 융합은 늘 발생한다. 원래 안과학과 결합했던 이과학이 훗날 비과학 및 후두과학과 합쳐졌다. 그리고 기관지 내시경은 본래 후두과학에서 중요했으나, 지금은 흉부외과학 등 다른 전문 분야에도 쓰이고 있다. 비뇨기과학urology 발전을 이끈 기초 도구는 1824년 파리에서 소개된 결석쇄석기lithotripsy였다. 그다음으로 중요한 발명품인 방광경cystoscope은 1876년 빈의 막스 니체Max Nitze가 개발했다.

내과학 분야도 외과학 분야와 비슷하게 발전했다. 소아과학은 정형외과학과 마찬가지로 계몽주의 철학에서 성장 동력을 얻었다. 프랑스 철학자 장 자크 루소는 건전한 자녀 양육의 중요성을 강조했다. 조지 암스트롱George Armstrong(1767), 윌리엄 캐도건William Cadogan(1748), 그리고 스웨덴의 닐스 로센 본 로센스테인(1752)이 집필한 저서는 계몽주의 소아과학을 잘 드러낸다. 소아과학은 특정 연령대에 적용되는 내과학이므로, 내과학의 발전 양상을 그대로 따랐다. 병원 의학 시대에 소아과학이 어땠는지는 프랑스의 샤를 미셸 비야르(1800~1832)가 결핵으로 요절하기 4년 전인 1828년에 발표한 논문에 담겨 있다. 이 논문으로 비야르는 소아과학의 르네 라에네크가 되었다. 19세기 후반 프레데릭 릴리에Frédéric Rilliet와 앙투안 바르테즈Antoine Barthez가 파리의 병원 의학 정신을 담아 집필한 논문은 소아과학의 고전으로 남았다. 영국 병원 의학을 대표하는 소아과 의사로는 찰스 웨스트Charles West(1818~1891)가 있다. 벨기에의 아돌프 케틀레Adolphe Quetelet(1796~1874)는 통계 연구에 전념하여 의학의 관점에서 어린이의 생물학적 특성을 밝히는 데 큰 도움을 주었다. 어린이 병원은 1802년 파리, 1852년 런던에서 처음으로 문을 열었다.

19세기 후반 소아과학 분야에서 진행된 실험 연구는 음식물의 화학 구성 성분을 분석하고 신진대사 작용을 알아내는 데 도움이 되었다. 당시에는 우유와 모유의 성분을 분석하는 일이 무척 중요했다. 이 일은 1848년 프란츠 지몬Franz Simon과 1869년 필리프 비데르트 Philipp Biedert가 완수했다. 일반 내과학 못지않게 세균학도 소아과학에 영향을 미쳤으며, 조직학이 발전하면서 소아 혈액학에 대한 이해도가 깊어졌다. 당대 탁월한 소아과 의사로는 요한 프리드리히 빌헬름 카메러Johann Friedrich Wilhelm Camerer, 에밀 페어Emil Feer, 테오도르 에셰리히Theodor Escherich, 하인리히 핑켈슈타인Heinrich Finkelstein, 아달베르트 체르니Adalbert Czerny, 오토 호이브너Otto Heubner, 토머스 M. 로치Thomas M. Rotch 등이 있으며, 이들 모두 유아 양육에 관심이 많았다.

피부과학dermatology은 18세기에 이론이 정교해졌으며, 이 사실은 1777년 앙투안 샤를 로리Antoine Charles Lorry의 선구적 저술에 드러난다. 장 루이 알리베Jean Louis Alibert(1768~1837)는 18세기 의학 체계에 강한 영향을 받았음에도 피부과학 이론의 진정한 창시자가 되었다. 그가 창안한 이론은 곧 영국 퀘이커 교도 로버트 월런Robert Willan이 제시한 더욱 근대적인 이론 체계로 대체되었다. 피부과학 학파를 창시한 빈의 페르디난트 폰 헤브라(1816~1880)는 조직학적이며 병리학적인 방식으로 피부과학에 접근했다. 레몽 사부로Raymond Sabouraud(1864~1938)와 파울 우나Paul Unna(1850~1929)는 세균학 관점에서 피부과학을 탐구한 대표적인 인물이다. 피부과학은 1870년대에 전문 분야로 독립했다.

피부과는 전통적으로 매독 및 성병 연구와 연관 있었다. 19세기를 대표하는 매독학자로는 볼티모어 출신 프랑스인 필리프 리

코르Philippe Ricord(1799~1889)와 장 알프레드 푸르니에Jean-Alfred Fournier(1832~1914)가 손꼽힌다. 리코르는 임질과 매독을 구분하고, 매독의 경과를 3단계로 정리했다. 푸르니에는 매독에 관한 모든 것을 다뤘으며, 특히 매독과 척수의 연관성(이동실조locomotor ataxia)을 규명한 연구로 이름을 남겼다. 푸르니에가 성과를 낸 시기에 독일 신경학자 빌헬름 에르프Wilhelm Erb도 척수매독에 관한 연구 결과를 발표했다. 조너선 허친슨 경Sir Jonathan Hutchinson(1828~1913)은 선천매독heredosyphilis 연구로 유명하다. 알베르트 나이서Albert Neisser, 아우구스토 두크레이Augusto Ducrey, 프리츠 샤우딘Fritz Schaudinn이 성병을 유발하는 유기체를 발견한 덕분에, 20세기에 들어 성병을 진단하고 치료하는 기술이 극적으로 성장했다. 지난 40년간 매독 발병률이 낮아진 결과, 피부과학-성병학은 물론 정신과학과 신경학의 판도도 크게 변화했다. 신경학에는 신경외과 수술이 발전한 결과도 많이 반영되었다.

신경과학은 오랜 세월 내과학의 범주에 속했다. 이 때문에 기초 신경해부학과 신경생리학의 발전이 늦어졌고, 독립 분야로서 발전한 시기도 뒤처졌다. 19세기에도 여전히 미개척 분야였다는 점에서, 신경과학은 수많은 임상의에게 매력적이었다. 게다가 신경과학이 실험실 연구에 의존함에도, 다른 어느 전문 분야보다 과거의 병원 의학적 요소를 지닌다는 점도 흥미로웠다. 니콜라우스 프리드라이히Nicolaus Friedreich, 빌헬름 에르프, 에른스트 폰 라이덴Ernst von Leyden, 헤르만 노트나겔Hermann Nothnagel, 헤르만 오펜하임Hermann Oppenheim, 하인리히 퀸케Heinrich Quincke, 아돌프 스트륌펠Adolf Struempell 등을 배출한 독일의 신경학파는 모리츠 롬베르크Moritz Romberg가 창설했다. 롬베르크는 1846년 신경 질환을 최초로 다룬 논문에서 이동실조의 징후를 기술했다. 기욤 뱅자맹 뒤셴Guillaume Benjamin Duchenne(1806~1875)은 19세기 프랑스 신경학의 선구자다. 뒤셴은 전기 진단과 전기요법을 폭넓게 활용했다. 또 숨뇌마비bulbar paralysis를 묘사하고, 앞뿔anterior horn에 일어난 병변 때문에 회색질척수염이 발병한다고 설명했으며, 척수의 뒤기둥posterior column에 일어난 병변 때문에 이동실조가 일어난다고 규명했다. 끊임없이 샘솟는 학구열을 발휘하며 뒤셴은 40년간 파리 병원의 병실을 오갔다. 성격이 수줍고 말주변이 없어서 공식적인 직위에 한 번도 오르지 못한 그는 일평생 소수의 사람에게만 천재성을 인정받았다.

병리학자이자 임상의로 평생을 살았던 장 마르탱 샤르코(1825~1893)는 방대한 신경학 자료를 보유한 파리 살페트리에르 병원으로 1862년에 부임하면서 신경학에 관심을 집중했다. 그가 개설한 신경과 강좌에는 전 세계 학생들이 몰려들었다. 평생 임상 관찰에 몰두한 샤르코는 당대를 대표하는 임상의다. 신경과 의사로서 이동실조(매독 때문에 관절이 변형되고 이동실조를 겪는 질병을 샤르코관절병증Charcot's arthropathy이라 부름), 히스테리, 근위축증을 연구한 업적으로 가장 널리 알려져 있다. 이후 프랑스 신경학의 전통은 샤르코의 제자 피에르 마리Pierre Marie(1853~1940), 쥘 데제린Jules Déjerine(1849~1917), 조제프 바빈스키Joseph Babinski(1857~1932)가 계승했다. 마리는 말단비대증 acromegaly을 설명하고 뇌하수체 병리학과 연관시켰다. 바빈스키는 특히 반사 연구로 유명하며, 히스테리에 관한 새로운 개념을 제시해 스승 샤르코의 개념을 대체했다.

영국 신경과학을 대표하는 인물은 존 휼링스 잭슨John Hughlings

Jackson(1834~1911)이다. 그는 실어증과 대뇌피질 병변에 뒤따르는 경련을 연구한 것으로 유명하다. 신경학 진단에 검안경을 도입하려고 노력하기도 했다. 또 일반 생물학의 진화론에서 영향을 받아 형성된 개념인 중추신경계의 '통합 수준' 개념을 확립하는 과정에 중요한 역할을 했다. 당대에 돋보이는 미국 신경학자로 필라델피아의 사일러스 위어 미첼Silas Weir Mitchell(1829~1914)이 있는데, 그가 제안한 휴식 요법은 전 세계에 전파되었다. 미첼은 성공한 시인이자 소설가이기도 했다. 1869년 뉴욕의 조지 밀러 비어드George Miller Beard는 신경쇠약 개념을 제시했다.

정신과학은 신경과학과 합쳐져 하나의 전문 분야가 되었다. 정신 질환은 궁극적으로 뇌의 질병이자 신경계의 질병이기에, 그러한 통합은 이치에 맞는다. 사실 불완전마비나 노인성 치매의 경우, 뇌에서 생긴 병리학적 변화로 입증될 수 있다. 그러나 조현병schizophrenia, 편집병, 조울증manic-depressive state 같은 주요 정신 질환은 해부학적 혹은 생리학적 근거가 발견되지 않았으며, 다른 의학 분야와 비교할 때 병인에 관한 지식도 축적되지 않았다. 많은 학자가 한 세기 넘게 포괄적으로 연구했음에도 상황은 여전하다. 따라서 정신과학은 다른 의학 분야와는 다른 수준으로 취급할 수밖에 없다. 다른 의학 분야와 비교해 정신과학에서 도출된 성과는 정신과학자의 능력과는 무관하게 상당히 뒤떨어진 경우가 많다. 반면 정신과학이 다루는 범위는 다른 분야보다 훨씬 넓다. 정신 질환을 비롯한 모든 질병에는 정신 장애와 관련된 요소가 있다.

정신과학이 모든 의학 분야 중에서 최근에 탄생했다는 점을 알면, 이 분야가 비교적 발달하지 않은 상태라는 사실을 쉽게 짐작할 수 있다. 계몽주의 덕분에 의학자들이 다시 정신 질환을 다루고, 환자를 구경거리로 만들거나 범죄자도 수감했던 정신병 환자 수용소가 정신병원으로 서서히 변모한 후에야 정신과학은 발전할 수 있었다. 그제야 정신병 환자가 진지하게 연구된 것이다. 신경증 환자는 통원 치료가 가능했기에 상황이 나은 편이었다. 신경증은 토머스 시드넘, 조지 체인, 토머스 트로터 같은 임상의가 주목했다. 다른 의학 분야에서는 18세기 혹은 그 이전 시대에 질병의 예후, 분류, 사변적 체계 등이 나타났지만 정신과학에서는 그러한 특징이 19세기라는 늦은 발전기에 등장했다.

앞에서도 언급했듯, 피넬은 1801년에 혁신적인 정신과학 저술을 발표했으며 1794년에는 정신병원에 인도주의적인 치료 방식을 도입했다. 영국 퀘이커 교도 윌리엄 투크William Tuke는 피넬이 내세운 방식과 유사한 인도주의적 원칙을 바탕으로 1796년에 정신병 환자 보호시설을 세웠다. 피넬의 제자 장 에티엔 도미니크 에스키롤 (1772~1840)이 이끈 프랑스의 정신과 의사 집단이 피넬의 뒤를 따랐다. 에스키롤의 위대함은 독단적이지 않은 태도에서 나왔다. 그는 신체적, 심리적 관점에서 병인을 해석하거나 정신 질환을 분류하지 않았고, 그 대신 임상 관찰에 전념했다. 그리고 자위행위 등 정신이상을 일으키는 원인으로 지목된 것들이 실제로는 정신병 증상에 불과하다고 여겼다. 에스키롤은 계몽주의 시대의 합리주의자들이 정신 질환을 지나치게 이성적 관점에서 보았다고 주장하면서 근본적으로는 감정과 정서, 당시 어휘로 '도덕'적 관점에서 정신 질환을 치료해야 한다고 여겼다. 에스키롤이 내세운 치료법 또한 독단과 거리가 멀었다. 그는 정신병원의 환경을 개선하는 데 이바지했고, 일찍이 공중보건과 의학 통계의 중요성을 강조했다.

　프랑스 학파 앙투안 로랑 벨Antoine Laurent Bayle은 1822년에 불완전 마비를 발견하는 성과를 세웠다. 이 질환은 당시에 심각할 만큼 퍼졌다. 에스키롤은 정신병원 수용자의 50퍼센트가 마비 환자라고 주장했다. 장 피에르 팔레Jean Pierre Falret와 쥘 베야르제Jules Baillarger는 1853년 순환정신이상circular insanity을 설명했다. 에티엔 장 조르제 Etienne-Jean Georget는 일찍이 1820년에 뇌가 정신 질환에 미치는 영향을 강조했다. 당시 영국 정신과학자 중에는 강제 치료 금지를 주장한 존 코널리John Conolly(1794~1860)와 1835년 논문에서 도덕적 광기 개념을 제시한 제임스 C. 프리처드James C. Prichard가 두각을 드러냈다.

　빌헬름 그리징거(1817~1868)의 활약으로 정신과학의 주도권이 독일로 넘어왔다. 그리징거는 구충빈혈hookworm anemia을 발견하는 등 전염병학에서 활약하고, 반낭만주의에 기반한 생리학을 독일에 전파하며 이름을 날렸다. 독일의 정신과학은 19세기 초 '신체학자 somaticist(신체와 정신을 통합한 전체론적 관점에서 정신 치료에 접근함-옮긴이)'와 '심리학자psychologist' 간의 무의미한 싸움에 힘을 쏟았다. 크리스티안 F. 나세Christian F. Nasse와 카를 W. M. 야코비Carl W. M. Jacobi 는 신체학자를 대표하고, 요한 하인로트Johann Heinroth와 카를 W. 이델러Karl W. Ideler는 심리학자를 대표한다. 그리징거는 자아 구조ego structure, 소원 실현wish fulfillment, 좌절rustration처럼 참신하게 들리는 심리학적 개념을 만들고 통합하려 했다. 그리고 역동적으로 심리학에 접근하고, 병의 증상에만 초점을 맞추지는 않았다. 그리징거와 그를 따르는 학파는 신체주의를 지지했다. 그리징거는 또한 농촌의 공동체와 가정을 후원하며 실용을 추구한 개혁가였다.

신체주의somaticism는 베네딕트 모렐Bénédict Morel(1809~1873)과 자크 모로 드 투르Jacques Moreau de Tours(1804~1884)가 주창한 퇴화 이론degeneration theory의 지지를 얻었으며, 훗날 체사레 롬브로소Cesare Lombroso(1836~1909)가 대중에게 보급했다. 그러나 뇌에서 정신 질환을 유발한 병터를 찾는 것보다 차라리 성흔聖痕, stigmata을 찾는 편이 더 쉬워 보였다. 다윈주의의 유행은 기본적으로 타고난 유전적 특성이 운명을 결정한다는 관념을 강화했다.

오늘날의 정신 질환 분류 체계는 에밀 크레펠린Emil Kraepelin(1856~1927)이 세웠다. 크레펠린은 빌헬름 분트Wilhelm Wundt가 내세운 신경생리학에 기반한 심리학을 통해 정신과학을 발전시키려 했다. 크레펠린이 실험실에서 피로와 알코올의존증이 정신에 미치는 영향을 연구한 결과는 사실상 그의 주요 업적이 아니다. 그가 남긴 놀라운 업적은 임상 관찰에 있다. 카를 칼바움Karl Kahlbaum에 뒤이어 크레펠린은 단편적인 증상(흥분, 우울증 등)을 분석 근거로 삼지 않고, 시간 흐름에 따라 질병의 전체적인 그림을 그렸다. 조발치매, 편집병, 조울증으로 정신 질환을 분류한 크레펠린의 방식은 이전의 어떠한 분류법보다 실용적이며 현실에 가까운 듯 보이지만, 여전히 증상에만 치중했다. 크레펠린의 연구에는 또한 심리학과 정신요법을 모색한 흔적이 거의 없다. 이 같은 크레펠린의 성향을 더욱 부추긴 인물은 조발치매 개념을 조현병으로 대체한 오이겐 블로일러Eugen Bleuler(1857~1939)였다. 에른스트 크레치머Ernst Kretschmer가 체형 및 성격과 정신병의 연관성을 탐구하고 집필한 저서 《신체 구조와 성격Constitution and Character》(1921)은 체형 연구와 정신과학 연구 양쪽에 시사점을 남겼다.

19세기 말 정신과학은 막다른 골목에 다다랐다. 주류였던 신체주의는 정신 질환을 만족스럽게 설명하지 못했고, 효과적인 치료법도 제시하지 못했다. 기욤 페뤼Guillaume Ferrus가 시작한 작업요법occupational therapy은 1870년대에 일반적으로 활용되었다. 적게나마 고안된 치료법은 무계획적이며 경험과 증상에만 집중했다. 현재 성공적으로 자리 잡은 신체 치료법에도 그와 같은 결점이 남아 있다.

정신 질환 치료가 이처럼 사람들에게 실망과 좌절을 안겼던 상황을 알면, 지그문트 프로이트와 그의 추종자들이 내세운 정신분석 이론이 현대 정신과학에 커다란 영향력을 행사하게 된 이유를 쉽게 이해할 수 있다. 본래 신경생리학자였던 프로이트는 정신 질환의 원인이 신체에 있다고 믿었다. 그러나 치료법을 제시하지 못하는 신체주의는 잠시 접어두고, 접근 가능한 심리학적인 관점에서 연구해보기로 과감히 선언했다. 그리고 정신 질환을 일으키는 동력을 심리학 측면에서 이해하려 했다. 과학적으로 따지면 프로이트가 창안한 이론에는 근본적으로 문제가 있었지만, 시도해볼 만한 치료법이 초라할 만큼 없는 상황에서 실용적이고 진보적인 그의 체계를 수많은 사람이 열렬히 받아들인 것은 당연했다. 정신분석은 기존 정신요법처럼 조현병이나 조울증 같은 정신 질환에는 효과가 없었지만, 히스테리나 강박신경증을 치료하는 데에는 유용했다.

정신분석학자들은 현대 정신요법의 창시자로 당대에 돌팔이 의사 취급을 받았던 프란츠 안톤 메스머(1734~1815)를 지목한다. 인간에게서 특수한 자기력magnetic force을 발견한 메스머는 그 힘이 안수按手를 통해 전달된다고 믿었다. 그리고 자기력 개념을 바탕으로 치료 체계를 구축해 엄청난 성공을 거두었다. 하지만 그는 근본적으로 돌팔이 의사도 신비주의자도 아니었다. 18세기를 상징하는 합리주의자이자 사변적인 분류학자였다. 메스머는 다만 너무 늦게 태어난 까닭에, 사변적 체계가 허물어지고 자기력이 널리 알려져 그의 주장이 반박당하는 시대를 살았다는 점에서 불운했다. 전 역사에 등장하는 수많은 치료사와 마찬가지로, 메스머는 존재하지 않는 자기력이 아닌 강력한 암시 때문에 본인이 성공했음을 알지 못했다. 아마도 그는 환자에게 직접 최면을 걸지는 않았을 것이다. 메스머의 치료법은 제자 마르키스 드 퓌세귀르Marquis de Puységur가 발전시켰다.

영국의 존 엘리어슨John Elliotson(1791~1868)도 최면술mesmerism을 열렬히 지지했다. 그러나 최면술은 근본 이론이 폐기되고 최면의 결과만 수용된 이후에 과학적으로 발전할 수 있었다. 1843년 《신경수면학, 혹은 신경성 수면의 근거Neurypnology, or the Rationale of Nervous Sleep》를 발표한 제임스 브레이드James Braid(1795~1861)가 최면술을 발전시켰다. 메스머의 최면술과 무관하게, 영국 외과의들은 인도의 최면술을 습득했다. 4장에서 언급했듯, 제임스 에스데일은 환자에게 최면을 걸고 외과 수술을 집도했다. 프랑스에서는 앙브르아즈 오귀스트 리에보Ambroise-Auguste Liébeault와 이폴리트 마리에 베른하임Hippolyte-Marie Bernheim이 암시를 토대로 체계적인 정신 치료법을 개발했으며, 장 마르탱 샤르코가 이끈 살페트리에르 학파는 최면술에 우호적이었다.

오스트리아의 젊은 신경학자 지그문트 프로이트(1856~1939)는 파리와 낭시에서 새로운 심리 치료법을 연구했다. 이후에 빈으로 돌아온 그는 1881년에 비슷한 연구를 시작한 요제프 브로이어Joseph Breuer와 협력하여 새 치료법을 탐구했다. 훗날 정신분석학으로 불린 두 학자의 업적은 1893년 히스테리를 다룬 책을 통해 처음 대중에게

그림 24 미국 클라크 대학교를 방문한 지그문트 프로이트(1909)

첫째 줄 왼쪽부터: 프란츠 보아스Franz Boas, E. B. 티치너E. B. Tichener, 윌리엄 제임스William James, 윌리엄 스턴William Stern, 레오 부르게르슈타인Leo Burgerstein, G. 스탠리 홀G. Stanley Hall, 지그문트 프로이트, 카를 G. 융Carl G. Jung, 아돌프 마이어Adolf Meyer, H. S. 제닝스H. S. Jennings

둘째 줄 왼쪽부터: C. E. 시쇼어C. E. Seashore, 조지프 재스트로Joseph Jastrow, J. McK. 카텔J. McK. Cattell, E. F. 뷰흐너E. F. Buchner, E. 카체넬렌보겐E. Katzenellenhogen, 어니스트 존스Ernest Jones, A. A. 브릴A. A. Brill, 윌리엄 H. 번햄William H. Burnham, A. F. 체임벌린A. F. Chamberlain

셋째 줄 왼쪽부터: 앨버트 신즈Albert Schinz, T. A. 매그너T. A. Magni, B. T. 볼드윈 B. T. Baldwin, F. 라이먼 웰스F. Lyman Wells, G. M. 포브스G. M. Forbes, E. A. 커크패트릭E. A. Kirkpatrick, 샨도르 페렌치Sandor Ferenczi, E. C. 샌퍼드E. C. Sanford, J. P. 포터J. P. Porter, 산쿄 간다Sakyo Kanda, 히코소 가키세Hikoso Kakise

넷째 줄 왼쪽부터: G. E. 도슨G. E. Dawson, S. P. 헤이스S. P. Hayes, E. B. 홀트E. B. Holt, C. S. 베리C. S. Berry, G. M. 휘플G. M. Whippl, 프랭크 드류Frank Drew, J. W. A. 영J. W. A. Young, L. N. 윌슨L. N. Wilson, K. J. 칼슨K. J. Karlson, H. H. 고다드H. H. Goddard, H. I. 클로프H. I. Klopp, S. C. 풀러S. C. Fuller

발표되었다. 이 책에서 언급된 바와 같이, 두 학자는 최면에 걸린 환자에게 과거의 정신적 충격이나 심리적으로 억제당한 경험을 말하도록 유도하며 환자를 치료했다. 이 치료법에는 '카타르시스catharsis'라는 이름이 붙었다. 이러한 치료 방식은 과거인 1889년에 샤르코의 제자 피에르 자넷Pierre Janet이 활용했다. 이후 프로이트는 브로이어와 결별하며 최면을 포기하고, 심리학과 정신병리학의 중심 주제로 성적 충동 억제를 내세우는 본인만의 정교한 이론 체계를 개발했다. 학파 창시자이자 저술가로서 프로이트가 발휘한 지성과 재능과 용기 덕분에 그의 이론 체계는 전 세계로 전파되었다. 의사와 환자의 합리적 사고가 아닌, 고대부터 전해 내려온 암시와 고백을 바탕으로 정신분석가가 성공했다고 주장하는 사람들조차 프로이트가 주창한 이론과 치료법에 내재한 요소는 수용했다. 프로이트의 여러 제자 가운데 본인만의 확고한 심리학 체계를 구축한 인물은 카를 구스타프 융 Carl Gustav Jung(1875~1961)과 알프레드 아들러Alfred Adler(1870~1937) 뿐이다. 아들러는 '열등감inferiority complex'이라는 핵심 개념을 고안하여 심리학에 기여했다. 하지만 정신과학은 약물 중독을 다룰 때는 여전히 무기력하다. 미국의 금주법(1920~1933)은 사회를 개혁하고 정신질환을 예방하려는 거창한 시도였으나 완전히 실패했다.

전문 분야의 발달과 맞물려 탄생한 근대 간호학도 여기서 언급해야 한다. 19세기 중반까지 간호는 수녀나 교육을 받지 않은 하층 계급 출신 조수들이 맡았다. 최초의 간호학교는 1836년 독일 성직자 테오도어 플리트너Theodor Fliedner가 라인강 유역 카이저스베르트에 설립했다. 플리트너의 학교는 탁월한 재능과 끈기를 겸비한 상류 계급 출신 영국 여성 플로렌스 나이팅게일Florence Nightingale(1820~1910)

에게 깊은 인상을 남겼다. 크림전쟁기에 나이팅게일은 열악한 야전병원에서 놀라운 업적을 세우며 권력과 권한을 얻었고, 이는 영어권 국가에서 일하는 다른 간호사들에게도 큰 힘이 되었다. 1860년 나이팅게일은 영국의 성 토머스 병원에 간호학교를 열었다. 1849년 미국 최초로 여성 의사가 된 엘리자베스 블랙웰Elizabeth Blackwell(1821~1910)은 1873년에 미국 최초의 간호학교를 설립했다. 20세기에 들어 간호학은 여러 분야로 차례차례 세분화되었고, 그 결과 실험실 기술자, 엑스레이 기사, 의료사회복지사 등 새로운 의료 전문가가 탄생했다. 이 같은 혁신으로 의료 서비스가 크게 향상한 한편 의료비도 상승했는데, 병원에서 과거보다 비용이 많이 드는 장비로 환자를 치료하기 때문이다.

18장

19세기 공중위생과
전문직의 발달

윌리엄 오슬러 경은 근현대를 예방의학의 시대라고 불렀다. 서구
국가의 기대 수명이 1850년 40세에서 1950년 70세로 급등한 근대
의학의 성과가 치료 의학이 아닌 예방의학에서 나왔다는 사실이 오
슬러 경의 말에 신빙성을 부여한다. 예컨대 새로운 항생제가 경탄할
만한 치료제인 것은 맞지만, 우유를 저온살균하는 다소 평범한 절차
만큼 많은 생명을 구하지는 못했다. 올리버 웬들 홈스는 '사망자 통
계는 이러저러한 의료 행위보다 하수도 시설에 더 큰 영향을 받는다'
라고 말하며 일찍이 예방의학을 강조했다. 하지만 예방의학은 평이
하고 지루한 속성 탓에 의학사에서 의붓자식 취급을 당했고, 대중은

그러한 시각에 공감했다. 이 책에서조차 예방의학사는 임상의학사의 들러리 노릇을 한다. 그러나 이따금 정치적 영향력이 작용한 결과 일부 지역에서는 예방의학이 무한한 가능성을 인정받고 있다.

개인위생과 공중위생은 세균학에 막대한 빚을 졌다. 게다가 종교적 혹은 철학적 의미에 가려져 특정 행동이 예방의학적 조치임을 인지하기 어려운 때도 있지만, 인류 사회만큼 예방의학도 역사가 깊다는 사실을 잊어서는 안 된다. 앞에서 선사시대, 이집트 문명, 바빌로니아 문명, 고대 유대 문명, 로마 문명, 그리고 중세 시대에도 예방의학이 존재했음을 확인했다. 계몽주의가 결실을 맺어 18세기 예방의학이 어떻게 변화했는지도 살펴보았다. 그러한 변화가 새로운 과학적 통찰의 결과라기보다는, 공중보건 개선을 위하여 무언가를 해야 한다는 의지와 요구의 산물이라는 것도 알게 되었다. 이 같은 접근 방식이 성과를 거두면서 새로운 발견으로 이어졌다는 사실도 깨달았다. 공중보건 개선을 향한 의지는 19세기 최초의 예방의학 운동, 즉 위생 운동sanitary movement의 특징이기도 하다.

세균학자들이 위대한 발견을 하기 전부터 위생 운동은 진행되고 있었다. 제러미 벤담Jeremy Bentham 같은 사상가가 주창한 공리주의 철학에 자극받은 위생 운동은 새로운 산업사회의 요구를 받아 성장했다. 페스트, 한센병, 괴혈병, 천연두는 본질이 밝혀지기도 전에 서유럽과 중앙유럽에서 사라졌다. 그러나 유럽인들의 건강 상태는 여전히 끔찍했다. 말라리아가 시골 빈민가에서 유행하고, 발진티푸스와 장티푸스와 결핵이 도시 빈민가에 퍼졌다. 1830년 이후 콜레라가 네 차례에 걸쳐 유럽을 포함한 전 세계에 빈부를 막론하고 유행한 사건이 예방의학을 발전시킬 강력한 동기를 부여했다. 로베르트 코흐는 위생을 개선하기 위한 투쟁에서 콜레라가 '최고의 협력자'라고 언급했다. 환자를 서서히 죽이는 결핵이나 장티푸스보다 환자를 빠르게 죽이는 콜레라는 입법자들이 훨씬 더 신속한 대책을 세우도록 공포심을 자극했기 때문이다.

공장의 비위생적인 환경은 많은 아동이 노동 현장에서 일해야 했던 시절에 더욱 끔찍했다. 19세기 중반에 이르러 대도시 사망률이 치솟자 공장이 일손을 충분히 확보할 수 있을지, 그리고 유럽 대륙의 군대가 신체 건강한 병사를 충분히 징집할 수 있을지 심각한 의문이 제기되었다. 감염병과 유행병의 온상이었던 대도시 빈민굴은 빈민층은 물론 부유층의 건강과 생명까지 위협했다.

계몽주의에서 파생한 위생 운동이 18세기 말과 19세기 초의 영국과 독일에서는 쇠퇴한 듯하다. 그러나 프랑스에서는 계속 활발하게 진행되었다. 이 시기에 프랑스는 다른 대부분의 의학 분야에서 그랬듯 위생 분야에서도 선두를 달렸다. 프랑스 위생학자들, 특히 르네 루이 빌레르메(1782~1863)의 업적은 독일, 영국, 미국 저술가들에게 영감을 불어넣었다. 그러나 프랑스의 위생 운동은 1848년 공중위생법을 제정한 영국이 대규모로 거둔 실제적 성과에 가려졌다.

영국에서 새롭게 일어난 위생 운동은 비의료인 변호사 에드윈 채드윅Edwin Chadwick(1800~1890)이 이끌었다. 채드윅은 철학자이자 경제학자인 제러미 벤담의 비서이자 제자였다. 벤담은 최대 다수의 최대 행복을 위해 노력한 공리주의자다. 채드윅은 1842년 노동계급의 건강을 논하는 보고서를 발표하여 추악하고 위험한 실태를 고발했다. 영국에 채드윅이 있듯, 미국에는 1850년 매사추세츠 위생위원회에 유명한 보고서를 제출한 보스턴 사업가 레뮤얼 섀턱

Lemuel Shattuck(1793~1859)이 있었다. 채드윅에게 가장 가까운 협력자는 제러미 벤담의 또 다른 제자인 사우스우드 스미스Southwood Smith(1816~1904)였다. 채드윅이 제시한 통계적 증거는 1839년 윌리엄 파William Farr(1807~1883)가 중앙등기소Registrar General's office에서 영국인의 사망 원인을 조사하고 발표한 탁월한 통계 자료가 뒷받침한다. 당대에 저명했던 영국 공중보건학자 중에서는 존 사이먼 경 Sir John Simon(1816~1904)이 가장 큰 영향력을 발휘한 듯하다. 런던의 첫 보건 책임자였던 사이먼은 나중에 중앙보건위원회General Board of Health 의료 책임자로 일했다. 당시 보건위원회는 질병과 관련하여 그릇된 '오물 이론'을 제시했지만, 놀라운 성공을 이뤘다. 오물 이론에 따르면, 전염성 미생물이 아닌 부패한 물질에서 유래한 나쁜 증기가 유행병을 퍼뜨린다. 하지만 배경 이론과 관계없이 빈민가에서 배출한 오물을 치우는 일은 보건에 도움이 되었다.

전염병 확산을 깊이 있게 이해한 인물로는 전염병학자 존 스노John Snow(1813~1858)와 윌리엄 버드William Budd(1811~1880)가 손꼽힌다. 스노는 1849년 콜레라가 수인성 전염병임을 밝혔고, 1854년 브로드가Broad Street의 펌프를 다룬 논문에서 본인의 주장을 입증했다. 버드는 1856년 장티푸스 또한 수인성 전염병임을 증명했다. 1845년 페로 제도에 창궐한 홍역을 연구한 피터 패넘Peter Panum도 전염병학에 이정표를 세웠다.

이 무렵 독일에서는 막스 폰 페텐코퍼(1818~1901)가 주도하여 위생 운동이 활발하게 전개되었다. 지하수가 전염병의 원인이라고 주장한 페텐코퍼는 전염에 관한 그릇된 가정을 바탕으로 연구했고, 세균학을 수용하지 않았다. 1892년에는 인체에 치명적인 콜레라균 배양액을 마시기도 했다(이전에 가벼운 감염으로 면역이 있었는지, 콜레라에 걸리지는 않았다). 하지만 그는 현실적으로 수많은 업적을 남겼다. 피르호가 베를린에서 그랬듯이 페텐코퍼는 뮌헨을 건강한 도시로 만들었다. 상수도 시설과 하수처리법을 개선하는 등 공중보건 대책을 마련하는 것은 물론, 노련한 생리학자 겸 화학자로서 위생과 관련된 모든 측면을 누구보다 먼저 실험, 분석하고 위생이 의식주에 미치는 영향을 체계적으로 조사해 발표했다. 그러한 점에서 페텐코퍼는 현대 위생학의 아버지였다. 1865년 뮌헨 대학교에 처음 개설된 실험위생학 강좌에서 학생들을 가르치기도 했다.

세균학이 탄생하기 이전 위생학자들은 '불결과 악취'에 맞서 싸웠다. 이들의 활동은 완벽하지는 않았으나, 줘나 이처럼 수많은 질병을 일으키는 원인과 매개체를 없애는 데 크게 기여했다. 세균학 이전의 위생 운동은 과밀 주택, 오염된 상수도, 더러운 하수도, 변질된 식품, 아동노동을 상대로 투쟁하는 데 집중했다. 전염병 환자를 격리하는 일에도 앞장섰다. 노동자가 납lead이나 인phosphorus과 접촉하여 중독되는 위험한 작업 환경을 개선하라고 촉구하기도 했다. 학교 위생은 피르호와 헤르만 콘Hermann Cohn이 나서서 개선했다. 서유럽은 1850년 이후부터 기존보다 발전한 상하수도를 설치했다. 1860년대에 위생학 강좌가 개설되었고, 1870년에는 식품법이 제정되었다.

세균학은 놀랄 만큼 예방의학을 발전시켰다. 이제는 특정 질병을 직접 겨냥하는 공격이 방어를 대신했다. 식수와 우유 공급을 관리하고, 보균자를 통제하고, 예방접종을 실시하면서 장티푸스와 디프테리아 발병률이 빠르게 감소했다. 황열병 매개체가 모기라는 것이 밝혀진 이후, 윌리엄 크로퍼드 고거스William Crawford Gorgas(1854~1919)는 쿠바와 파나마에서 황열병 퇴치 운동을 이끌며 눈부신 성공을 거두고 세계적인 유명인사가 되었다. 말라리아 또한 모기가 매개체임이 밝혀지며 효과적으로 통제되었다. 말라리아 퇴치 운동은 이 병의 매개체가 모기임을 알아낸 로널드 로스 경이 지휘했다. 고거스도 말라리아 퇴치에 한몫했다. 수인성 전염병과의 전쟁은 공기 전파 전염병과 비교하여 전반적으로 성과가 좋았다.

예방의학은 전염병에만 국한되지 않았다. 1871년과 1876년에 루트비히 히르트Ludwig Hirt, 알렉상드르 레예Alexandre Layet, 프란츠 오일렌부르크Franz Eulenburg가 산업 위생을 주제로 발간한 소책자는 유럽이 이 분야에 얼마나 관심이 많았는지를 알려준다. 미국에서는 앨리스 해밀턴Alice Hamilton이 직업병을 탐구하여 우수한 성과를 냈다. 영양소 관리 체계가 발전하고 확산하자 아동 사망률이 큰 폭으로 낮아졌다. 1917년 갑상샘종 퇴치 운동을 전개한 데이비드 마린David Marine은 식수에 요오드가 부족한 지역에서 요오드 소비를 장려했다. 독일은 1884년에 국가건강보험이 탁월한 보건 대책이라는 것을 증명했다.

예방의학자들은 법 집행에만 전적으로 의존하지 않고 국민을 교육하는 일에도 집중했다. 그리하여 위생 기준이 완벽하게 바뀌었다. 예컨대 1백 년 전에는 아플 때만 목욕을 했다. 미국은 예방의학의 한 갈래인 정신위생학을 개척했다. 정신위생학은 오래전부터 의사들이 개별적으로 추진해왔으나, 1909년 뉴욕에서 정신위생 운동이 시작되며 널리 보급되었다.

공중보건 운동은 새로운 유형의 의사, 즉 진료하지 않는 의사를 탄생시켰다. 역사상 처음으로 수많은 의료인이 개별 환자를 치료하지 않고 집단의 건강만을 다루기 시작했다. 진료하지 않는 의사의 한 형태로, 19세기 중반 이후 더욱 중요한 역할을 맡은 기초의학자가 있다. 여러 의과대학 교수와 노벨상 수상자를 보면 알 수 있듯, 비의료인 출신도 기초의학자로 활약할 수 있다.

진료하지 않는 의사의 출현은 19세기에 새로운 과학이 발전하면서 의학계에 일어난 수많은 변화 가운데 하나일 뿐이다. 내과학과 외과학의 분리 등의 해묵은 문제가 의학계에서 사라졌다. 교육 과정을 이수한 이발사는 의사가 되고, 발치사toothpuller는 치과 의사가 되고, 향미사spicer는 약사가 되고, 대장장이blacksmith는 수의사가 되었다. 과학이 발전하자, 1840년대 의사들에게 고통을 주었던 지위 하락 문제가 해결되었다. 하지만 과학 발전은 또 다른 새로운 문제를 초래했다. 1백 년은커녕 50년 전과 견주어도 비교할 수 없을 만큼 의료 기술이 향상하자, 의료비 또한 비교할 수 없을 만큼 비싸졌다. 1870년에 미국인이 진료실에서 진료받을 때는 25센트, 집에서 진료받을 때는 50~70센트를 냈다. 그런데 의료 교육, 특히 전문 의료 교육에 막대한 비용이 투자되고 치료 장비도 비싸지면서, 현대 의사는 과거보다 훨씬 더 높은 비용을 청구할 수밖에 없게 되었다. 의료비는 부분적으로 오늘날 미국인의 건강 실태의 부정적인 측면을 설명해준다. 이를테면 제2차 세계대전 시기 청년 2천2백만 명 가운데 40퍼센트가 징병 검사에서 불합격당했다. 의료 수요는 차츰 증가하고 있으나, 경제적으로 어려운 수많은 가정이 여전히 의료 체계에 접근하지 못하고 있다. 이 같은 상황은 정부가 나서서 의료 문제를 해결하도록 압박하고, 많은 사람이 복지국가를 지향하도록 이끌었다.

국가는 이미 결핵과 정신 질환 치료를 떠맡고 있다. 결핵은 만성질환이므로, 국민 대다수는 치료비를 계속 부담하기가 버겁다. 러시아는 1864년부터 일부 지역정부가 의사직을 통제했고, 1917년 혁명 이후에는 공직의사와 외과 군의관을 고용하여 국립병원을 독점적으로 운영했다. 독일은 1884년 의무 건강보험 제도를 시작했으며, 이후 유럽 각국이 비슷한 제도를 채택했다. 영국의 의료 체계는 제2차 세계대전 이후 폭넓게 확장했다. 그런데 국가보험 제도는 보장성 문제뿐만 아니라 의사의 윤리 의식 및 성실성과 관련해서도 갈등을 일으켰다. 미국은 의무 건강보험이 정치적 목적으로 악용될 수 있다는 우려가 제기되면서 주요 개혁을 미뤘다. 1965년 의료법이 제정되기까지, 미국은 문제 해결의 돌파구를 자선사업으로만 마련했다. 공립병원이나 자선단체에서 운영하는 사업이 여기에 해당한다. 한편으로 미국 의학계는 협동 진료를 활성화하여 기존 의료 관행을 새로운 환경에 적용하려고 시도했다. 협동 진료로 가장 유명한 병원은 미네소타주 로체스터에 설립된 메이요Mayo 클리닉이다. 1860년대부터는 여성도 의과대학에 입학했다. 시간이 흐를수록 의료 교육을 받을 기회를 더 많이 얻은 여성들은 의학의 판도를 바꾸었다.

중세 시대 의사는 성직자를 겸했기에 경제적으로 보장받을 수 있었다. 그러나 근대에 들어 성직자 지위를 잃은 의사들은 공개 시장에서 경쟁하는 가게 주인이 되었다. 의사가 부족하여 소수의 부유한 환자를 주로 진료하는 환경에서는, 의사끼리 경쟁하여 일어나는 문제가 그리 심각하지 않았다. 일반 시민은 이발사 겸 외과의가 맡아 치료했다. 그러나 산업자본주의가 성장하면서 의사와 예비 환자는 많아지고, 상대적으로 부유한 사람은 적어졌다. 의사 간의 경쟁, 그리고 의사와 돌팔이들 간의 경쟁은 의사라는 직업에 재앙이 되었고, 의사들의 교육 수준은 악화되었다.

윤리 강령을 마련해 의사 간의 경쟁을 관리하려는 시도는 18세기부터 시작되었다. 토머스 퍼시벌의 윤리 강령이 그 예다. 19세기에는 이러한 시도가 전보다 체계적으로 진행되었다. 의료계는 규모가 큰 의사 집단을 만들어야만 합리적인 범위에서 경쟁을 유지하고 전문성을 높일 수 있음은 물론, 국가의 도움을 받아 돌팔이 의사에 대항할 수 있음을 깨달았다. 그러한 과제는 19세기 중반 출범한 거대 의사 집단, 이를테면 1832년 설립된 영국의학협회British Medical Association, 1847년 설립된 미국의학협회American Medical Association, 1872년 설립된 독일의사협회German Aerzte Verein가 맡아 성공적으로 달성했다. 물론 사회주의 국가에는 그러한 노조 조직이 없다. 소련은 의사 중 75퍼센트가 여성이며, 전문 의사와 외과 군의관의 수가 비슷하다.

19장

1900년대 이전의
미국 의학

세계 의학사와 관련 있는 미국의 의학적 사건은 앞에서 언급했다. 짧은 미국사에서는 그러한 사건이 자주 발생하지 않았다. 오히려 이처럼 짧은 미국사에 그토록 많은 사건이 발생했다는 사실이 놀랍다. 미국에서 거주하고 일하는 사람에게 미국 의학사는 의미가 더욱 크다. 미국인들이 일상에서 경험하는 의료 체계에는 보편적인 의학사와 함께 미국만의 독특한 전통도 담겨 있다. 따라서 1900년까지의 미국 의학 발전사를 간략하지만 폭넓게 짚어보면 도움이 될 것이다.

미국은 새로운 국가였다. 그러나 뿌리는 오래된 문명에 확고히 자리 잡고 있었다. 따라서 미국은 가능한 한 신속하게 유럽의 모국이 남긴 업적을 수용해야 한다는 문제에 직면했다. 그러한 측면에서, 미국 의학이 형성되던 시기에는 첨단 지식을 올바르게 전달할 의학 교육과 교육의 표준을 구축하는 일이 무엇보다 중요했다.

초기 식민지 시대에는 의사가 거의 없었으며 소수의 외과 의사만 있었다. 메이플라워호를 타고 미국으로 건너온 승객들은 도착한 지 3개월 만에 절반이 사망하는 등 건강 상태가 처참했다. 하지만 오늘날까지도 의사는 한 사회의 건강 상태보다 부의 상태에 의존하고 있다. 세계 여러 지역의 초기 문명과 중세 유럽에서 그랬듯, 신생 식민지에서도 유일하게 교육받은 사람은 성직자였다. 그러므로 의료 관행을 성직자들이 계승했다는 사실은 그리 놀랍지 않다. 예를 들어 메이플라워호를 타고 온 새뮤얼 풀러Samuel Fuller는 의학과 신학 분야에서 두루 활동했고, 그의 아내는 조산사로 활동했다. 1677년 보스턴에서 출판된 미국 최초의 의학서로 천연두를 다룬 소책자가 의사 겸 성직자였던 토머스 대처Thomas Thatcher의 저술이라는 것도 우연은 아니다. 성직자 코튼 매더Cotton Mather는 마녀사냥 옹호자로 유명하지만 의학 분야에서는 다소 합리적이고 용감하게 행동했다. 영국 왕립학회 회보에서 새로운 접종법에 관한 글을 읽은 그는 1721년 유행병에 실제로 적용해보자며 보스턴의 내과의 잡디엘 보일스턴Zabdiel Boylston을 설득했다. 가엾은 보일스턴은 과감한 행동에 대한 대가로 격렬하게 비난당했다.

식민지 시대를 끝내고 독립국가가 된 미국은 문화적, 물질적 부를 축적하여 수준 높은 문명을 이루었다. 이러한 발전은 의학 분야, 특히 필라델피아에서 의학이 달성한 우수한 성과에 반영되었다. 미국 문화가 낳은 벤저민 프랭클린과 토머스 제퍼슨 같은 인물들은 전 세계적으로 일어난 계몽주의 운동에 이바지했다. 미국에서 유럽으로 망명한 왕정주의자 벤저민 톰슨과 윌리엄 찰스 웰스William Charles Wells 는 유럽 과학의 등불이 되었다. 미국 최초의 병원은 프랑스 식민지와 스페인 식민지에 병원이 설립되고도 한참 뒤인 1752년에 벤저민 프랭클린의 주도로 필라델피아에 세워졌다. 1765년 미국 최초의 의과 대학도 필라델피아에서 문을 열었다. 이때까지 의사를 양성하는 과정은 도제제도가 유일했는데, 의사 지망생은 4년에서 7년 동안 선배 의사 밑에서 실습생으로 일해야 했다. 이 제도는 고대 그리스와 인도에서 발견되는 고대 의학 교육으로의 회귀였다. 미국에서 도제 교육을 받은 후 유럽에서 대학을 다니며 지식을 강화한 의사는 극소수였다. 1775년 미국에는 의사가 대략 3천5백 명 있었는데, 이 중 4백 명만이 대학교에서 의학 학위를 받았으리라 추정된다. 유럽에서 발표한 모든 통계와 달리 내과의와 외과의가 합산된 수치인데, 미국은 내과의와 외과의를 구분하는 바람직하지 못한 풍토가 자리 잡은 적이 없었기 때문이다. 척박했던 미국 의학 초기에는 유럽 의학의 엄격성까지는 이식되지 못했고, 이후 미국의 환경이 개선되고 난 이후에도 다행스럽게 내·외과를 분리하는 분위기가 형성되지 않았다. 이러한 분위기 때문에 미국에서 일찍이 외과학이 발달할 수 있었다. 18세기 후반 뉴욕과 뉴저지 같은 주에서 의료 행위에 대한 법적 규제가 확립되기 시작했으나, 19세기에 미국이 폭발적으로 팽창하는 사이에 폐기되었다. 의학이 널리 보급되는 시기에는 도제제도가 그리 형편없는 교육 체계는 아니었다. 의사 지망생을 훌륭하게 가르친 스승도 많았다. 전반적인 의학 교육 수준은 아마도 18세기 말이 19세기 중반보다 더 높았을 것이다.

당시 외국에서 교육받을 여력이 있는 미국인은 세계 의학의 중심지였던 영국 에든버러로 대부분 눈을 돌렸다. 미국 학생들은 냉철하게 판단하여 유럽 학교를 선택했으므로, 그들의 선호도는 당대를 선도한 의학 중심지가 어디였는가를 알려준다. 이 시기는 미국 의학사에서 '에든버러 시대'로 정의할 수 있는데, 나중에는 '파리 시대'와 '독일 시대'도 등장한다. 필라델피아 의과대학 설립자이자 한때 워싱턴 군대의 보건 총감이었던 존 모건John Morgan(1735~1789)도 에든버러에서 공부했다. 모건의 숙적이었던 산부인과 의사 윌리엄 시펜 주니어William Shippen, Jr.나 서인도 '마른 복통dry gripes'에 관한 독창적인 저술을 남긴 내과의 토머스 본드Thomas Bond와 토머스 캐드월러더 Thomas Cadwalader, 그리고 해부학자 캐스퍼 위스터Caspar Wistar, 외과의 필립 싱 피직Philip Syng Physick 등 미국 의학 초기에 필라델피아에서 활약한 인물들 모두 에든버러에서 수학했다.

당시에 가장 유명했던 미국 의사 벤저민 러시Benjamin Rush(1745~1813)도 6년간 존 레드먼John Redman과 함께 에든버러에서 공부했다. 러시는 벤저민 프랭클린과 마찬가지로 계몽주의를 대표하는 인물이다. 미국 독립선언문 서명자인 그는 노예해방, 금주, 사형 폐지, 화폐개혁을 포함한 여러 대의명분을 옹호했다. 러시는 처음에 정신과학과 인류학에 흥미가 있었다. 에너지가 넘치고 임상 관찰도 뛰어났지만, 친한 동료들이 그에게 붙여준 '미국의 시드넘'이라는 별명은 다소 과장되었다. 임상학에서 러시는 시드넘의 추종자라기보다 18세기의 질병분류학자였다. 그는 존 브라운이 구축한 질병 분류 체계를 변형했는데, 모든 질병을 항진증과 무력증으로 구분한 브라운과 달리 일원론자로서 질병을 단 한 종류로 규정했다. 또 사혈과 하제를 과감하

그림 25 벤저민 러시

게 적용하기를 권했으며, 본인도 그러한 방법으로 질병을 치료했다. 1793년 필라델피아에서 황열병이 유행한 이후 러시는 미국의 반전염 론자들을 이끌었다.

또 다른 미국 의학의 중심은 하버드 대학교였다. 에든버러와 레이 덴에서 공부한 벤저민 워터하우스Benjamin Waterhouse(1754~1846)가 이곳에서 교수로 일했다. 1800년 토머스 제퍼슨의 지지를 얻은 워터 하우스는 거센 저항에 맞서 예방접종을 도입했다. 당시 세 번째로 유 명했던 의학의 중심지는 뉴욕이다. 자랑할 만한 인물로는 에든버러에 서 수학한 새뮤얼 바드Samuel Bard(1742~1821)와 데이비드 호잭David Hosack(1769~1835)이 있었다. 조지 워싱턴George Washington의 주치의였 던 바드가 1777년에 디프테리아를 주제로 집필한 저술은 고전이 되 었다.

19세기에 들어 미국 의대생들은 의학계의 찬란한 대도시 파리로 눈을 돌리기 시작했다. 파리에서 가장 인기가 많았던 교수는 임상 통계학의 주인공 피에르 샤를 알렉상드르 루이Pierre Charles Alexandre Louis다. 프랑스 교수들도 훌륭한 인재를 배출했지만, 이전의 영국이나 이후의 독일 교수들만큼 막강한 영향력을 행사하지는 않았다. 회의주 의적 관점에서 진단과 치료를 대하는 프랑스 의학계의 성향이 미국의 공리주의적 태도와 맞지 않았기 때문일 것이다. 피에르 루이는 앨프리 드 스틸Alfred Stillé(1813~1900), 윌리엄 페퍼William Pepper(1810~1864), 윌리엄 W. 거하드William W. Gerhard(1809~1872) 등 필라델피아에서 활약한 임상의들을 가르쳤다. 거하드는 1837년 장티푸스와 발진 티푸스를 구분하여 의학 연구에 훌륭한 성과를 남겼다. 당대에 필 라델피아에서 활동한 학자 중 뛰어난 인물로는 해부학자 윌리엄

E. 호너William E. Horner(1793~1853), 박물학자 조지프 레이디Joseph Leidy(1823~1891), 신경학자 사일러스 위어 미첼의 아버지 존 K. 미첼 John K. Mitchell(1793~1858) 등이 있다. 미첼은 1849년 말라리아가 진균으로 전파된다는 이론을 제안하여 전 세계적으로 주목받았다.

루이의 유명한 제자로 뉴잉글랜드에서 활동한 올리버 웬들 홈스는 산후열을 연구했다. 이외에 미국의 열병에 관한 완벽한 저술을 남긴 엘리샤 바틀릿Elisha Bartlett(1804~1855), 공중보건의 선구자 헨리 잉거솔 보디치(1808~1892)가 루이의 제자였다. 루이가 가장 아낀 제자는 젊은 나이에 비극적으로 사망한 제임스 잭슨 주니어James Jackson, Jr.(1810~1834)다. 이 시기에 뉴잉글랜드에서 이름을 날린 외과의로는 공개 수술에서 윌리엄 토머스 그린 모턴이 에테르로 마취한 환자를 수술한 존 콜린스 워런(1778~1856), 에테르 마취법을 발표한 헨리 J. 비글로Henry J. Bigelow(1818~1890)가 있다. 뉴욕에서 파리 학파를 대표해 활약한 인물로는 알론조 클라크Alonzo Clark(1807~1887)가 있다.

미국은 19세기 전반에 3가지 중요한 업적을 세워 의학계에 깊은 인상을 남겼다. 첫 번째는 수준 높은 부인과 수술이다. 16장에서 언급했듯 에든버러 졸업생 에프라임 맥도웰이 최초의 난소절개를 했다. 두 번째인 마취법 또한 16장에서 설명했다. 세 번째 중요한 업적은 윌리엄 보몬트William Beaumont(1785~1853)가 1822년부터 1833년까지 수행한 위 생리학stomach physiology 연구다.

미국이 외과학과 치과학에 남긴 업적은 외과학과 내과학을 분리하지 않아서 얻게 된 보상인 동시에, 젊은 나라에 조성된 특수한 환경에 따른 필연적인 결과였다. 제임스 매리언 심스, 밸런타인 모트, 헨리 J. 비글로, 새뮤얼 D. 그로스Samuel D. Gross(그로스는 걸출한 병리학자이기도 했음) 같은 외과의는 기술과 과감성을 발휘해 세계적으로 명성을 누렸다. 윌리엄 보몬트의 생리학 연구는 의학 역사에서 가장 존경할 만한 업적이다. 간단하게 도제 교육을 받고 군의관이 된 보몬트는 황량한 국경지대에서 근무하며 환자 알렉시스 세인트 마틴Alexis St. Martin의 위에 발생한 위루gastric fistula로 위 생리학을 연구했다. 보몬트가 연구한 결과는 오랫동안 알려지지 않았다. 당시 미국은 의학 분야가 성숙하지 않은 상태였다. 성장하는 미국 중서부의 국경 지역 의학자들은 처음에는 실용적인 연구에 집중했다. 당대를 대표하는 연구로 버펄로의 오스틴 플린트 시니어Austin Flint, Sr.(1812~1886)의 임상 연구, 시카고의 대니얼 브레이너드Daniel Brainerd(1812~1866)의 의과학 및 교육 연구, 대니얼 드레이크Daniel Drake(1785~1852)의 의료지리학 및 교육 연구가 꼽힌다. 드레이크가 30년간 개인적으로 경험한 바를 기록한 기념비적인 저술《북미 내륙 계곡의 질병Diseases of the Interior Valley of North America》(1850~1854)은 의료지리학 고전의 반열에 올랐다.

19세기 전반 미국 의학자들은 이처럼 탁월한 업적을 남겼으나, 시간이 갈수록 상황이 악화했다. 미국 남부 지역, 특히 버지니아, 켄터키, 테네시, 루이지애나에 조성되었던 의학의 중심지가 남북전쟁으로 파괴되며 쇠퇴했기 때문이다. 미국 서부 국경은 빠르게 확장되었으나 법적 규제가 존재하지 않았던 탓에, 교육 수준이 낮아졌고 무자비한 상업주의가 만연했다. 사립학교에서 운영하는 단기 교육 과정이 독버섯처럼 여기저기 생겨난 까닭에 도제제도는 거의 폐지되었다. 그러한 단기 교육 과정이 어떠한 수준이었는지는 개설된 과정의 수만 봐도 짐작할 수 있다. 19세기 미국에 설립된 의과 학교는 4백 곳이 넘었다.

일리노이에는 39곳, 미주리에는 42곳이 있었다. 1910년 미 전역에는 여전히 의과대학 148곳이 남아 있었으며, 1930년이 되어서야 자격을 갖춘 기관 76곳으로 줄었다. 한때는 질 낮은 교육조차 제공하지 않는 '학위 공장'들이 졸업장을 발급했다.

　문제는 의사의 양이 아닌 질이었다. 대중은 점차 동종요법이나 절충주의를 내세우는 의사에게 신뢰를 보내면서 의학계의 변화에 맞섰다. 좋은 자질을 갖춘 의사들은 업계를 철저히 정화해야 한다는 것을 깨닫고 1847년에 미국의학협회를 설립했다. 19세기 미국의 의학 교육은 해부 반대론자들의 저항에 부딪혔다. 지금도 생체 해부 반대론자들이 의학 연구를 방해하고 있으나, 해부에 대한 편견은 이제 대부분 사라진 듯하다. 19세기 후반까지도 전통 의학은 계속해서 강한 영향력을 행사했고, 이 때문에 크리스천사이언스Christian Science, 접골요법osteopathy, 척추지압법chiropractics 같은 분야가 힘을 얻었다.

　19세기 말 수십 년 동안 미국 의학은 독일에서 공부하거나 독일의 영향을 받은 사람들이 주도권을 잡고 기초과학적 교육법과 실험실 의학을 도입하면서 영광을 되찾았다. 그 과정에 존스홉킨스 그룹과 그 그룹의 4인방, 즉 윌리엄 오슬러 경(1847~1919), 윌리엄 S. 할스테드(1852~1922), 윌리엄 H. 웰치(1850~1934), 하워드 켈리Howard Kelly(1850~1934)가 앞장섰다. 1893년 볼티모어에 문을 연 존스홉킨스 의과대학은 미국 의학 교육에 지대한 영향을 미쳤다. 주요 인물인 윌리엄 '팝시Popsy' 웰치는 율리우스 콘하임과 카를 루트비히 밑에서 공부했고, 존스홉킨스 의과대학에서 독일 대학의 전형적인 연구법과 연구시설을 장려했다. 또 1901년 설립된 록펠러 재단의 정책을 수립하는 데 중요한 역할을 했는데, 이 정책은 장차 미국에서 진행되는 연구 개발과 후원에 막대한 영향을 주었다.

미국 의학 교육이 개혁되는 과정에 지대한 역할을 한 주체는 존스 홉킨스 의과대학이지만, 몇몇 오래된 학교도 교육 발전을 위해 진지하게 노력했음을 잊어서는 안 된다. 하버드 대학교는 1871년, 펜실베이니아 대학교와 시러큐스 대학교는 1877년, 미시간 대학교는 1880년에 3년제 교육 과정을 도입했다. 1871년 하버드 대학교는 카를 루트비히의 제자이자 국제적으로 권위 있는 생리학자였던 헨리 피커링 보디치(1840~1911)를 교수로 초빙하고 생리학 실험실을 열게 했다. 새로운 의학이 이내 성공을 거두면서 미국 공리주의자들의 관심을 끌었고, 대중은 다시 의학을 받아들였다. 그 덕분에 세균학에서 시어벌드 스미스, 월터 리드, 사이먼 플렉스너가 훌륭한 업적을 세울 수 있었다. 뒤이어 하워드 T. 리케츠Howard T. Ricketts, 프랜시스 P. 라우스Francis P. Rous, 퍼시 모로 애시번Percy Moreau Ashburn, 한스 진서Hans Zinsser, 막스 타일러Max Theiler도 세균학에 놀라운 성과를 남겼다. 미국 의학자들이 생화학 분야에 남긴 공로는 20장에서 다룰 것이다. 오토 폴린Otto Folin과 도널드 반 슬라이크Donald van Slyke도 빼놓을 수 없다. 미국 의학자들은 유전학에서도 훌륭한 연구 결과를 냈다. 유전학 분야의 이러한 성과는 공중보건학 분야의 성과와 함께 대부분 1900년 이후 나왔다.

유럽에서는 의학 교육 규제에 관한 문제가 수백 년 전에 해결되었지만, 미국에서는 20세기 초에 마침내 해결되면서 새로운 의학과 연구가 자리 잡았다. 그러한 문제 해결에는 미국의학협회와 록펠러 재단이 주로 나섰다. 에이브러햄 플렉스너가 발표한 보고서도 도움이 되었다. 또한 미국에서는 의료 문제를 해결하기 위해 '의사 보조physician assistant'라는 직종을 신설했다.

이 시기 미국 의학사에 남은 업적으로, 세계에서 가장 훌륭한 의학 도서관인 육군 의학도서관Surgeon General's Library(현재는 미국 국립의학도서관National Library of Medicine) 설립을 빼놓을 수 없다. 이 도서관이 설립되면서, 의학 문헌 관리를 돕는 2가지 귀중한 도구인 국립의학도서관의 '분기별 색인'과 '색인 총람'이 만들어졌다. 국립의학도서관이 눈부시게 성장하는 과정에는 존 쇼 빌링스John Shaw Billings (1838~1913)가 크게 공헌했다. 빌링스는 존스홉킨스 의과대학의 설립과 위생 개혁에도 이바지했으며, 뉴욕 공립도서관을 부흥시켰다. 성격이 다소 근엄한 빌링스는 많은 이에게 사랑받은 윌리엄 '팝시' 웰치처럼 매력적인 인물은 아니었지만, 19세기 말부터 20세기 초까지 미국 의학 발전을 촉진한 공로는 인정받아야 마땅하다.

교육 기준이 엄격해지면서 자연스럽게 의사 면허 허가 절차도 강화되었는데, 대학 출신 의사가 도제 출신 의사는 물론 돌팔이 의사와도 경쟁해야 하는 상황을 의과대학 측이 우려했기 때문이다. 그리하여 19세기 후반부터 수십 년에 걸쳐 공신력 있는 국가 면허 기관이 설립되었다. 이러한 변화 때문에 미국 의학은 세계 의학을 주도하는 데 필요한 동력을 얻었다. 제1차 세계대전 이후 미국 학생들은 대학원 진학을 위해 유럽으로 가지 않아도 되었다. 오히려 유럽 학생들이 미국으로 오는 풍조가 생겼다.

20장

에필로그

20세기 의학 추세

20세기 의학의 발자취와 업적은 앞에서 살펴본 역사와 비교할 때 의미가 같을 수는 없다. 지난 50년간의 성과들은 발생 간격이 촘촘하고, 학자가 개인적으로 성과를 달성하고, 관련 자료가 방대한 까닭에 어느 것이 역사에 길이 남을 만한지 객관적으로 판단하기 힘들다. 내가 의학에 입문한 60년 전에 비슷한 주제로 쓴 글에서는 오래전에 잊힌 사건을 강조했을 것이고, 글을 쓴 이후 매우 중요하며 의미 있다고 판명된 성과는 간과했을 것이다. 따라서 이번 장에서는 가능한 한 내용을 압축하여 몇몇 학자와 성과만을 나열하려 한다.

20세기에는 의학적 성과가 전례 없이 쏟아졌지만, 가장 독창적이고 '현대적'인 성과 가운데 일부는 19세기에 이미 등장했다. 1880년 대 내분비학의 발전사는 앞에서 언급했다. 몇몇 내분비 호르몬은 19세기에 발견되었는데, 1894년 조지 올리버George Oliver와 에드워드 셰이퍼Edward Schafer는 아드레날린adrenaline을, 1895년 오이겐 바우만 Eugen Baumann은 아이오도티린Iodothyrin을 발견했다. 현대 내분비학이 남긴 가장 큰 실질적 성과는 1921년 토론토의 프레더릭 밴팅Frederick Banting이 동료들과 인슐린insulin을 분리한 일이다. 이 사건을 계기로 '치료 불가능'한 당뇨병을 진단하는 관점이 완전히 바뀌었다. 한편 인슐린을 일부 경구 치료제가 대체하기도 했다. 코르티손cortisone과 부신피질자극호르몬adrenocorticotropic hormone, ACTH은 질병 치료에 획기적으로 쓰였지만, 사람들이 기대한 바를 전부 충족시키지는 못했다. 1939년 메이요 재단의 에드워드 K. 켄들Edward C. Kendall은 코르티손을 분리했다. 이전인 1914년에는 순수한 티록신thyroxine을 얻었다. 1941년 찰스 브렌튼 허긴스Charles Brenton Huggins가 얻은 성과를 계기로 내분비학은 급격히 암 치료에도 활용되기 시작했다.

필딩 H. 개리슨이 꼽은 현대 예방의학의 20가지가 넘는 특성(개리슨이 집필한 책《의학의 역사history of medicine》4판 참조)을 살펴보면 근본적으로 모두 19세기에 발견되었다. 19세기와 20세기의 예방의학은 질이 아니라 규모가 다르다. 20세기에는 디프테리아, 결핵, 파상풍 백신을 대규모로 접종하고, 전 세계에서 황열병, 말라리아, 천연두, 구충 퇴치 운동이 성공적으로 진행되었다. 제2차 세계대전 기간에 쓰인 DDT 살충제는 발진티푸스를 놀랄 만큼 예방했다. 조너스 소크 Jonas Salk(1955)와 앨버트 세이빈Albert Sabin(1956)은 회색질척수염 백신을 개발해 극적인 성과를 거뒀다. 2천만 명을 희생시키며 제1차 세계대전보다 더 많은 인명 피해를 낸 1918년 인플루엔자 유행은 무력했던 의학계를 깨어나게 한 자극제가 되었다. 1930년대에는 새로운 발견이 속출하면서 황열병과 발진티푸스에 대한 의학적 관점이 완전히 바뀌었다. 그리고 세균학이 끊임없이 발전했음에도, 예방의학자들은 갈수록 세균학과 관련된 측면을 덜 강조하게 되었다. 1900년경 알프레트 그로탄Alfred Grotjahn이 주도하여 사회병리학은 '사회의학'이라는 새로운 분야를 창출하고 예방의학에 지대한 영향을 미쳤다.

엑스선x-ray은 질병 진단의 판도를 바꾸고, 주요 치료법으로 자리매김했다. 1895년 빌헬름 콘라트 뢴트겐Wilhelm Konrad Roentgen (1845~1922)이 발견한 엑스선은 이내 진단 도구로 쓰였다. 1900년 이전에 하버드 대학교의 월터 B. 캐넌Walter B. Cannon은 엑스선으로 위를 촬영했다. 라듐radium 치료제도 이미 19세기부터 쓰였다. 근래까지 방사선 치료에 중요하게 쓰이는 유일한 원소였던 라듐은 1898년 퀴리Curie 부부가 발견했다. 최근 원소에 대한 연구가 진보하면서 다른 방사성동위원소도 진단과 치료에 활용되기 시작했다. 심전도기부터 초음파, 단층촬영, 컴퓨터에 이르는 기술을 토대로 진단학이 획기적으로 발전했다. 20세기에 등장한 진단 기구 중에는 1903년 레이덴의 빌럼 에인트호번Willem Einthoven이 발명한 심전도기와 1929년 예나의 한스 베르거Hans Berger가 개발한 뇌파계electroencephalograph가 주목할 만하다. 혈압 측정기는 19세기에도 쓰였다(1881년에 사무엘 폰 바슈Samuel von Basch, 1897년에 시피오네 리바-로치Scipione Riva-Rocci가 발명). 의료 기기(초음파, 심박조율기, 단층촬영기, 투석기 등)가 급속도로 발전하면서 의생물공학biomedical engineering이라는 새로운 공학 분야가 등장했다.

생화학은 오늘날 의학 문제와 가장 밀접한 분야 중 하나다. 생화학적 접근법이 20세기에 출현한 것은 아니다. 에밀 피셔Emil Fischer (1852~1919)는 페노바비탈phenobarbital 합성법을 고안하고 당sugars, 핵단백질nucleoproteids, 아미노산amino acids, 폴리펩티드polypeptide 등을 연구하여 최신 생화학을 대표하는 성과를 남겼다. 피셔의 연대별 업적을 거슬러 올라가면 1870년대에 이른다. 그와 동시대 학자들은 영양학을 중심으로 탐구했으며, 20세기 의학이 남긴 가장 큰 성과도 영양학에서 나왔다. 그 거대한 성과는 바로 비타민 발견이다.

1881년 니콜라이 루닌Nikolai Lunin은 합성 식품에 몇 가지 필수 영양소가 부족하다는 사실을 관찰했다. 1882년 일본 해군을 연구하던 다카기 가네히로高木兼寬는 식단을 바꾸면 극동지역에 만연한 비타민 결핍증인 각기병을 예방할 수 있음을 깨달았다. 그보다 오래전인 1747년 제임스 린드는 영국 해군을 괴롭히는 괴혈병을 예방하려면 식단이 중요하다고 지적했다. 1897년 네덜란드인 크리스티안 에이크만Christiaan Eijkman은 닭에게 백미와 현미를 먹이는 실험을 해서 음식에 함유된 미량 물질 때문에 각기병이 발병한다는 것을 증명했다. 1906년 프레더릭 G. 홉킨스Frederick G. Hopkins는 보조 영양소 개념을 고안했고, 카지미르 풍크Casimir Funk는 그 개념에 '비타민'이라는 이름을 붙였다.

미국은 위스콘신 대학교의 엘머 V. 매콜럼Elmer V. McCollum과 해리 스틴복Harry Steenbock, 그리고 예일 대학교의 토머스 B. 오스본 Thomas B. Osborn과 라파옛 B. 멘델Lafayette B. Mendel의 활약으로 비타민 연구에서 주도권을 잡았다. 위스콘신 및 예일 연구진은 1913년에 비타민 A를, 1916년에 비타민 B를 발견했다. 1914년 조지프 골드

버거Joseph Goldberger는 비타민 B 결핍으로 펠라그라가 발병함을 규명했다. 1919년 독일의 쿠르트 홀트신슈키Kurt Huldschinsky는 구루병의 원인이 자외선 노출 부족임을 보였다. 1922년 매콜럼과 스틴복은 비타민 D가 구루병을 예방한다는 사실을 알아냈고, 스틴복과 앨프리드 페이비언 헤스Alfred Fabian Hess는 비타민 D로 전환되는 프로비타민provitamin을 자외선이 활성화하기 때문에, 자외선에 적게 노출되면 구루병에 걸린다는 것을 증명했다. 독일의 아돌프 빈다우스Adolf Windaus는 1927년 그 프로비타민이 에르고스테롤ergosterol임을 규명했다. 이러한 발견 덕분에 구루병 환자가 크게 감소하고, 골반구루병으로 출산 중 사망하는 임신부도 줄었다. 또 비타민 B 복합체가 다른 구성 요소로 분해된다는 사실이 발견되고 비타민 C·K·E가 발견 목록에 추가되는 등 비타민에 대한 연구 성과가 폭발적으로 증가했는데, 이번 장에서는 개인 업적보다 연구 추세를 주로 논하는 까닭에 세부 성과를 일일이 나열하기는 힘들다.

이 당시는 세균학이 의학을 지배했다. 따라서 모든 질병을 미생물이 작용한 결과로 보는 고정관념이 강했기에, 초기 비타민 연구는 지지를 얻지 못했다. 게다가 영양분의 성분보다는 섭취량에 집중하던 당시 사고방식과 비타민에 대한 개념은 맞지 않았다. 그러나 최근 비약적으로 발전한 비타민 연구는 의학 분야 중에서도 특히 소아과학에 자양분이 되었다. 불행하게도, 비타민은 많은 사람이 교육받기 이전의 시대는 물론 현대에도 존재하는 건강염려증 환자들을 현혹하여 경제적 부담을 지우는 행위에 활용되고 있다. 하지만 이 같은 문제는 영양학적 연구(효소, 미네랄 등)와 식단 개선으로 얻는 이익과 비교하면 경미한 편이다. 1926년 조지 리처즈 마이넛George Richards Minot

그림 26 파울 에를리히와 하타 사하치로

은 생간을 섭취하면 치명적인 빈혈을 효과적으로 예방할 수 있음을 발견했다. 이 같은 업적(K. P. 링크K. P. Link를 비롯한 생화학자들이 발견한 혈청, 호르몬, 비타민, 혈액응고 방지제)에 방사선 치료, 화학요법, 향상된 수술 기법까지 더하면 20세기 치료학의 발전은 19세기 병리학 및 예방의학의 발전과 비견할 만하다.

20세기 의학자들이 성취한 혁신적인 성과에는 화학요법도 있다. 과거에는 약을 주로 증상에 대응하여 처방했다. 퀴닌을 비롯한 몇몇 약은 경험에 기반해 쓰였으나, 약이 작용하는 원리는 알려지지 않았다. 그러나 오늘날에는 원인이 알려진 질병에 맞춰서 작용 원리를 아는 약을 특별히 합성해 사용할 수 있다. 의학자들이 오래전부터 꿈꿔온 이상적인 약물 치료가 현실에 가까워졌다.

화학요법은 위대한 학자 파울 에를리히(1854~1915)의 노력으로 성장했다. 학창 시절 에를리히는 염색법, 특히 살아 있는 세포를 염색하는 데 관심이 많았다. 1870년대와 1880년대에 그는 새로운 염색법으로 오늘날의 백혈구 분류법을 확립하며 현대 혈액학을 선도했다. 조르주 하옘Georges Hayem(1841~1933)도 혈액학에 공헌했다. 세포 염색에 몰두한 하옘은 에를리히에게 측쇄설side-chain theory에 관한 영감을 주었다. 측쇄설이란 특정 물질과 세포 사이에 독특한 화학적 친화력이 작용한다는 가설인데, 에를리히는 이를 바탕으로 매독균인 스피로헤타 팔리다Spirochaeta pallida에 결합해서 균은 파괴하지만 매독 환자에게는 해를 끼치지 않는 화학물질을 발견했다. 스피로헤타 팔리다에 관한 연구는 스피로헤타과에 속하는 다른 균이 특정 염료와 그 염료의 유도체에 특히 민감하다는 사실이 우연히 드러나면서 시작되었다. 에를리히는 일본인 조수 하타 사하치로秦佐八郎

와 함께 수백 가지 화학물질을 조합하고 실험한 끝에 1910년 효과적인 약물을 찾았다. 606번째 조합이었으므로 처음에는 '606'이라 불린 이 약은 나중에 살바르산salvarsan(살바르산은 상표명이며 정식 명칭은 아르스페나민arsphenamine)으로 명명되었다. 독성이 덜한 네오살바르산neosalvarsan(914번, 정식 명칭은 네오아르스페나민neoarsphenamine)은 페니실린이 발견되기까지 매독의 주 치료제로 쓰였다. 에를리히의 측쇄설과 보체결합검사(1901)를 바탕으로 1906년 아우구스트 폰 바세르만은 매독 혈청검사를 개발했다.

연구력이 왕성했던 에를리히는 생화학 연구 외에 면역, 암, 소변 반응을 탐구해 중요한 성과를 냈다. 에를리히의 실제적인 업적보다 더 주목해야 하는 건 창의력 넘치는 그의 정신이다. 이아고 걸드스턴이 생화학의 '침체기'라고 부른 에를리히 사후 20년간, 이 분야는 완전히 버려져 황무지가 되었다. 이 시기에 개발된 우수한 약은 말라리아 예방약 아타브린atabrine과 말라리아 치료약 플라스모힌plasmochin 뿐이다. 효능이 뛰어난 항균제를 찾기란 불가능해 보였다. 그러나 1935년 게르하르트 도마크Gerhart Domagk가 염료 유도체인 설파제sulfa drug를 발견하면서 돌연 상황이 뒤바뀌었다. 화학요법 분야에 희망과 발견과 성공이 넘치는 새 시대가 열렸다. 1940년대 초에 들어 페니실린과 현재 쓰이는 항생제가 설파제를 어느 정도 대체했다. 페니실린은 잘 알려진 대로 살균 효과가 있는 곰팡이로 만든다. 곰팡이의 살균 효과는 파스퇴르 시대부터 알려졌고, 19세기 말부터 학자들은 곰팡이에서 살균 성분을 얻기 위해 노력했다. 대표적인 연구는 1899년 항균 물질 파이오사이아네이스pyocyanase 실험과, 1896년 바르톨로메오 고시오Bartolomeo Gosio가 주도한 푸른곰팡이 실험이다. 이들 실험은 자금이 부족하여 중단되었고, 이 분야는 누구도 도전하지 않는 불모지가 되었다.

학자들이 페니실린 연구에 재돌입한 시기는 알렉산더 플레밍 경Sir Alexander Fleming이 우연히 가능성을 발견한 1929년 무렵으로 거슬러 간다. 그리고 1939년 영국의 하워드 월터 플로리Howard Walter Florey와 에른스트 체인Ernst B. Chain이 실제로 페니실린을 개발했다. 그 후로 스트렙토마이신streptomycin, 오레오마이신aureomycin, 클로로마이세틴chloromycetin 등 여러 항생제가 곰팡이에서 추출되었다. 설파제와 페니실린은 연쇄상구균streptococci(패혈증과 산후열을 일으킴), 포도상구균staphylococci, 수막염균meningococci, 임질구균gonococci, 폐렴구균pneumococci을 성공적으로 제거했다. 새로운 항생제는 페스트와 리케차, 그리고 로베르트 코흐가 결핵의 원인으로 지목한 간균까지도 억제했다. 그러나 대부분의 바이러스에는 효과가 없는 듯하다. 항생제에 내성을 갖게 된 세균이 초래하는 낯선 질병도 나타났다. 그러한 부작용에도 불구하고 항생제는 인류에게 어마어마한 혜택을 안겼으며, 이 혜택이 얼마나 대단한지는 항생제가 없던 시대의 불행을 목격하지 않은 사람이라면 상상하기 힘들 것이다. 오늘날은 바이러스성 질병(특히 슬로바이러스slow virus)(나중에 슬로바이러스는 바이러스가 아닌 단백질성 감염입자[프리온prion]임이 밝혀진다-옮긴이)이 속속 밝혀지고 있기에, 항바이러스제가 절실하다.

향후 생물물리학이 현재 생화학이 차지한 지배적 위치를 위협하고, 최근 물리학 분야가 성취한 발견들이 의학에 새로운 접근법과 치료 방법을 가져올 것이다. 추적원소와 동위원소를 비롯한 최신 물리학의 성취와 의학의 결합은 최근의 일이기 때문에 결과가 어떠할지를 평가하기는 어렵다.

　이른바 '특이체질 반응Idiosyncrasy'이라 불리는 알레르기 질환은 17세기부터 임상의들이 관찰했다. 이들은 특히 천식을 주목했다. 이후 20세기 들어 학자들이 알레르기 질환의 근본 원리와 관련 요소를 인식하기 시작했다. 알레르기를 효율적으로 치료하려면 탈민감desensitization(알레르기 유발 물질을 인체에 소량씩 늘려가면서 투입해 알레르기 반응성을 낮추는 치료법-옮긴이)과 항히스타민제antihistamine(1937년 다니엘 보베Daniel Bovet, 1942년 베르나르 하펀Bernard Halpern이 발견)를 정교하게 활용해야 한다. 알레르기 치료에 관한 통찰은 1902년 시어벌드 스미스, 1903년 샤를 리셰가 주도한 급성중증과민증anaphylaxis 연구에서 나왔다. '알레르기allergy'라는 용어는 클레멘스 폰 피르케Clemens von Pirquet가 1903년에 처음 고안했다.

　'노인병학geriatrics'이라는 용어는 1916년 미국인 이그나츠 L. 내셔Ignatz L. Nascher가 처음 사용했는데, 언뜻 보면 20세기에 발전한 전문 분야 같다. 그러나 의학자들은 오래전부터 노년기 질병에 관심을 두었다. 노인병은 '불로장생'을 꿈꾸었던 중세뿐만 아니라 히포크라테스의 저술에도 등장한다. 르네상스 시대에 루이지 코르나로Luigi Cornaro(1467~1566)가 노인병을 합리적으로 기술했으며, 이 합리적 시각은 18세기의 다양한 저작에도 나타난다. 노인병학에 관한 근대적 관점은 1867년 장 마르탱 샤르코가 집필한 고전에서 찾아볼 수 있다. 그는 당시의 병리해부학적 지식에 근거하여 노인들의 질병을 신체 기관별로 설명했다. 노인병학에 대한 현대의 관점은 샤르코의 저술과 비슷하며, 노년기에 일어나는 정상 변화와 병적 변화를 구분하는 근본 개념은 여전히 결여되어 있다.

암을 비롯한 여러 질병에 관한 지식은 자연히 노인병의 원인을 밝히는 데 도움이 되었다. 1940년과 1970년 사이에 수술 기술이 발전하고 방사선 및 화학요법이 도입되면서 암 사망률이 크게 낮아졌다. 1880년대에 앙리 위샤르Henri Huchard, 토머스 클리퍼드 올버트 경, 사무엘 폰 바슈 같은 학자들이 선도한 고혈압 연구도 특히 주목할 만하다. 세균학, 내분비학, 그리고 지난 60년간 탄생한 모든 새로운 의학 분야가 노인병학에 주요 성과를 남겼다. 그럼에도 오늘날 노년기 질병이 관심을 끄는 근본적인 원인은 새로운 의학적 발견이 아니라 사회 상황이다. 낮아지는 출산율과 높아지는 기대 수명 때문에 모든 서구 국가에서 중년층 및 노년층 비율이 빠르게 증가하고 있다. 미국의 45세 이상 인구는 현재 전체 인구의 3분의 1을 차지하지만, 19세기에서 20세기로 바뀔 무렵에는 5분의 1이었고 19세기 중반에는 8분의 1에 불과했다.

현대사회에 심각한 문제로 자리 잡은 정신 질환에 대한 물리적 치료는 20세기에 획기적으로 발전했다. 한편 1917년 빈의 율리우스 폰 바그너-야우레크Julius von Wagner-Jauregg가 40년간 연구한 끝에 개발한 말라리아 치료법은 불완전마비로 인한 신체 손상을 낮추는 데에도 효과적임이 입증되었다. 그런데 페니실린이 살바르산을 대체했듯, 이제는 대부분 페니실린 치료법이 야우레크가 개발한 치료법을 대체했다.

1930년대에 충격치료shock treatment 및 정신외과psycho-surgery적 치료법이 조현병과 우울증, 즉 원인을 알 수 없는 정신 질환을 치료하는 데 도입되었다. 그러한 치료가 성공했다는 발표는 대부분 과장되었다. 다행스럽게도 1950년대에 세르파실, 클로르프로마진

chlorpromazine 등의 '향정신성 약물psychopharmacy'이 등장하며 다소 잔인한 외과적 치료법은 폐지되었다. 신경안정제가 흥분한 환자를 진정시키자, 정신병원의 외형이 완전히 바뀌었다. 20세기 심리 치료의 발전사는 17장에서 설명했다.

'정신신체의학psychosomatic medicine'이라는 분야도 추진력을 얻었다. 정신신체의학은 신체 질환이나 통증에 얽힌 심리 요소를 다룬다. 그런데 정신신체의학 지지자에게는 유감이지만, 정신신체의학적 발견은 과거의 성과를 답습하는 것에 불과하며 이 분야가 그럴듯한 용어를 쓴다고 해서 의학적으로 발전한 것도 아니다. 정신이 신체 질병과 증상에 극심한 영향을 준다는 사실은 에라시스트라토스부터 갈레노스, 장 마르탱 샤르코, 아돌프 스트륌펠에 이르는 위대한 임상의들이 이미 언급했다. 갈레노스가 설명한 '울화성 질환passion-produced disease', 다른 말로 정신증상발생psychogenesis은 19세기까지 활발하게 논의되었다. 파라켈수스, 슈탈, 헤라르트 판 스비턴은 페스트를 정신증상발생으로 여겼으며, 발진티푸스, 광견병, 결핵, 암과 같은 질병도 같은 질환으로 오해받았다. 잘못 해석된 마지막 질병은 뉴기니에서 발생한 쿠루병Kuru인데, 1958년 정신증상으로 규정되고 5년 뒤에 대니얼 칼턴 가이듀섹Daniel Carleton Gajdusek이 쿠루를 유발하는 슬로바이러스(나중에 프리온으로 밝혀짐-옮긴이)를 분리했다.

최근 정신신체의학이 주목받는 이유가 이러한 유형의 질환이 증가했기 때문은 아닌 것 같다. 추정되는 원인 중 하나는, 19세기 후반부터 20세기 전반까지 놀라운 발견이 이어진 끝에 과도한 기계화와 전문화가 만연하고 사회가 혼란에 빠지며 오래된 통찰을 잃었기 때문이다. 의사는 실험 위주의 과학적이고 비인간적인 사고방식에 물들면서 환자를 인간으로 대하지 않거나 무시해도 괜찮다고 생각했다. 역사를 관통하는 의학의 기능이 새로운 분야인 정신신체의학이라는 형태로 재도입되었다는 사실은 현대 의학의 불편한 현실을 반영한다. 정신신체의학은 심리학에 지나치게 몰입하는 오늘날의 풍요한 사회에서 이익을 거뒀는데, 1961년 제롬 슈넥Jerome Schneck은 이 풍요 사회의 심리학에 '의원성醫原性 심리학iatropsychology(의료 행위가 만들어 내는 심리학-옮긴이)'이라는 적절한 이름을 붙였다.

한편 의학은 계속 전문화되었다. 미국 의료인 명부에는 현재 66가지 전문 의료 분야가 나열되어 있으며, 마지막에 등장한 분야가 항공우주aerospace 의학이다. 19세기에 '내과'는 심혈관 질환, 폐 질환, 내분비학, 혈액학, 위장 질환, 신장학 등의 전문 분야로 나뉘었다. 소아과학도 외과학과 비슷하게 분야가 나뉜다.

20세기 의학과 관련하여 등장한 사회 문제들, 이를테면 비싸진 의료비, 병원, 의사 보조, 보험, 협동 진료 등은 17장과 18장에서 설명했다.

외과학은 20세기에도 눈부시게 발전했다. 외과학과 내과학을 엄격하게 구분하는 풍토는 기초과학에서 발견된 내·외과 공통 증거를 바탕으로 두 분야가 긴밀하게 협력하기 시작하면서 갈수록 사라지는 추세다. 외과의는 내과학 문제에 관심을 갖게 되었고, 내과의 중에서도 특히 신경과 전문의는 이따금 외과의로 일하기도 했다. 갑상샘항진증이나 소화궤양 같은 몇몇 질환은 외과학과 내과학 양쪽에서 효과적인 관리법을 제공하게 되었다.

외과학은 20세기 들어 흉부, 뇌, 교감신경계를 연구하여 주요하게 발전했다. 흉부외과는 1882년 카를로 포를라니니Carlo Forlanini가

기흉을 연구한 결과에서 출발했고, 페르디난트 자워브루흐Ferdinand Sauerbruch(1875~1951)도 흉부 수술에 기여했다. 1940년대의 심장 수술에는 로버트 에드워드 그로스Robert Edward Gross, 클라렌세 크라포르드Clarence Crafoord, 알프레드 블라록Alfred Blalock이 기여했다. 뇌 수술은 19세기에 빅터 호슬리, 폴 브로카가 수행한 이후 하비 쿠싱(1869~1939)과 월터 댄디Walter Dandy(1886~1946)가 하나의 분야로 정착시켰다. 교감신경계를 다루는 외과학은 르네 레리시René Leriche, 마티외 자불레이Mathieu Jaboulay가 공헌했다. 수혈은 1665년에 리처드 로어가 처음 시도하고, 1901년 빈의 카를 란트슈타이너Karl Landsteiner가 혈액형을 발견한 이후에야 안전해지며 수술에 일상적으로 활용되었다. 수혈에 뒤이어 발달한 마취 기술은 현대 외과학의 성장에 밑거름이 되었다. 현대 병원의 집중 치료실intensive care units은 주로 마취 전문의가 발전시켰다. 최근 들어 중요성이 강조되는 새로운 외과학 분야인 장기이식은 1960년대에 대규모로 진행된 신장 이식에서 출발했으며, 이 분야에 조지프 머리Joseph Murray, 장 암부르제Jean Hamburger, 토머스 스타즐Thomas Starzl이 업적을 남겼다. 의학자들은 장기이식을 20세기 초부터 실험하기 시작했다. 장기이식을 계기로, 뇌파계가 판정한 뇌사를 죽음으로 인정하게 되었다(미국은 뇌사를 죽음으로 인정하지만, 한국은 심폐사를 죽음으로 인정한다-옮긴이). 찬란한 성과를 남긴 뇌외과 및 흉부외과도 물론 중요하지만, 인공관절 수술 등의 업적을 세운 정형외과도 간과해서는 안 된다.

의학자들이 보편적인 원리에 무관심하다는 평도 있었지만, 실제로는 그러한 원리 찾기를 완전히 멈춘 적은 없다. 19세기 중반 이후 고체병리학이 체액병리학을 완전히 배제하는 듯 보였으나, 체액병리학적 관점은 내분비학이 발전하면서 예기치 않게 다시 주목받았다. 1902년 세크레틴secretin이 발견되자 영국 내분비학자 윌리엄 M. 베일리스William M. Bayliss와 어니스트 H. 스탈링Ernest H. Starling은 '호르몬'이 신체 기능을 통제한다는 이론을 지지했다. 고체병리학적 관점은 미주신경절단vagotomy과 교감신경절제sympathecotomy를 연구한 한스 에핑거Hans Eppinger와 레오 헤스Leo Hess가 지지했는데(1910), 이들은 내분비샘 기능이 자율신경계로부터 지시를 받는다고 주장했다. 에핑거와 헤스는 영국 생리학자 월터 H. 개스켈Walter Holbrook Gaskell, 존 N. 랭글리John N. Langley, 찰스 셰링턴Charles Sherrington이 자율신경계에 관해 폭넓게 연구한 결과를 토대로 고체병리학적 관점을 제시했다. 영국 생리학자들은 대부분 19세기 말에 연구를 수행했다. 같은 시기에 이반 페트로비치 파블로프Ivan Petrovich Pavlov(1849~1936)는 조건반사를 실험하여 결과를 발표하기 시작했는데, 이 성과는 러시아 및 러시아 점령 국가의 의학, 심리학적 사고에 지대한 영향을 미쳤다. 체액병리학 지지자들의 주장은 엘리 메치니코프와 루트비히 아쇼프Ludwig Aschoff가 그물내피계통-reticulo-endothelial system 기능을 연구한 결과로 대부분 무너졌다. 한편 한스 셀리에Hans Selye의 업적은 체액병리학에 신선한 자극을 주었다.

과거나 현재의 의학자들은 체질 분야에 주목하지 않았다. 20세기에 발전한 유전학이 새롭게 등장한 내분비학과 결합하면서, 유전적 체질이 개인 질병에 어떠한 영향을 주는지 관심을 갖는 사람이 늘었다. 전염병 전파에는 '미생물'뿐만 아니라 '환경'도 중요하다는 인식이 커지자 체질 연구가 세균학에 맞서 발전했다. 체질 연구는 또한 19세기의 극단적 국소주의에 대한 반작용이기도 했다. 당대에 체질 연구에 관심을 보인 인물로는 임상의 프리드리히 크라우스Friedrich Kraus(1858~1936)가 있는데, 그는 과거 의사들처럼 환자를 신체 기관의 복합체가 아닌 하나의 인격체로 대했다. 시간이 흐를수록 체질 연구는 더욱더 중요해질 것이다.

유전학과 생화학이 융합된 '분자병리학molecular pathology'을 알면 수많은 질병이 어떤 단계를 거쳐 진행되는지 설명할 수 있다. 분자병리학은 아치볼드 개러드Archibald Garrod(1857~1936)가 '선천대사장애Inborn error of metabolism'를 연구하며 시작되었다. 개러드의 연구 이후, 대사물질의 생성 및 분해 장애로 발생하는 다양한 질병을 설명할 수 있게 되었다. 예컨대 페닐알라닌을 분해하지 못하는 장애는 지적장애idiocy, 알캅톤뇨증alkaptonuria, 백색증albinism을 유발한다. 유전학적 진단은 당시 대물림된다고 알려졌던 질병들, 이를테면 한센병, 옴, 구루병, 산후열, 펠라그라, 불완전마비 등을 진단하는 데 쓰였던 기존의 미흡한 진단법보다 질적으로 앞섰다. 유전학은 1865년 처음 발표되고 1900년에 재발견되었는데, 그레고리 멘델Gregory Mendel(1822~1884)이 남긴 연구 결과만으로 하나의 과학 분야로 자리 잡았다.

지난 50년간 의학은 눈부시게 발전했다. 그동안 수많은 감염병이 정복되면서 평균 수명이 수십 년 늘어나고 암 및 노인성 심혈관 질환자는 전례 없이 증가했으나, 현재 그러한 질병을 치료하는 의학의 기능은 다소 제한적이다. 게다가 의학으로 살려낸 수많은 생명이 사고로 목숨을 잃는다는 사실은 간담을 서늘하게 한다. 오늘날의 병원과 외과의를 끔찍할 만큼 압박하고 있는 사고는 특히 재난 상황에 필수적인 '외상학traumatology' 분야의 발전을 촉구한다. 늘어난 인간 수명과 자동차 숫자로 풍요로움이 표현되는 서구권 국가에서는 가난의 질병이 풍요의 질병으로 대체되었다고 주장할 수 있다. 하지만 암과 결핵으로 인한 사망보다 사고로 인한 사망이 평균 수명을 수년 더 낮출 만큼 오늘날은 사고율이 상당히 높다! 의학 발전에 감격하는 사람들은 1백여 년 전 야콥 헨레가 던진 질문, '류머티즘, 히스테리, 암의 원인에 대하여 단순히 말로 설명하는 게 아니라 다른 더 나은 무언가를 제시할 수 있는 사람이 있는가?'라는 물음에 여전히 답할 수 없음을 기억해야 한다. 그러나 이전 세기의 의학과 비교하며 20세기 이후 75년간의 의학사를 살피다 보면, 마음 깊이 안도하는 동시에 더 큰 희망을 품게 된다.

역설적이게도, 의사는 환자를 돕는 진보한 기술을 확보했으나 더 큰 인기를 얻지는 못했다. 돌팔이 의사, 정치인, 자극적인 대중 매체가 끊임없이 희생양을 찾았고, 그럴수록 환자들은 더욱 동요했다. 마음이 나약해지고 무기력해져서 우울증에 빠진 환자와 가족들은 평범한 의사의 냉정한 진단을 쉽게 오해한다. 오히려 입증된 진단법이나 치료법을 모르는 돌팔이 의사가 무책임하게 늘어놓는 말에 쉽게 현혹되곤 한다.

때로는 의사 본인도 돌팔이가 된다. 과학이 발전하면 미신이 사라지리라는 아름다운 꿈은 실현되지 않았다. 반대로 더욱 정교해진 미신에 사회와 시민이 매몰되었다. 고대 로마와 17세기 유럽에서 그랬듯, 우리는 미신과 공존한다. 사기 행위에는 '바이오bio'라는 접두사 혹은 동양에서 건너온 '천년 지혜'라는 단어가 붙고, 부조리 및 이단에는 수많은 열성 지지자가 따른다. 의사 또한 환자 못지않게 현혹당하기 쉬움에도, 비과학적인 '과학'의 길로 빠지면 안 되는 이유는 무엇일까?

지난 2백 년간 의학이 찬란하게 발전한 결과, 오늘날의 의사는 과거보다 훨씬 행복해졌다. 병을 예방하고 통제하는 의사의 힘이 헤아릴 수 없을 만큼 거대해졌다. 발전한 과학이 현재 수준으로 유지되려면 지적 능력을 키우려 노력해야 한다. 의학적 지식이 성장한 만큼 주류 사회에서 그 지식이 원활하게 활용될 수 있다면, 그리하여 위협적인 재앙에도 문명이 살아남을 수 있다면, 미래의 의사와 사학자에게는 지금까지의 의학사는 '선사시대'에 지나지 않을지도 모른다. 그러나 미래 의학자가 과거 의학자에게 진 빚은, 우리가 과거에 불을 발견한 무명의 원시인에게 진 빚만큼이나 막대할 것이다.

에르빈 H. 아커크네히트,
사회의학, 그리고 의학의 역사

찰스 E. 로젠버그

역사학자는 활동할 수 있는 기간이 짧다. 극소수의 역사학자만
이 첫 책을 출판하고 다음 세대에 이르기까지 책을 낸다. 동시대 학
자들에게 영향력을 미치는 사람의 저작도 대학원생들의 세미나에
서만 읽힌다. 에르빈 H. 아커크네히트도 그러한 범주에 속할 것이다.
1906년에 태어난 아커크네히트는 1940년대에서 1960년대 사이에
가장 영향력 있는 저서를 발표했다. 이제 그의 책은 지적 대사 과정
을 거쳐 흡수되어 대부분 눈에 보이지 않는다. 나는 특히 민족의학
ethnomedicine과 문화 상대주의를 접목해 정치적으로 반향을 일으킨
그의 업적,* 파리 임상학파를 재조명하려 한 의지, 생태학적 관점에서

---

* 아커크네히트는 '원시 의학primitive medicine'이라는 당대에 통용되던 용어를 썼다.

19세기 말라리아를 분석한 연구, 행태론적 관점으로 의학사에 접근하여 여러 문헌에 인용된 1967년도 저작, 의료 관행의 일부였음에도 보편적으로는 무시당했던 치료법의 역사에 대한 관심, 의학사 중에서도 지극히 협소한 분야에만 전념했던 20세기 중반의 학계 지도층이 구성한 맥락에서 폭을 더욱 넓혀 의학 지식을 배치하려 한 노력에 주목한다.

어떤 면에서 아커크네히트의 경력은 독일인이거나 독일식 교육을 받은 소수의 학자, 이를테면 스승 헨리 지거리스트, 친구 조지 로젠, 오우세이 템킨, 발터 파겔, 루트비히 에델슈타인과 같은 선상에서 보아야 한다. 임상학자와 임상학 교수가 주류인 영미 의학사학계에서 이 소수의 연구자는 의학사학계를 선도하는 충추적 역할을 맡았다. 전일제로 의학사학을 연구한 그들은 아커크네히트 말마따나 '일요일에만 의학사를 탐구하는 의사 겸 의학사학자'의 아마추어적 태도를 경멸했다.* 1946년 아커크네히트가 남긴 논평에 따르면, 의학사는 '독일의 과학으로 남아 있었다'.** 지거리스트는 냉전이 임박하여 연구 의욕이 꺾이고, 고된 활동으로 몸과 마음이 지친 상태에서

---

* 에르빈 H. 아커크네히트(EHA로 표기) to Henry Sigerist, 25 September 1945, Sigerist Papers, Yale University, New Haven, Conn. (존스홉킨스 대학교와 예일 대학교 두 학교에 지거리스트의 서신이 남아 있다.) EHA는 인기 있는 강연자로, 위스콘신주에서 다양한 단체를 상대로 강연했다. "거절하기가 쉽지 않다네." 아커크네히트는 오우세이 템킨에게 설명했다. "나는 모든 면에서 정해지지 않은 학문을 대표한다네⋯⋯. 나는 내가 연구하는 학문을 전파할 수 있음에 감사한다네"(EHA to Owsei Temkin [hereafter OT], 7 January 1948, Owsei Temkin Papers, Chesney Archives, Johns Hopkins University, Baltimore, Md.).

** EHA to OT, 8 May 1946, Temkin Papers.

1947년 은퇴해 스위스로 떠났다. 그리고 10년 뒤에 세상을 떠났다.*
템킨, 로젠, 아커크네히트는 삶의 마지막까지 친하게 지냈다. 이처럼
학식이 높고 생산성이 풍부한 학자들 중에서 지난 30년간 아커크네
히트만큼 중세 사회의학과 의학의 역사를 연결하는 데 관심을 보인
사람은 없었다. 아커크네히트는 의학사학 내에서 안전하지만 점차
기반이 약해지는 지점을 차지하고 있다. 어느 면에서 그는 선견지명
이 뛰어나 여전히 영향력을 떨치고 있는 듯 보이지만, 한편으로는
현실에서 너무 멀어진 나머지 역사의 일부가 된 듯하다.

　나는 아커크네히트와 누구보다 소중한 인연을 맺었다. 1950년 중
반 위스콘신 대학교 학부생 시절 나는 루스 베니딕트Ruth Benedict, 마
르셀 모스Marcel Mauss, 마거릿 미드Margaret Mead 같은 학계 권위자뿐
만 아니라 레온 트로츠키Leon Trotsky, 헤르만 헤세Herman Hesse, 토마
스 만Thomas Mann 같은 세계적 인물과 만난 경험담을 이야기하는 전
설적인 교수 아커크네히트에게 매료되었다. 당시 뉴욕 출신의 가난한
청년이었던 나는 매디슨에 도착하기 전까지 허드슨강을 건너 서쪽으
로 가거나 자유의 여신상 너머 동쪽으로 가본 적도 없었기에, 아커
크네히트를 처음 만난 1954년 가을 토론 수업의 주제 '질병의 지리와

---

* 지거리스트의 사상과 리더십이 궁금하다면 다음을 참고하라. Elizabeth Fee and
Theodore M. Brown, eds., *Making Medical History: The Life and Times of Henry
E. Sigerist* (Baltimore: Johns Hopkins University Press, 1997); Fee and Brown, "Using
Medical History to Shape a Profession: The Ideals of William Osler and Henry E.
Sigerist," in *Locating Medical History: The Stories and Their Meanings*, ed. Frank
Huisman and John Harley Warner (Baltimore: Johns Hopkins University Press, 2004), pp.
139-64; EHA, "Recollections of a Former Leipzig Student," *J. Hist. Med.*, 1958, 13:
147-50.

역사'만큼이나 색달랐던 그곳의 분위기에 마음이 일렁였다.*

아커크네히트는 위스콘신 대학교에 개설된 의학사 강좌를 맡아 1947년 1월 매디슨에 도착했다(미국 내에서는 존스홉킨스 대학교의 웰치 교수직에 이어 두 번째로 개설된 의학사 교수직이었음). 매디슨은 안전하고 자유로운 곳이었지만, 환경이 여러모로 낯설었다. 아커크네히트가 아내와 두 어린 딸과 함께 도착한 날 체감한 섭씨 영하 7도의 추위는 그가 더는 파리에도 뉴욕에도 있지 않다는 사실을 분명히 가르쳐줬다.** 위스콘신 대학교에 부임한 그는 30시간 동안 의과대학을 탐방하면서 의사 지망생들이 의학사에 호기심을 갖도록 장려했다.*** 의과대학을 졸업하고 라이프치히 연구소에서 의학사를 공부한 그는 스승 헨리 지거리스트로부터 교수직 추천을 받았다. 지거리스트는 1920년대 후반 라이프치히 연구소장으로 근무하다가 1932년부터 존스홉킨스 의학사 연구소 소장을 맡은 바 있다. 그는 위스콘신 의과대학 학장이자 역사에 관심이 많았던 윌리엄 S. 미들턴William S. Middleton에게 제자 아커크네히트를 추천하며 의학, 역사학, 인류학을 깊이 있게 공부하고 독일에서 1848년에 일어난 의료 개혁을 연구해

---

* History of Medicine 121: "The History and Geography of Disease," Fall 1954; notes in the author's possession. This course evolved into EHA, *Geschichte und Geographie der wichtigsten Krankheiten* (Stuttgart: Enke, 1963).

** EHA to Sigerist, 3 January 1947, Sigerist Papers, Johns Hopkins.

*** "요즘 나는 의학사 30시간 입문 과정에 전념하는 중이다. 2학년 수업이 있는데, 일주일에 두 시간씩 60명의 학생과 모험을 떠난다……. 이 모든 과정은 다소 가혹하다. 고대 문명을 2시간 내로 정리하거나, 그리스 의학을 3시간 안에 설명하는 건 몹시 괴로운 경험이다"(EHA to George Rosen, 17 February 1947, George Rosen Papers, Yale University, New Haven, Conn.). EHA to Sigerist, 3 and 22 January 1947, Sigerist Papers, Johns Hopkins.

탁월한 논문을 발표한 제자의 실력을 보증했다.*

지거리스트는 추천서에 아커크네히트가 히틀러 집권 이후 독일을 떠나야 했다고 언급했는데, 아커크네히트가 독일에서 가명으로 트로츠키주의자로 활동하며 '자유 학생 운동'에 가담했기 때문이다. 그러나 아커크네히트가 초기 공산당에서 나이 어린 당원으로 활동하고, 트로츠키와 잠시 터키에 머무르다가 이후 파리로 이주해서 뤼시앵 레비브륄Lucien LévyBruhl, 폴 리벳Paul Rivet, 마르셀 모스와 민족지학 ethnography을 연구한 사실은 언급하지 않았다. 제2차 세계대전이 발발하자 아커크네히트는 외국인 신분으로 프랑스에 억류되어 노동 부대에 복무하다가 미국으로 떠났다. 1941년 6월 13일 금요일, 아커크네히트는 거의 무일푼으로 미국에 도착했으나, 나중에 그가 밝혔듯 정전을 걱정하거나 먹을 것을 구하거나 경찰을 피하며 걱정하지는 않게 되었다.**

---

* EHA, *Beitrage zur Geschichte der Medizinalreform von 1848* (Leipzig: Barth, 1932); also in *Sudhoffs Archiv*, 1932, 26: 61-109, 113-83. 마지막 쪽에 요약한 '이력Lebenslauf'에서 아커크네히트는 의학 분야 연구 경력을 자세히 소개하고, 논문 주제를 선택하고 작성하는 데 도움을 준 지거리스트에게 감사의 말을 남겼다. 추천장은 Sigerist to William S. Middleton을 참고하라.

** "미국에 도착한 이후로 가장 인상 깊었던 것은 76번가 지하실 창문 너머로 보이는 풍경이었다. 하지만 거기에 신경 쓰지 않고 나는 끼니를 때웠다. 1년 반 동안 충분히 먹지 못해 체중이 59킬로그램을 넘지 않았지만, 정전은 일어나지 않았다. 게다가 날 뒤쫓는 경찰도 없었다!"(EHA to Paul Cranefield, 28 April 1961, Paul Cranefield Papers, RG 450C850, box 1, folder 3, Rockefeller Archives Center, Tarrytown, N.Y. [hereafter RAC]). 이외에 그가 겪은 다른 사건과 기억이 궁금하다면 다음을 참고하라. EHA's "Autobiographical Notes. July 1986," Sylvia Gonzalez-Ackerknecht and Ellen Dollar-Ackerknecht, *In Remembrance of Erwin H. Ackerknecht, Medical Historian, 1.6.1906-18.11.1988* (New York, privately printed, 2002), "then the foremost leader of the German Trotskyite group" (Jean van Heijenoort, *With Trotsky in Exile: From Prinkipo to Coyoacan* [Cambridge: Harvard University

생계를 유지하기는 그리 녹록하지 않았다. 아커크네히트는 여름 캠프에서 의사로 일하거나 만성질환자 수용시설에서 잡역부로 일했다. 이후 지거리스트가 자금을 지원하는 존스홉킨스 연구직에 고용된 아커크네히트는 연구원으로 일하며 돈을 벌었고(프리랜서 작가로 글을 써서 수입을 보충함), 1945년부터는 뉴욕에 설립된 미국 자연사박물관에서 자연인류학 보조 큐레이터로 근무했다. 유골을 정리하고 측정하는 업무도 있었지만, 그는 박물관 내 민족지학 도서관에서 시간을 보내며 당시 '원시 의학'이라 불린 분야에 깊은 관심을 가졌다.* 그는 이 박물관에서 앨프리드 L. 크로버Alfred L. Kroeber, 로베르트 H. 로위Robert H. Lowie, 앨프리드 I. 할로웰Alfred I. Hallowell, 멜빌 J. 헤르스코비츠Melville J. Herskovits, 루스 베니딕트(이전에 존스홉킨스 연구소에서 아커크네히트는 베니딕트가 민족지학에 남긴 업적을 주제로 일련의 논문을 썼다) 등 미국의 저명한 인류학자를 만났다.

아커크네히트가 뉴욕에 머문 지 채 2년도 지나지 않은 1946년 말 위스콘신에서 걸려온 전화가 그에게 특별한 기회를 제안했는데, 그것은 주요 대학교의 안정적인 교수직이었다. 훗날 고백했듯 그는 의학사가 아닌 인류학에 마음이 있었음에도 그 제안을 받아들였다.** 두 어린 자녀를 둔 41세의 아버지로서 '학계로의 비상착륙'은 사실 몹시

Press, 1978], p. 43).

* EHA to Sigerist, 9 March 1945, Sigerist Papers, Yale.

** "미국에 도착했을 때 나는 인류학자로 남을 작정이었다―프랑스에서는 사업을 조금 배웠을 뿐이었다―하지만 경제적인 이유로 의학사학자로 전향해야 했다(운 좋게도, 나는 요도 절개나 나바호족의 노래만큼이나 파리 임상학자 연구를 즐겼다)"(EHA to 찰스 로젠버그[CER로 표기, 12 July 1958]). "my beloved Lévy-Bruhl" (EHA to Sigerist, 17 September 1948, Sigerist Papers, Yale).

기뻤다.* 위스콘신에서 교수직 제안이 오자 아커크네히트는 오우세이 템킨에게 다음 편지를 썼다.

내가 지난 13년 동안 어떠한 삶을 살았는지 일부만 알더라도 자네는 이 변화가 내게 무엇을 의미하는지, 내가 왜 이토록 얼떨떨해하는지 이해할 걸세. 임용 허가 편지를 받으니 말 그대로 어질어질하더군. 돈벌이만을 위한 글쓰기는 접고, 6개월 뒤에 진행할 연구 계획을 세우는 날이 오리라고는 기대하지 못했다네.**

얼마 지나지 않아 아커크네히트는 소위 지식인이라 불리는 사람들도 종일 공놀이 얘기만 하는 위스콘신주 특유의 '지루한 지방색'과 미국의 '사업가 문화'에 불만을 품었다.*** 그럼에도 그는 취리히에서 의학사를 강의하기 전까지 매디슨에서 10년을 보냈다. 파리 임상학파에 대한 연구도 매디슨의 따분하고 무더운 여름을 잊으려는 수단이었다고 그는 말했다. 미국 중서부 환경은 유쾌하지 않았

---

* EHA to CER, 23 November 1958.
** EHA to OT, 18 October 1946, Temkin Papers. 《시바 심포지아 Ciba Symposia》라는 홍보 간행물에 아커크네히트의 저술이 꾸준히 실렸다. 이를테면 1944년 1월에 발행된 제5권에 실린 기사 5꼭지 가운데 3꼭지가 아커크네히트의 글이며, 제목은 다음과 같다. "Origin and Distribution of Skull Cults," "Head Trophies and Skull Cults in the Old World," and "Head Trophies in America," pp. 1654-76.
*** 아커크네히트가 조지 로젠에게 쓴 글에 '사업가 문화'라는 문구가 등장한다, 4 November 1955, Rosen Papers; 아커크네히트가 지거리스트에게 쓴 글에 '공놀이'라는 단어가 등장한다, 4 May 1956, Sigerist Papers, Yale. 아커크네히트는 취리히 학자들이 부유하지만 내성적이고 답답하다고 묘사하며, 이를 장점으로 꼽았다. "미국 중서부의 우정은 너무나도 지루해서 눈물이 날 정도다"(EHA to Cranefield, 22 June 1957, Cranefield Papers, box 1, folder 3).

지만, 그는 의학사 연구에 헌신하며 내과의에 의한, 내과의를 위한 의학사를 의대생들에게 가르쳤다.* 그러면서 의학사의 전문화를 달성해 학문 수준을 향상하고, 의학사를 활용하여 사회. 정책 및 사회사를 다루는 사회학을 의대 교육 과정에 주입하고, 의대 교육에 윤리 의식을 불어넣는다는 목표를 달성하려 했다.**

의학사의 위치 - 사회사와 사회의학

아커크네히트는 보건 정책을 공개적으로 논의하지 않았으나, 의학을 대하는 폭넓은 사회적 관점은 잃지 않았다. 1967년 파리 임상학파를 연구하기 전까지, 독일의 1848년 의료 개혁을 다루는 논문을

---

* 아커크네히트는 애제자에게 보낸 편지에서 "모든 면에 탁월한 역사학자는 '생명력을 다한 주제'가 아닌 삶에 유의미한 주제를 제시하려 노력한다네. 하지만 나는 의학사 분야에서 활동한 전문가가 아니었는데, 이는 크누드 파버를 제외하면 겪은 사람이 거의 없을 만큼 드문 상황이었기에, 한계에 직면하며 심각한 고통에 시달리고 있다네"라고 썼다(EHA to Cranefield, 19 December 1955, Cranefield Papers, box 1, folder 2). 아커크네히트는 개업 임상의 크누드 파버의 《질병기술학》을 마음 깊이 존경했다. *Nosography: The Evolution of Clinical Medicine in Modern Times*, 2nd ed. rev. (New York: Hoeber, 1930).

** 이는 1935년 록펠러 재단의 앨런 그레그가 존스홉킨스 연구소와 지거리스트에게 지원금을 장기 후원하면서 정당화한 근거였다. 그레그는 재단 이사회에 다음과 같이 보고했다. "지거리스트의 주된 관심사는 의사의 사회적 역할을 탐구하여 의학 기술을 체계화하는 과정에 과거 경험을 활용하는 것이다…… 지거리스트는 또한 학생에게 의술을 실천하면서 알아야 할 윤리적, 사회적 함의를 가르치려고 노력한다……. 라이프치히에 형성되었던 중심지는 사실상 파괴되었지만 그것과 존스홉킨스의 지거리스트의 연구에는 유사점이 없는 것으로 알려져 있다. 지거리스트는 사회과학과 인문학이 의학자와 의료진에게 도달하는 통로를 보존하려 노력한다"([Alan Gregg], 17 April 1935, Johns Hopkins Institute of History of Medicine, Projects United States, RG 1.1, series 200, box 93, folder 1120, RAC). Theodore M. Brown, "Friendship and Philanthropy: Henry Sigerist, Alan Gregg, and the Rockefeller Foundation," in Fee and Brown, *Making Medical History* (n. 4), pp. 288-312.

1932년에 발표한 뒤 다방면으로 연구해나갔다.* 먼저 특정 역사 현상의 지표이자 실제적 요소였던 질병의 형태, 의료 지식 및 제도의 발전상을 다양한 관점으로 분석하여 19세기 경제, 사회 발전과 의학 간의 상관관계를 규명했다. 당대 역사학자에게 잘 알려졌듯 젊은 시절 루돌프 피르호는 1848년 초 발진티푸스를 조사하기 위해 실레시아에 파견되었는데, 보고서에서 희생된 노동자들의 '비정상'적 행동이 발진티푸스를 유발했다고 결론지었다. 그리고 약이나 검역이 아닌 사회 개혁이라는 적절한 치료법을 처방했다.**

질병의 발생 및 결과, 그리고 치료 제공까지 연구 주제에 포함하면 의사의 활동 범위보다 훨씬 광범위하게 의학을 이해해야 했다. 미시시피강 상류 계곡에 발생한 말라리아를 기술한 1945년 저작에서 아커크네히트는 '의학과 질병'이 아닌 '의사의 역사'라는 표현을 썼다.*** 의학사는 의학과 마찬가지로 질병에서 출발하는데, 여기에는 개별 환자의 경험은 물론 질병에 대한 전체 문화권의 반응까지 포함된다. 아커크네히트의 친구 조지 로젠이 언급했듯, '그러한 관점에서 질병

---

* 매디슨으로 옮긴 지 한 달 만에 아커크네히트는 템킨에게 편지를 써서 '피르호와 질병의 역사'에 집중하는 중이라고 설명했다(EHA to OT, 7 February 1947, Temkin Papers).
** "만약 인류가 신체적, 정신적으로 방치되지 않았더라면 상부 실레시아에서는 발진티푸스가 유행하지 않았을 것이고, 콜레라 희생자가 부유층보다 노동계급에서 더 많이 나오지 않았다면, 콜레라 피해는 완전히 무시되었을 것이다"(Rudolf Virchow, "The Epidemics of 1848"[언급한 논문은 다음 학술지에서 열람하라. *the Annual Meeting of the Society for Scientific Medicine*, 27 November 1848], in Virchow, *Collected Essays on Public Health and Epidemiology*, 2 vols., ed. L. J. Rather [Canton, Mass.: Science History Publications, 1985], 1: 113-19, on p. 117).
*** "의학사학자 대부분은 의술이나 질병의 역사보다 의사의 역사를 기록하는 치명적인 실수를 저지른다"(*EHA, Malaria in the Upper Mississippi Valley 1760-1900*, Supplement to the *Bulletin of the History of Medicine*, no. 4 (Baltimore: Johns Hopkins Press, 1945), p. 4.

에 내재한 의학적 요소는 고립된 현상이 아닌 전 사회적 양상이다'.*

아커크네히트가 피르호와 혼란스러웠던 1848년의 의료 개혁을 탐구하여 논문을 쓴 것은 우연이 아니었다. 그에 따르면 '정통' 마르크스주의자인 피르호가 새로운 산업 환경에 드러난 비정상적인 사망률과 질병률을 분석하는 틀을 발견한 건 필연적이었다. 피르호가 언급하여 널리 알려진 "의학은 사회과학이다"라는 구호는 의학의 폭넓은 범주와 책임을 강조하는 현실적인 주장이자 선언이었다. 의학은 인체와 사회를 연결하는 인류의 위대한 과학이었다. 피르호의 편에 서서, 아커크네히트는 사회과학이 궁극적으로 의학의 일부라고 설명했다. 그런데 의학이 사회과학이라는 의미는 아니었다. 아커크네히트는 피르호 사상의 선조로 르네 데카르트, 피에르 장 조르주 카바니스, 생시몽을 꼽았는데, 이들은 인체에 대한 지식을 쌓다 보면 자연스럽게 심리적, 사회적으로 인간을 이해하게 된다고 보았다.**

아커크네히트는 말라리아 연구를 통해 그러한 포괄적 관점의 유용성을 입증했다. 말라리아는 다양한 요소가 혼재한 질병으로 환경 조건에 민감하게 반응하며, 그러한 점에서 반反환원주의적이다. 19세기 미국의 어느 논객의 표현대로, 말라리아를 주제로 책을 쓴다는 것은 정치나 경제에 관한 책을 쓰는 것이다.*** 누군가는 말라리아에 관

---

* George Rosen, "A Theory of Medical Historiography," *Bull. Hist. Med.*, 1940, 8: 655–65, on p. 665.

** EHA, *Rudolf Virchow: Doctor, Statesman, Anthropologist* (Madison: University of Wisconsin Press, 1953), p. 46. 아커크네히트는 1946년 다음과 같이 썼다. "피르호는 선대 학자들 대부분이 그랬듯이 사회과학이 의학의 일부임을 보였다"(EHA to OT, 14 August 1946, Temkin Papers).

*** EHA, *Malaria* (n. 19), p. 66. 최근 진행된 논의를 통해 미국 독립전쟁 이전 정착민이 질

한 책이 물리적 환경과 건강을 논하는 책이라고 덧붙일 것이다. 말라리아는 당시 미국 중서부에 만연했는데, 그곳에 농업이 발전하면서 농부들이 말라리아의 영토에 침입했다. 그러면서 소가 들판을 거닐고, 배수로와 농수로가 놓이고, 주택이 튼튼하게 지어지고, 경제가 성장하여 건물마다 방충망이 설치되자 말라리아는 감소했다. 결정적인 원인이라 말하긴 힘들지만, 치료제로 도입된 퀴닌도 말라리아 감소에 한몫했을 것이다. 퀴닌은 말라리아가 유행하는 계절에도 사람들이 일할 수 있게 했고, 따라서 경제적 성장을 도왔다.* 말라리아 모기의 아종과 선호 행동을 구체적으로 밝힐수록, 풍토성 말라리아와 유행성 말라리아를 일으키는 환경은 더욱 우발적이며 복잡해졌다. 어느 전문가는 '말라리아의 모든 요소는 지역 조건에 따라 거듭 변형되어 천 가지 질병을 일으키는 전염병학적 수수께끼가 된다. 체스처럼 몇 개의 조각으로 구성되었지만 무한하고 다양한 상황을 연출

병을 어떻게 대했는지를 알고 싶다면 다음 문헌을 참고하라. Conevery Bolton Valenčius, *The Health of the Country: How American Settlers Understood Themselves and Their Land* (New York: Basic Books, 2002).

* EHA, *Malaria* (n. 19), pp. 99, 127. 아커크네히트가 말라리아를 주제로 택한 것은 전쟁과 연관되어 기금을 지원받았다는 이유도 있었으나 개인적으로도 말라리아에 관심이 있었으며, 전쟁 기간에 말라리아를 퇴치하는 최선의 방법을 찾는 논쟁도 활발하게 진행되었기 때문이다. 이때 논의되었던 말라리아 퇴치법은 기술에 초점을 맞춘 편협한 방식으로 전체론적, 경제적, 사회적 발전에 주목하는 프로그램과 거리가 멀었다. Frank M. Snowden, *The Conquest of Malaria: Italy, 1900-1962* (New Haven: Yale University Press, 2006); Gordon Harrison, *Mosquitoes, Malaria, and Man: A History of the Hostilities since 1880* (New York: Dutton, 1978); Margaret Humphreys, *Malaria: Poverty, Race, and Public Health in the United States* (Baltimore: Johns Hopkins University Press, 2001); Hughes Evans, "The Epidemiology of Minutiae: European Malaria Policy in the 1920s and 1930s," *Isis*, 1989, 80: 40-59.

한다'라고 설명했다.* 충분히 가능한 게임이고, 종종 일어난 이 게임은 의사 없이 진행되었다.

말라리아의 특성은 다른 질병에서도 드러난다. 토머스 매커운 Thomas McKeown이 발표하여 널리 인용되는 동시에 반박도 당한 '사망률 변화' 논의에 따르면, 결핵이 감소한 실질적 원인은 식단이다(따라서 식단은 경제적, 사회적 변동을 드러내는 실질적 지표이기도 함).** 그리하여 19세기 미국 중서부에 만연한 말라리아와 19세기 후반 영국에 창궐한 결핵에는 목적 지향적인 의료 개입이 별다른 효과가 없었다. 언급한 사례 연구를 궁극적으로 얼마나 신뢰하든, 의학사와 현대사회의 정책 논쟁이 긴밀하게 연결되는 것은 분명하다.***

---

* Lewis Wendell Hackett, *Malaria in Europe: An Ecological Study* (London: Oxford University Press, 1937), p. 266. 해켓은 이 인용문의 제목에서 따온 '말라리아 통제의 일반 전략'의 핵심에는 매개체와 전염 방식에 대한 정확한 이해가 필요하다고 생각했다.
** 1911년에 태어난 매커운은 아크크네히트보다 5살 적었다. 매커운이 집필한 영향력 있는 논문은 1950년대에 처음 등장하기 시작했다. Thomas McKeown and R. G. Record, "Reasons for the Decline of Mortality in England and Wales during the 19th Century," *Pop. Studies*, 1962, 16: 94-122; McKeown, *The Role of Medicine: Dream, Mirage, or Nemesis?* (Princeton: Princeton University Press, 1979). McKeown, *The Origins of Human Disease* (Oxford: Blackwell, 1988), cites Sigerist in the preface, p. 5. 르네 듀보스는 질병을 인구통계학적 현상인 동시에 사회 현상으로 보려고 했고, 동시대인과 마찬가지로 발병률과 사망률 감소에 회의적인 시선을 보냈다. 르네 듀보스와 장 듀보스는 '결핵'은 사회적 질병이며 기존 의학적 접근을 초월하는 문제를 제시한다고 설명했다. 그리고 경제적, 생물학적, 문화적 요인들 사이의 '하위 상호작용'에 초점을 맞추어야 한다고 제안했다. (René Dubos and Jean Dubos, *The White Plague: Tuberculosis, Man, and Society* [1952; New Brunswick, N.J.: Rutgers University Press, 1987], p. xxxvii). 결핵이 '사회 조직과 개인 행동에 존재하는 심각한 결함의 결과'(ibid.)라는 두 학자의 경고를 19세기 중반 수많은 위생학자들이 인용했을 것이다.
*** 배경 지식이 궁금하다면 다음 문헌을 참고하라. Dorothy Porter, ed., *Social Medicine and Medical Sociology in the Twentieth Century* (Amsterdam: Rodopi, 1997). 독일어권의 사회의학 전통과 경향을 다룬 책은 다음과 같다. Alfred Grotjahn, *Soziale Pathologie:*

의학은 인간의 사고와 행동을 비롯한 모든 측면을 반영하고 통합하는데, 이를 두고 조지 로젠은 '의학이 사회에 내재한다'라고 묘사했다. 1940년대에 로젠이 광부병, 의료비, 의학 전문화의 원천에 관한 학술서를 쓴 것은 그리 놀랍지 않다. 그는 안과학을 사례 연구한 저술에서 축적한 지식을 통해 의학의 전문화를 이루려는 전통적인 접근법, 시장 경쟁, 도시화 등 다양한 요소를 의학 전문화와 연결했다.* 아커크네히트는 1944년 로젠이 집필한 안과학 학술서가 그가 남긴 최고의 저술이라 생각했다. 헨리 지거리스트가 미처 완성하지 못한 의학사 전집에서 첫 번째 책(1951)이 질병의 탄생과 민족지학으로 출발했다는 사실 또한 그리 놀랍지 않은데, 이는 전략적 선택이자 아커크네히트의 공로다.** 지거리스트와 다르게, 아커크네히트는 현대의

Versuch einer Lehre von den sozialen Beziehungen der menschlichen Krankheiten als Grundlage der soziale Medizin und der sozialen Hygiene, 2nd ed. rev. (Berlin: Hirschwald, 1915); Alfons Fischer, *Grundriss der sozialen Hygiene* (Karlsruhe: Muller, 1925). 제시한 두 책 모두 조지 로젠의 개인 도서관에 있었으며, 아커크네히트는 학생 시절에 분명 이 책들을 알았을 것이다.

* George Rosen, *The History of Miners' Diseases: A Medical and Social Interpretation* (New York: Schuman, 1943); Rosen, *Fees and Fee Bills: Some Economic Aspects of Medical Practice in Nineteenth-Century America* (Baltimore: Johns Hopkins Press, 1946); and Rosen, *The Specialization of Medicine with Particular Reference to Ophthalmology* (New York: Froben Press, 1944). 조지 로젠은 이 논문으로 컬럼비아 대학교에서 사회학 박사학위를 받았다. 조지 로젠은 조언해준 로버트 맥과이어와 로버트 린드, 원고를 읽고 논평해준 로버트 머튼, 헨리 지거리스트, 에르빈 아커크네히트에게 감사의 말을 남겼다.

** Henry E. Sigerist, *A History of Medicine*, vol. 1, *Primitive and Archaic Medicine* (New York: Oxford University Press, 1951). 책 서문의 후반부(pp. 37-101)는 제목이 '시간과 공간 속의 질병'이지만, 그 이후부터는(pp. 105-213) '원시 의학'을 중점적으로 다룬다. 로젠의 논문에 대한 아커크네히트의 견해가 궁금하면 다음을 참고하라. EHA to Sigerist, 26 April 1947, Sigerist Papers, Johns Hopkins: "로젠의 논문을 다시 읽으면서, 처음 읽었을

정책 논쟁에 관여하지 않았다. 학문과 정치적 신념을 분리하지 않으면 위험하다고 여겼기 때문이다. 실제로 그는 전반적으로 정치에 냉소적이었다. 저서 《회고록Autobiographical Notes》에 따르면, 아커크네히트는 1938년 파리에 열린 정치 모임에서 빠져나온 후 다시는 비슷한 모임에 참석하지 않았다고 한다.* 그러나 의학은 질병에서 시작되고, 질병 발생 및 관리를 비롯한 모든 변수를 내재한다는 정치 원리에는 늘 충실했다.

아커크네히트는 또한 의학 이론을 오로지 직업에서 파생된 결과물로 보고 그 이론이 형성된 사회와 무관하다고 여겨서는 안 된다고 주장했다. 1948년 개리슨 강연에서 그는 19세기 반反전염론을 설명하며, 전염병을 설명하는 시대착오적 사고방식을 정부와 시장의 진보적이고 현대적인 사상과 연결했다.** 비슷한 측면에서, 제도를 혁신

때보다 훨씬 훌륭한 논문임을 깨닫게 되었다. 로젠의 이번 연구는 의심의 여지 없이 그가 남긴 최고의 성과이나, 널리 알려지지 않은 형태로 출판되어 매우 유감이다."

* "페르 라셰즈 공동묘지에서 레온 세도프Leon Sedoff를 화장한 1938년 2월, 넌덜머리가 난 나는 어리석은 정치 난민 모임에서 나와 다시는 정치 모임에 발을 들여놓지 않았다"(*In Remembrance* [n. 9], p. 4; italics in original). 세도프는 트로츠키의 아들로 아커크네히트의 친구였다.

** EHA, "Anticontagionism between 1821 and 1867. The Fielding H. Garrison Lecture," *Bull. Hist. Med.*, 1948, 22: 562-93. 반전염주의를 지지하며 자유주의적 사상 및 경제 의제의 역할을 강조한 아커크네히트는 본질적으로 이해하기 어렵고 모호한 맥락에 사례 연구를 도입하여 대답을 회피했다. 전염론과 반전염론의 논쟁 사례에서 보듯, 적절한 선택지가 주어지지 않은 경우는 사회적 이해관계가 어느 이론을 선택하는지를 결정한다. 그러한 점에서 아커크네히트의 글은 여전히 주목할 만하며, 논쟁의 여지는 있으나 학술적으로 가치 있다. Margaret Pelling, *Cholera, Fever, and English Medicine 1825-1865* (Oxford: Oxford University Press, 1978), esp. pp. 298-302; Roger Cooter, "Anticontagionism and History's Medical Record," in *The Problem of Medical Knowledge*, ed. Peter Wright and Andrew Treacher (Edinburgh: University of Edinburgh Press, 1982), pp. 87-108, esp. pp. 87-93; Peter Baldwin, *Contagion and the State in Europe, 1830-1930* (Cambridge:

하고 중요한 정치적 사건을 일으키는 등 파리 임상학파가 의학을 초월하여 남긴 성과도 강조했다. "파리에서 실행되고 전파된 새로운 의학은 정치적, 기술적 혁명에서 탄생했다."[*] 아커크네히트와 동료 의학사학자들은 사회사를 보는 관점에서 의학을 이해하고, 과거 의학 사상 및 관행을 보는 관점에서 사회를 이해하며 의학사학을 재창조하기 위해 하나로 뭉쳤다. 그들은 혼자가 아니었다. 17세기 과학과 기술을 탐구하여 널리 인용된 로버트 머튼Robert Merton의 1938년 논문, 그리고 과학적 인식론을 탐구하여 1935년 발표했으나 머튼의 논문보다는 덜 인용된 루드윅 플레크Ludwick Fleck의 논문은 앞에서 언급한 관점이 반영된 독특한 접근 방식으로 특정 사회적, 문화적 공간에 본인의 사상을 배치했다.[**]

그러한 접근 방식에 근거하여, 아커크네히트는 평범한 의사의 사상과 관행을 간과하지 않았다. 아커크네히트가 보편적인 의료 관행과 치료법에 관심을 가졌던 것도, 의학을 영향력 있는 이론의 계보가 아닌 사회의 능동적 기능으로 생각했기 때문이다. 그는 1966년

Cambridge University Press, 1999).

[*] EHA, *Medicine at the Paris Hospital, 1794-1848* (Baltimore: Johns Hopkins Press, 1967), p. xi. 이후에 파리 임상학파가 어떻게 평가받았는지 궁금하면 다음 문헌을 참고하라. Caroline Hannaway and Ann La Berge, eds., *Constructing Paris Medicine* (Amsterdam: Rodopi, 1998).

[**] Robert K. Merton, "Science and the Economy of Seventeenth Century England," *Sci. & Soc.*, 1939, 3: 3-30; Merton, "Science, Technology and Society in Seventeenth Century England," *Osiris*, 1938, 4: 360-632; Ludwick Fleck, *Genesis and Development of a Scientific Fact*, ed. Thaddeus J. Trenn and Robert K. Merton, trans. Fred Bradley and Thaddeus J. Trenn (Chicago: University of Chicago Press, 1979), first published in German in 1935 (Basel: Schwabe, 1935).

초 편지에서 "의료 관행은 무척 중요하지만 무시당하며 파악하기 힘든 의학사의 단면이다. 과거에 의학은 늘 '과학적 문헌' 혹은 '최고 기관과 최고 의사'의 관점에서 기록되었다. 그렇지만 나는 '행동 연구'의 관점에서 보려고 오랫동안 노력해왔다"라고 밝혔다.* 만년에 아커크네히트는 방법론적 연구법에 반대하긴 했지만, 학생들에게 과거 의사의 관점에서 의학을 살펴보도록 촉구했다.** 예를 들자면 그는 피르호의 일대기를 연구하면서 170권에 달하는 피르호 자료집을 읽었고, 파리 임상학파를 연구하면서는 영향력이 컸던 프랑스 임상학 학회지 80권을 읽으며 당대 의사의 일상을 재구성했다. 기존 의학사에 족적을 남긴 몇몇 연구자 고유의 시각에서 벗어나려 했기 때문이다.

질병 및 민족지학의 변화

질병 자체가 공동체를 정의하는 기준이 되었다. 아커크네히트는 특히 민족지학을 다루는 글에서 질병이란 단순한 생물학적 사건이 아닌 질병이 발생한 사회를 정의하는 요소라고 지적했다. 그리고 위

---

* EHA to CER, 7 February 1966. EHA, "On the Teaching of Medical History," in *On the Utility of Medical History*, ed. Iago Galdston, Monograph 1, Institute on Social and Historical Medicine, New York Academy of Medicine (New York: International Universities Press, 1957), pp. 41-49, on p. 45. 아커크네히트가 종종 되풀이하는 이 주장은 궁극적으로 다음 논문에 수록되었다. "A Plea for a 'Behaviorist' Approach in Writing the History of Medicine," *J. Hist. Med.*, 1967, 22: 211-14; 언급한 논문의 214쪽에서 아커크네히트가 '행동주의behaviorism'라는 개념을 어떻게 정의하는지 참조하라.
** "먼저 방법론을 논하지 않고서는 먹지도, 성교를 하지도, 누군가를 죽이지도, 배설하지도, 책과 글을 쓰지도 못하는 집단에 있는 것이 내 운명이었음을 잊지 마라! 당신도 나와 같은 상황에 빠지고, '방법론'에 대한 의견에는 제재가 가해질 것이다"(EHA to CER, 17 November 1969).

스콘신 대학교에서 개최된 교수 취임 강연에서 '질병과 질병 치료는 순수하고 추상적인 생물학적 과정 안에 있다'라고 주장했다.

다양한 현상, 가령 누가 병에 걸리는지, 어느 질병에 걸리는지, 어떠한 형태의 치료를 받는지는 사회 요인에 크게 좌우된다. 심지어 질병 개념 자체가 객관적인 사실이기보다는 사회의 결정에 달린 문제다. 이는 특히 정신 질환 분야에서 명백히 드러나지만, 다른 분야에서도 발견된다.*

예를 들어 아커크네히트는 1945년 발표한 학술서에서 말라리아가 미국 중서부에 매우 흔하게 발병했다고 밝히며, 가족이나 이웃들이 말라리아에 걸려 고열과 오한에 끊임없이 시달리는 동안 몇몇 주민은 '아프지는 않고 열ager이 날 뿐'이라고 말했다고 한다.** 이외에도 아커크네히트가 저술이나 강연에서 사례로 들었던 딸기종yaws, 열대백반피부염pinta, 장 기생충 등은 특정 지역에 너무나도 널리 확산한 나머지 증상을 앓지 않는 사람이 비정상인 것처럼 보였다고 한다.***
아커크네히트의 지적 우상이자 친구였던 루스 베니딕트만큼 상대

---

* EHA, "The Role of Medical History in Medical Education," *Bull. Hist. Med.*, 1947, 21: 135-45, on pp. 142-43.
** R. C. Buley, "Pioneer Health Prior to 1840," *Mississippi Valley Hist. Rev.*, 1933-34, 20: 497- 520, EHA, *Malaria* (n. 19), p. 5에 인용. 'ager'는 말라리아를 뜻하는 전통 용어인 'ague'를 소리 나는 대로 적은 단어로, 계속 재발하는 열을 의미하는 것으로 추정된다.
*** 현대 서양 의학에서 아커크네히트는 다소 독특한 현상을 시사했는데, 제각기 다른 시간과 장소에서 도덕적이며 공평한 판단을 요구하는 행동과 감정을 비정상으로 취급했다. 그는 1940년대에 '정신병리학적 라벨링labeling'라는 용어 사용을 최우선으로 강조했다. EHA, "Psychopathology, Primitive Medicine and Primitive Culture," *Bull. Hist. Med.*, 1943, 14: 30-67, esp. pp. 30-35.

주의적 논점을 강조한 동시대 학자는 없다.* 1940년대에 원시 의학을 포괄적으로 설명하는 글을 쓴 아커크네히트는 베니딕트가 사회구조를 비교하여 집필한 체계적인 글을 모델로 삼았다.** 베니딕트가 내세운 '배열인류학configurational anthropology'에 따르면, 질병과 행동은 사회에서 문화적 적합성을 토대로 정의되었다. 이를테면 동성애나 자살, 사춘기에 대한 정의는 문화마다 제각기 다르다. 건강은 특정 문화가 규정하는 전형적인 정상 상태의 범위 내로 정의되고, 그 범위 밖으로 넘어가면 비건강으로 정의된다.*** 베니딕트는 다음과 같이 말했다. "건강이라는 개념은 적절한 한계 내에서 다양한 형태로 존재한다. 문화적으로 건강을 정의하는 범위는 굉장히 넓다."****

---

* 아커크네히트는 '원시 의학이 현대 의학의 시초'라는 진화적 개념을 거부한 것이 본인의 원시 의학 연구에서 가장 중요한 요소라고 꼽았다. 원시 의학은 그 자체로 탐구되어야 하는 해당 문화 고유의 관행이었다. "이 같은 기능주의적 관점은 루스 베니딕트의 사상에서 비롯했다"[(EHA, *Medicine and Ethnology: Selected Essays*, ed. H. H. Walser and H. M. Koelbing [Bern: Huber, 1971], p. 14; emphasis in original). Ruth Benedict's *Patterns of Culture* (Boston: Houghton Mifflin, 1934) was widely read and assigned for classroom use; Judith S. Modell, *Ruth Benedict: Patterns of a Life* (Philadelphia: University of Pennsylvania Press, 1983).

** EHA, "Primitive Medicine and Culture Pattern," *Bull. Hist. Med.*, 1942, 12: 545-74, 해당 문헌은 북부 원주민인 샤이엔 부족, 도부섬 사람들, 총가족의 의학 사상과 관행을 비교한다.

*** "동성애는 문제를 간단하게 드러낸다. 우리 사회가 다양한 일탈이 빚어낸 모든 갈등을 개인에게 노출하면, 개인은 그 갈등을 동성애의 결과로 규정하곤 한다. 하지만 그러한 갈등은 지역과 문화에서 비롯한 것이다. 많은 사회에서 동성애자는 무력하지 않지만, 만약 문화가 동성애자에게 생명에 무리를 줄 만한 변화를 요구한다면, 동성애자는 무력해질지도 모른다"(Ruth Benedict, "Anthropology and the Abnormal," *J. Gen. Psychol.*, 1934, 10: 59-82, on p. 64).

**** Ibid., p. 73. Cf. EHA, "Psychopathology, Primitive Medicine" (n. 37), p. 31, 사회학자 킴볼 영의 말을 인용. "건강이란 정상과 적절함이라는 개념의 변형이다"(Kimball Young, *Personality and Problems of Adjustment* [New York: Crofts, 1940], p. 736).

아커크네히트와 베니딕트는 특히 질병의 범위를 정의하는 서유럽의 가치관이 논리가 아닌 우연을 토대로 형성되었다고 보았다. 그러한 관점에서, 베니딕트는 인종이나 유전학적 요소로는 행동을 설명할 수 없다고 말했다. 그리고 신학 교리가 내세우는 확고함을 거부한 이전 세대의 관점을 본인의 관점과 비교했다. 사회에서 널리 수용되는 행동을 설명하고 정당화하는 사상은 상호 의존적으로 복잡하게 구성되어 있지만, 변화할 수 있었다. 베니딕트는 다른 문화에 대한 지식이 '사회질서를 합리적으로 향상하는 데 기여할 것이다'라고 주장했다.* 그러한 측면에서 서유럽 사회는 트로브리안드 군도 원주민만큼이나 제멋대로였다. 로버트 린드Robert Lynd가 저술한 《미들타운 Middletown》에 등장하는 사람들은 경쟁이나 물질적인 면에서 프란츠 보아스Franz Boas가 저술한 《콰키우틀족 이야기Kwakiutl Tales》에 등장하는 사람들과 별반 다르지 않았다.** 베니딕트가 고유의 문화 패턴 내에 배열한 세계관을 통해 바라본 의학은 신체와 건강과 질병, 정상 및 비정상에 관한 관념을 정당화하면서 직접적이며 필연적으로 정치와 연결되었다. 베니딕트는 문화에 관한 자신의 견해를 설명하면서 '배열configuration'이라는 용어를 썼고, 이후에는 토머스 쿤Thomas Kuhn처럼 게슈탈트 심리학Gestalt psychology과 관련된 개념을 불러왔다.***

---

* Benedict, *Patterns* (n. 38), p. 10. pp. 230-31. 참조.
** Ibid., p. 228; in *Middletown*, p. 252. 그러한 아이러니가 시사한 바는 동시대 학자들에게 잊히지 않았다. 1946년 펠리컨북스에서 재인쇄한 《문화의 패턴Patterns of Culture》 판본의 부제가 '원시 문명과 관련된 우리 사회의 구조 분석'이다. 제2차 세계대전 말에 발견되는 정치와 인류학의 교차점을 알고 싶다면 다음 문헌을 참고하라. Ralph Linton, ed., *The Science of Man in the World Crisis* (New York: Columbia University Press, 1945).
*** Mitchell G. *Ash, Gestalt Psychology in German Culture, 1890-1967: Holism and*

의미는 언제나 관계에 의존했다. 이는 잠재적으로 탈권위적인 사고방식이었고, 다음 세대의 인식적 회의론자들은 의학을 논하면서 그러한 사고방식을 효과적으로 활용했다.*

베니딕트의 관점은 1930년대와 1940년대 학계에서 일반상대론자, 반결정론자, 반제국주의자, 반인종주의자를 대표했다. 나는 이를 인민전선Popular front의 사회과학이라 부른다.** 어떤 이는 멜빌 헤르스코비츠Melville Herskovits의 저서 《흑인 역사의 신화The Myth of the Negro Past》, 귄나르 뮈르달Gunnar Myrdal과 애슐리 몬태규Ashley Montagu의 인종에 관한 견해, 앨프리드 킨제이Alfred Kinsey가 제시한 성행동 다양성(다른 말로 정상성에 대한 문제 제기), 그리고 정신과학에서 말하는 '인지cognition'를 보다 자의적이고 타협적이며 보여주기식인 존재로 격하한 어빙 고프먼Erving Goffman의 사상을 제각기 다른 방식으로 이해한다.*** 어떤 이는 등장한 시기와 방식을 기준으로 앞에서 언급한 사

---

the Quest for Objectivity (Cambridge: Cambridge University Press, 1995). 앞에서 언급했듯 조지 로젠도 '사회 영역'을 설명했는데, 사회 영역이란 사회구조의 양식으로 개인적으로 내면화되어 상호작용을 일으킨다는 내용이다. 1942년 아커크네히트는 이렇게 말했다. "인류학에서 일부에 대한 끊임없는 분석을 강조하는 대신에 배열을 강조하는 행위가 생물학, 심리학, 철학에서 발견되는 경향과 일치하는 것은 분명 단순한 우연을 뛰어넘는다"(EHA, "Primitive Medicine" [n. 39], p. 547). Caroline F. Ware, "Introduction," in *The Cultural Approach to History; Edited for the American Historical Association*, ed. Caroline F. Ware (New York: Columbia University Press, 1940), p. 12. 참조.

* 이처럼 역사와 문화를 구체적으로 표현하는 개념은 루스 베니딕트의 《문화의 패턴》 이후 1년 뒤에 출간된 루드윅 플레크의 저서 《기원과 발생의 과학적 사실*Genesis and Development of a Scientific Fact*》에도 두드러진다.

** 베니딕트가 행동과 사회 조직의 생물학적 결정을 공격하거나, 이성이 유도하는 사회 변화의 가능성을 강조한 것은 우연이 아니다. (아커크네히트에 따르면) 베니딕트는 기능주의자였을지 모른다. 그러나 운명론자와는 거리가 멀었다.

*** Melville J. Herskovits, *The Myth of the Negro Past* (New York: Harper, 1941); M.

상가들을 구분한다. 하지만 이들의 견해는 '존재is'와 '당위ought'를 구별하려는 경향을 공통적으로 드러낸다. 그리고 의학과 연관된 인지적이며 도덕적 주장이 의학 전문가의 권위를 정하고, 문화 요소로 정교하게 구성된 다양한 신념 체계 중 하나에 불과한 사회규범을 확립한다는 담론을 형성한다.*

서유럽 예외주의

하지만 아커크네히트는 질병과 의학 지식에 관한 한 상대주의를 제한적으로 적용했다. 동시대의 수많은 사람들과 마찬가지로 그는 일종의 서유럽 예외주의를 가정했는데, 서구 과학이 고대 그리스 시대부터 경험적 진리와 합리성을 향해 움직였다는 가정이었다. 아커크네히트는 '그리스인들은 의학을 완전하게 세속화하고 초자연주의와 분리시키는 등 역사적으로 중요한 성과를 세운' 최초의 인류였다고 전통적인 관점에서 언급했다.** 그리고 서양에서 과학이 발전한 맥락을 따지는 동시에, 서양 과학의 발전이 탁월하고 혁신적인 궤적을 남

F. Ashley Montagu, *Man's Most Dangerous Myth: The Fallacy of Race* (New York: Columbia University Press, 1942); Gunnar Myrdal, *An American Dilemma: The Negro Problem and Modern Democracy* (New York: Harper, 1944); Alfred C. Kinsey et al., *Sexual Behavior in the Human Male* (Philadelphia: Saunders, 1948); James H. Jones, *Alfred C. Kinsey: A Public/Private Life* (New York: Norton, 1997); Erving Goffman, *Asylums: Essays on the Social Situation of Mental Patients and Other Inmates* (New York: Doubleday, 1961). 고프먼의 저술은 대부분 1957년과 1959년에 발표되었다.
* 베니딕트와 아커크네히트는 행동 병폐가 개인과 개인이 태어난 문화 사이의 부조화에서 비롯한다고 보았다. 이 견해가 사실이라면, 사회 변화는 신체뿐만 아니라 심리와 정서에도 부조화를 유발하여 질병 발생률에 변화를 일으킬 것이다.
** EHA, "Aspects of the History of Therapeutics," *Bull. Hist. Med.*, 1962, 36: 389-419, on p. 391.

겼다고 가정했다. 아커크네히트는 마르크스주의와 결별했지만, 종교를 받아들이거나 과학기술이 가져오는 물질적 이익을 의심하지는 않았다.

아커크네히트는 다음과 같이 사회학 측면에서 설명했다.

> 나는 고대 그리스 시대에 독립적이며 나름 합리적으로 사고하는 의사들이 활동했던 이유를 학생에게 설명해야 할 때면 사회학적 견해를 제시한다. 그 이유는 강력한 성직자 계급이 부재했기 때문이다. 이 사안은 그리스 정치 분권화라는 주제로 다뤄지기도 한다. 나는 이처럼 질문의 일부분만을 설명하는 답안이 만족스럽지 않다. 그렇지만 그리스의 수수께끼를 이보다 제대로 설명하는 답안은 내게 없으며, 다른 누구도 더 나은 답을 갖고 있지는 않은 것 같다.*

아커크네히트는 1500년경에 독특하고 사회학적으로 설명 가능한 문화적 변화가 나타났다고 믿었다. 붕괴한 중세 경제 및 세계관은 소수의 창조적인 과학자를 배출하는 동시에 마녀사냥의 원흉인 전염병을 발생시켰는데, 둘 다 문화 현상으로 이해할 수 있었다. 아커크네히트가 서유럽의 진보를 서술하면서 전제한 가정 중에는 병상에서 병원으로, 병원에서 실험실로 의학의 중심이 옮겨갔다는 가정이 특히 눈에 띈다. 이 내용은 그의 파리 임상학파 연구에 영향을 미쳤다. 사

---

* EHA to OT, 7 February 1947, Temkin Papers. 아커크네히트는 전통적인 그레코-경건주의적 관점을 유지했다. 정신과학은 전 과학 분야와 마찬가지로 그리스인에게서 시작하며, "그리스인들은 자연주의적 설명에 노골적으로 찬성하며 과학적 의학과 정신과학의 창시자가 되었다"(EHA, *A Short History of Psychiatry* [New York: Hafner, 1959], p. 9).

회적, 이념적 변화가 의료 조직과 통찰의 점진적인 변화를 촉진하긴 했지만, 궁극적으로는 의학이 지식을 축적하고 전문성을 구축하며 서서히 진화했다는 것이다.

따라서 아커크네히트는 의학사에 등장하는 인물들이 지식의 발전에 공헌했는지, 역사의 옳은 편에 서 있는지를 평가하고 칭찬하거나 비난했다. 의사와 과학자가 남긴 성과를 맥락에 따라 구분해야 한다는 평등주의적 관념을 지녔음에도, 그는 역사 속 인물을 '기여'와 '진보' 수준에 맞추어 구분하지 않을 수 없다고 생각했다. 서유럽의 과학은 역사 구조를 갖췄으나, 가치와 지식이 축적된 매우 특별한 체계였다. 합리성과 개성과 진리를 향한 탐구로 독특하게 구성된 서유럽 과학은 꾸준히 혁신하여 자연 세계를 이해하는 데 도움을 주었다.

아커크네히트가 1940년대와 1950년대에 작성한 글에서 '원시 primitive'라는 개념을 포괄적으로 사용하거나, '합리적이며 경험적'이라는 개념과 '주술-종교적'이라는 개념을 뚜렷하게 구별해서 사용한 것은 시대착오적이다. 두 사례 모두 그가 평소에 언급한 민족지학 이론과 맞지 않으며, 세상에는 하나의 '원시사회'가 아닌 수없이 다양한 '문자 이전 사회'가 존재한다는 그의 가르침과도 배치된다. 이는 아커크네히트가 안락의자 인류학자일 뿐만 아니라(그와 동시대에 사회과학계에서 활동한 학자들 다수가 예일 대학교가 편집한 '지역별 인간관계 자료 Human Relations Area Files'에 열광했다), 그가 제시한 '민족지학의 상대주의적 관념'과 '문화적 위계질서 거부'라는 학술적 성과가 서유럽 문화의 예외주의와 공존했음을 의미한다.

푸념

1957년 유럽으로 돌아온 아커크네히트는 파리에 더욱 가깝고 마음이 잘 맞는 학문의 세계로 들어왔다. 그런데 연구 능력은 떨어지지는 않았지만 건강이 좋지 않았고, 세상은 암울해 보였다. 두 패권국가 모두 실망스러웠다. 미국은 자제력이 약하고 문화가 퇴폐한 국가였고, 러시아는 전제주의적 야만성을 드러냈다. 아커크네히트는 소련을 두려워하는 동시에 조지프 매카시Joe McCarthy와 배리 골드워터 Barry Goldwater를 혐오했고, 파리 거주 시절 알았던 사회주의자들에 관하여 FBI가 질문하는 것도 싫어했다.* 그는 1959년 취리히 출신 템킨에게 보내는 편지에 "현대 문명의 추세는 여기나 저기나 마찬가지다. 다만 유럽에서는 씁쓸한 과일이 더디게 익어가며 크기도 좀 더 작을 뿐이다"라고 적었다.** 1960년대 후반 학생운동을 지켜보며 아커크네히트는 서구가 쇠퇴한다는 믿음을 간단히 확인했다. 1970년에는 "처음에는 폭탄을 투척하다가 대마를 피우더니, 러시아의 아랍 요원에게 달려가고는 결국 이데올로기 노선을 포기한 서구 세계의 현실을 보면 무척 우울하다"라고 썼다.***

아커크네히트는 의학사의 흐름을 지켜보며 마찬가지로 낙담했다.

---

* On Goldwater's "knownothingism," EHA to Paul Cranefield, 5 June 1964, Cranefield Papers, box 1, folder 4; 《트로츠키 일기The Trotzki Diary》는 내가 한때 잘 알았던 트로츠키 본인보다 훨씬 수준이 낮다(나는 분명한 이유로 아직 이 사실을 공식적으로 알리지 않는다. 하지만 FBI와 그 사실을 정리한 이후에는 적어도 친구들에게는 숨길 필요가 없다)"(EHA to CER, 27 March 1959). On McCarthy, EHA to George Rosen, 18 April 1950, Rosen Papers: "내가 편집병 환자라거나 정치인을 따른다고 생각해서는 안 된다. 내 비열한 거짓말로 동료들은 실제로 공격당하지 않게 된다."
** EHA to OT, 30 April 1959, Temkin Papers.
*** EHA to OT, 9 September 1970, Temkin Papers.

그는 오랫동안 정신분석학과 정신분석학의 연대 기록자들을 경멸했다. 아커크네히트는 정신분석학을 현대판 샤머니즘이라 부르곤했다. 정신분석학은 긴 세월 그의 정신을 자극했다. 1960년대 후반부터 1970년대까지 아커크네히트는 학계의 변화를 폭넓게 체감했다. 의학사를 전공하려는 학생들이 미셸 푸코Michel Foucault를 출발점으로 여기는 게 불안했다. 그는 푸코가 학식이 높고 총명하지만 공허하다고 생각했다. "이 남자 덕분에 프랑스인은 독일인 정복자로부터 형이상학적인 박수를 받았다."* 아커크네히트가 보기에 프랑스 도덕철학자이자 역사가인 푸코는 언어(용어)가 현실을 구성한다고 생각하는 사람이었다. 아커크네히트는 그러나 의학은 분류된 언어에서 행위를 단순히 추론해서는 안 되며, 행위 자체를 고려해야 한다고 주장했다. 또 윌리엄 맥닐William McNeill이 저서《전염병의 세계사Plagues and Peoples》에서 환경결정론ecological determinism을 지나치게 부풀렸다고 지적하며, 이 책은 '과학소설'이라고 일축했다. 아커크네히트는 1970년대의 과학·의학사회사가 지식적 측면을 무시한다고 느꼈다. 그리고 템킨과 로젠도 그랬듯이, 더는 의사들이 의학사를 기록하지 않으리라는 사실에 실망하고 체념했다.

　무엇보다도 아커크네히트는 새로운 세대의 사회역사가가 일종의 유아적 상대주의, 즉 서양 의학의 진정한 성과를 무시하는 낭만주의적 러다이트 운동에 굴복한다고 느꼈다. 1970년대에 내가 쓴 19세기 치료학 논문과 병원 논문을 읽은 아커크네히트는 회의적인 반응

---

* EHA to Paul Cranefield, 25 July 1963, Cranefield Papers, box 1, folder 4.

을 보였다. 두 논문 모두 시류에 영합하는 의사를 비난하는 동시에, 평범한 사람이 병원에 방문하여 치료받으며 누리는 혜택을 무시한다면서 아커크네히트는 나를 단도직입적으로 비난했다. 의사가 인체의 작동 원리에만 집중하고, 사회적 유기체로서는 환자에게서 떨어져 있다는 나의 주장이 아커크네히트가 보기에는 모호하고 낭만적이며 도덕적으로 둔감했다. 1977년 9월 그는 '기계 장치로서의 인체 개념'이라는 글을 써서 내게 보냈다.

나는 사회적으로나 심리적으로 마녀 취급을 받는 의사에게 쏟아지는 비난을 50년이 넘는 세월 동안 들어왔지만, 분명 의사는 사람들을 위해 많은 일을 해왔네. 그동안 의학에 접근하지 못했더라면 내가 몇 번은 죽었을 거라는 사실과는 별개로, 내가 학생이었던 당시(1924~1929)와 현재의 의학적 성과를 비교하지 않을 수 없다네.*

다양한 신이 아커크네히트를 실망시켰다.** 첫째는 좌파 정치, 그리고 독일 노동계급 시민의 힘이었다. 학창 시절 친구들 가운데 절반은 나치에 목숨을 잃었고, 나머지 절반은 스탈린에게 죽임을 당했다고 그는 종종 이야기했다. 그리고 반세기 동안 아커크네히트는 나치와

---

* EHA to CER, 28 September 1977. 아커크네히트는 내가 논문을 재인쇄한 것을 알고 있었다(Charles E. Rosenberg, "And Heal the Sick: The Hospital and the Patient in 19th Century America," *J. Soc. Hist.*, 1977, 10: 428-47; Rosenberg, "Inward Vision and Outward Glance: The Shaping of the American Hospital, 1880-1914," *Bull. Hist. Med.*, 1979, 53: 346-91).
** 이 문구는 리처드 크로스먼Richard Crossman의 저술을 참고했다, *The God That Failed* (New York: Harper, 1950; Columbia University Press, 2001).

스탈린처럼 잔인하지는 않지만 이중적이고 얄팍한 좌우 정치와 정치인들을 경험했다. 그 경험은 그가 왜 그토록 피르호를 숭배했는지 이해하는 데 도움이 된다. 피르호의 삶은 과학을 향한 헌신, 노동의 순수성, 과학 및 노동이라는 이상적인 형태로 드러난 시민적 용기로 구체화된다. 아커크네히트는 '피르호의 본질은 아마도 용기였을 것이다. 그는 독일 중산층에 마지막까지 남은 용기 있는 시민을 대표했다'라고 주장했다.

노동자 운동에서 보이던 용기가 나치즘의 암흑기에 사회 전 계층의 몇몇 순교자에게서 다시 드러났다. 피르호의 이야기는 의학사와 과학사에서 중요한 장을 차지한다. 아니, 그 이상이다. 피르호는 전 인류가 자랑스러워할 만한 보기 드문 위인이다.*

아커크네히트에게 과학은 실패하지 않는 신이었고, 피르호는 절충주의자와 출세 지향자가 득세한 세계를 살아가면서도 명예를 지킨 인물이었다.

연속성

에르빈 아커크네히트는 1920년대 후반과 1930년대 초반 본인이

---

* 이 글이 피르호 전기의 결론이라는 점에 큰 의미가 있다: EHA, *Rudolf Virchow* (n. 21), p. 242(피르호의 성격에 관한 비슷한 언급은 pp. 17, 37, 39 참조). 시간이 조금 더 흘러서, 일종의 개혁적 이상주의가 실질적 공중보건 개혁으로 변화하며 피르호의 활동이 주목받은 상황을 알고 싶다면 다음 문헌을 참고하라. EHA, "Rudolf Virchow und die Socialmedizin," *Sudhoffs Archiv*, 1975, 59: 247-53.

몸담았던 정통 마르크스주의를 거부한 것처럼 '사회사'에도 등을 돌리지는 않았다. 이후 의학사학자들은 역사에 대한 '사회학적' 접근에 강조되는 몇몇 핵심 사항을 물려받았다. 돌이켜보면, 아커크네히트와 동시대의 몇 안 되는 동료 학자가 제시하는 논제들 사이에는 주목할 만한 요소가 꾸준히 드러난다. 첫 번째이자 가장 중요한 요소는 의학과 의학사를 새롭고 폭넓게 규정하는 정의다. 여기에는 환자의 인식, 신체에 대한 의사의 이해, 그리고 건강 상태를 결정하는 사회의 모든 요소가 포함된다. 이러한 요소는 이를테면 과거에 말라리아와 결핵의 발병률을 변화시켰으며, 최근에는 암암리에 천식과 2형 당뇨병의 발병률에도 영향을 주었다. 두 번째는 의미가 다차원적 맥락에서 성장하는 방식이다. 앞에서 언급했듯 루스 베니딕트가 본인의 접근법을 배열인류학이라 부르고, 토머스 쿤과 마찬가지로 베니딕트도 게슈탈트 심리학에서 영향을 받고, 조지 로젠이 '사회 분야'를 언급한 것은 당연한 일이다.* 역사적으로 정상과 비정상을 나누는 기준은 타협과 결정의 결과라는 사실이 밝혀졌다. 그러한 기준을 정의하고 실행하는 권위는 전횡을 일삼았다. '존재'와 '당위'를 구분하는 힘은 아무리 강조해도 지나치지 않다. 의학 사상을 불확실하며 상황에 좌우되는 대상으로 여길 때, 그리고 질병 원인을 이념으로 간주할 때, 의학 사상은 의학자는 물론 역사학자와 사회학자가 탐구할 만한 주제가 된다. 지식은 현실에서 분리되지 않으며 역사와 근본 가치, 그리

---

* "게슈탈트, 전체, 분야, 체계라는 용어는 커트 댄지거Kurt Danziger가 '생성 은유'라고 부르는 개념으로 작동했는데, 그러한 개념은 특정 실험 환경에서 점차 풍부한 새 의미를 얻는 동시에 더 넓은 과학 및 문화 분야와 연결된다"(Ash, *Gestalt Psychology* [n. 44], p. 11).

고 특정 사상을 받아들이거나 거부할 수 있는 권력과 복잡한 관계를 맺는다. 현대의 과학민족지학자는 '실험실의 삶'을 연구하면서 문화인류학자로 가장하여 비겁한 전술을 구사한다. 역설적 거리두기ironic distance는 분석 도구인 동시에 효과적인 수식어다.* 사회의학에서 질병은 불가피한 임의의 생물 현상이 아니라 부분적으로 인간이 초래했기에 책임을 져야 하고, 변화할 수 있으므로 인간이 변화시켜야 하는 사회 환경의 결과다. 지속되는 건강 불평등은 사회적 행동에 동기와 정당성을 부여하고, 조지 로젠과 에르빈 H. 아커크네히트 같은 학자들이 창시한 역사학에 여전히 생명력이 있음을 입증한다. 19세기 개혁가 토머스 로 니콜스Thomas Low Nichols에 따르면, 불평등한 사망률은 사회의 부당함을 드러내며 정의로운 사회 형성에 의학이 폭넓게 작용해야 함을 암시한다.** 그러한 점에서 1848년 초 실레시아에서 활약한 피르호의 이야기에는 오랫동안 사람의 마음을 움직이는

---

* 루스 베니딕트가 '로버트 린드Robert Lynd의 중서부 미국인 문화 연구'를 '태평양 북서부 아메리카 원주민 문화'와 비교한 것, 또 아커크네히트가 '주술사의 정신과학'과 '브뤼노 라투르Bruno Latour 및 스티브 울가Steve Woolgar의 민족지학적인 소크 연구소 탐구'를 비교한 것은 같은 선상에서 견줄 수 있다, *Laboratory Life: The Social Construction of Scientific Facts* (Beverly Hills, Cal.: Sage, 1979). 역설은 이따금 문화 논평과 비판의 매개체로 작동했다. 나는 대학원 신입생 시절에 인류학자 프랜시스 L. K. 수Francis L. K. Hsu의 이론을 배우고 크게 감명받았다. "A Cholera Epidemic in a Chinese Town," in *Health, Culture and Community: Case Studies of Public Reactions to Health Programs*, ed. Benjamin D. Paul (New York: Russell Sage, 1955), pp. 135-54. 수는 아커크네히트의 좋은 친구로, 내게 다음 기사를 추천했다. "The common man in China." 폴은 '미국의 일반인은 마술을 과학으로 위장해야 받아들이고, 과학을 마술로 위장해야 받아들인다'라며 사례 연구를 풍자했다(p. 135).

** "나는 인간 삶의 불평등을 사망률 통계만큼 끔찍하게 보여주는 것은 없다고 생각한다" (Thomas L. Nichols, *Human Physiology: The Basis of Sanitary and Social Science* [London: Trübner, 1872], p. 10).

힘이 있었고, 따라서 아커크네히트와 후배 의학사학자들은 피르호의 이야기를 적절하게 인용했다.* (전염병학자가 으레 존 스노와 브로드가 Broad Street 펌프 이야기를 인용하는 것에 견줄 만하다.)

1960년대 후반과 1970년대에 확산한 정치적 행동주의 및 반권위주의가 사회 의료와 어떻게 관련되었는지는 강조할 필요가 없다. 그런데 인종차별주의, 성차별주의, 신식민주의, 환원주의 의학의 헤게모니에 반대하는 정치적 행동주의 및 반권위주의의 열기 때문에 1930년대와 1940년대가 소외당하는 경향이 생겼다. 또한 오늘날의 젊고 비판 의식이 있는 사회과학자들이 과거의 유용한 지식을 제공하는 학문의 창시자와 스승을 소외시키는 경향도 생겼다. 그리하여 아커크네히트와 의학사학자들이 의학사 하위 분야의 폭을 넓혔듯, 1960년대와 1970년대 역사학자들은 인류의 공적인 삶은 물론 사생활까지 포함하여 주류 역사를 재구성했다. 이 역사는 과거 인물들이 사고하고 경험했던 복잡한 삶을 반영했다.

나는 학부생 시절에 역사학과가 쓰는 위스콘신 대학교 바스콤홀에서 의학과의 아커크네히트 교수실까지 수백 미터를 걸어가는 동안, 정치와 공공 부문을 중심으로 구성된 역사의 세계로부터 삶과 죽음, 환경과 경제성장, 건강과 질병, 건강과 비건강 개념을 포괄하는 더욱 방대한 역사의 세계로 향했다. 다시 말해 의학사회사는 역사를

---

* Leon Eisenberg, "Rudolf Ludwig Karl Virchow, Where Are You Now That We Need You?" *Amer. J. Med.*, 1984, 77: 524-32. 참조. '공중보건의 정치성'에 주목하는 집단의 명칭이 '1848년의 정신The Spirit of 1848'인 것은 우연이 아니다. '미국공중보건학회'가 인정한 공식 회의인 '1848년의 정신'은 건강의 사회적 불평등을 우려하는 세계인들이 활동하는 네트워크다. http://www.spiritof1848.org (accessed 16 November 2006).

풍부하고 다양하게 하는 데 도움을 주는 단순한 도구가 아니라, 개인과 사회, 미시 세계와 거시 세계, 사상과 제도, 지속과 변화를 유기적으로 연결하는 본보기다. 20세기 중반에 사회의학이 제시한 통합적, 능동적 관점은 여전히 역사·문화·과학 연구, 사회전염병학, 그리고 정치와 정책에 유효하다.

참고 문헌 해설

리사 하우쇼퍼

에르빈 H. 아커크네히트의 《간추린 서양 의학사》는 1955년 처음 출판 되어 1968년과 1982년에 개정판이 나왔다. 개정판마다 독자의 이해를 돕 는 참고 문헌 목록이 추가되었다. 이 해설의 목적은 아커크네히트가 제시 한 몇몇 주제를 탐구하려는 독자들을 대상으로 참고 문헌 목록을 갱신하 고, 아커크네히트 이후 발전한 연구 흐름을 알리는 것이다.[*]

아커크네히트의 학문은 당대 사상가와 의학자에게 매우 중요한 질문 을 던졌고, 의학사의 중심 연구가 발전하는 데 결정적인 역할을 했다. 아 커크네히트는 19세기 독일의 의료 개혁을 연구하고, 가난과 질병의 관계 를 밝히려 했던 루돌프 피르호의 헌신에 주목했다. 20세기 중반에 들어 서자 아커크네히트의 관심사는 건강을 좌우하는 사회 요인과 의학의 구

---

[*] 이 해설에 수록된 문헌은 주로 현대 미국 의학계에서 발표한 것이다. 아커크네히트의 저 서 《간추린 서양 의학사》 개정 증보판의 잠재적인 독자를 고려하고, 의학의 추세를 반영한 결과다. 참고 문헌 해설의 초안을 읽고 조언해준 찰스 로젠버그, 앨런 브란트, 캐서린 파크, 사라 리처드슨, 파올로 사보이아, 미리엄 리치, 콜린 라니어 크리스틴슨, 재키 웨퓰러에게 감 사드린다.

조에 관한 논의로 이어졌다(*Beiträge zur Geschichte der Medizinalreform von 1848*, 1931; *Rudolf Virchow, Doctor, Statesman, Anthropologist*, 1953). 질병의 역사를 되짚는 아커크네히트의 여정은 의학 지식을 설명하는 것에서 벗어나 의학 역사의 초점을 확장하는 데 기여했다.《*Malaria in the Upper Mississippi Valley, 1790-1900*》(1945)에서 그는 '말라리아의 근본적인 사회적 특징'을 확인하며 정착, 토지 개발, 기후, 경제적 조건 등 말라리아 발병률을 낮추었던 요인들의 상호작용을 강조했다. 19세기 전염 이론에 대한 그의 영향력 있고 도발적인 저술은 공중보건 정책을 구축하는 과정에 드러난 질병 원인과 정치 이데올로기 간의 상호작용을 밝혔다("Anticontagionism between 1821 and 1867," *Bulletin of the History of Medicine* 22, 1948: 562-93). 다수의 학자가 인용한 다음의 아커크네히트 논문에는 기존 의학 사상사에서 벗어나야 할 필요성이 명시되어 있다 ("A Plea for a 'Behaviorist' Approach in Writing the History of Medicine," *Journal of the History of Medicine and Allied Sciences* 22, 3 (1967): 211-14.). '행동주의' 접근법, 다른 말로 실무 중심 접근법은 의사의 사상뿐만 아니라 그들이 한 일도 고려해야 한다. 이는 의료 전문화, 치료법 구사, 의학 기관의 역할, 실험실에서 고안된 과학적 지식의 구현 등을 탐구하려 한 아커크네히트의 인류학적 감각과 일치한다. 그는 예컨대《*Therapeutics from the Primitives to the 20th Century*》(1973)에서 과거 및 비서구 문화의 치료 체계를 그것이 기능한 사회적, 이념적 맥락 안에서 설명하려 했다.《*Medicine at the Paris Hospital, 1794-1848*》(1967)에서는 의료 관행, 사상, 제도의 상호 관계를 강조했다. 병원은 정치, 철학, 임상 아이디어로 구축되었고, 새로운 형태의 의료 행위와 의학 이론을 형성했다. 아커크네히트가 의료 행위를 중심으로 의학사에 접근한 데에는 의학사가 의학 교육을 구성하는 결정적 요소라는 믿음이 있었다. 그는 의대생들에게 과거에 의학 활동이 이루어진 사회적, 정치적 조건을 가르치고 특정 역사적 맥락에서 변화하는 질병의 본질을 이해시키면, 그들이 좀 더 사회적, 윤리적 책임 의식을 지닌 의사로 성장하리라 확신했다. 아커크네히트의 삶과 업적에 대한 개요는 이 책에 수록된 찰스 로젠버그의 글 〈에르빈 H. 아커크네히트, 사회의학, 그리고 의학의 역사〉를 참고하라.

에르빈 H. 아커크네히트와 의학의 역사

1982년 《간추린 서양 의학사》의 마지막 판본을 출간한 이후 아커크네히트가 탐구한 주제들, 즉 질병, 병원과 같은 의료 기관, 의학 지식과 관행, 의학과 의학사 간의 상관관계 등은 새로운 방식으로 발전하는 동시에 의학사에서 파생한 전문 분야를 바탕으로 성장했다. 아커크네히트가 《간추린 서양 의학사》를 출간한 이후 수많은 저술이 뒤이어 발표되었는데, 그중 같은 분야의 저술들은 대부분 학술서와 동료의 평가를 담은 학술지 논문이다. 이를테면 다음과 같은 문헌은 다양한 의학사학자와 의학사학적 주제를 하나로 묶어 광범위한 연대기를 다룬다. *The Western Medical Tradition* (Lawrence Conrad, Michael Neve, Vivian Nutton, Roy Porter, and Andrew Wear, eds., *The Western Medical Tradition: 800 BC to AD 1800*, 1995; W. F. Bynum, Anne Hardy, Stephen Jacyna, Christopher Lawrence, and E. M. Tansey, eds., *The Western Medical Tradition: 1800-2000*, 2006). *Oxford Handbook of the History of Medicine* (2011), edited by Mark Jackson. 내용을 주제별로 정리한 문헌은 다음과 같다. W. F. Bynum and Roy Porter, eds., *Companion Encyclopedia of the History of Medicine*, 1993; Roy Porter, ed., *The Cambridge History of Medicine*, 2006. 참고 문헌 목록과 연구 자료집이 수록되었으며 내용이 연대별, 주제별로 정리된 저술로는 피터 엘머Peter Elmer가 1500년부터 1800년의 내용까지 편집하고 데버라 브런튼Deborah Brunton이 1800년부터 1930년의 내용까지 편집한 《*Health, Disease and Society in Europe*》(2004)이 있다.

비서구권 의학을 탐구한다면 다음을 참고하라. Gerrit Jan Meulenbeld and Dominik Wujastyk, *Studies on Indian Medical History* (2001); Miri Shefer Mossensohn, *Ottoman Medicine: Healing and Medical Institutions, 1500-1700* (2010); Marcos Cueto and Steven Palmer, *Medicine and Public Health in Latin America* (2014); Vivienne Lo and Michael Stanley-Baker, eds., *Routledge Handbook of Chinese Medicine* (2015).

질병

질병 개념이 역사에 배치된 임상 및 정치 제도의 맥락 내에서 의학 사상과 관행을 구현하고 표현한다는 아커크네히트의 주장을 다음 세대에 등장한 의학사학자들이 받아들이고 확장했다. 의학사에서 질병은 새로운 분석이 계속 제기되는 요소다. 찰스 로젠버그의 저서 《*The Cholera Years*》(1962; 1987)는 역사에 기록된 전염병 유행의 잠재력을 제시한다. 로젠버그는 19세기 뉴욕에서 콜레라가 세 차례 유행한 사례를 도구로 삼아 일종의 '자연 실험'을 실시하여 콜레라에 맞서 변화한 반응들을 조명한다. 로젠버그의 혁신적인 접근법에서 질병은 질병이 형태를 부여한 사회적, 정치적, 문화적 현실과 끊임없이 역동적으로 상호작용했다. 《*The Cholera Years*》는 과거 전염병 연구에 영감을 불어넣었다. 역사학자들은 전염병이 촉발한 사회 관리, 의미 형성, 경계 형성 과정에 접근하려 했다. 감염병과 유행병을 다룬 중요한 문헌은 다음과 같다. William McNeill, *Plagues and Peoples* (1976); Alfred Crosby, *America's Forgotten Pandemic: The Influenza of 1918* (1976); Allan Brandt, *No Magic Bullet: A Social History of Venereal Disease in the United States since 1880* (1985); Richard Evans, *Death in Hamburg: Society and Politics in the Cholera Years* (1987); Ann Bowman Jannetta, *Epidemics and*

Mortality in Early Modern Japan (1987); Margaret Humphreys, *Yellow Fever and the South* (1992); David S. Barnes, *The Making of a Social Disease: Tuberculosis in Nineteenth-Century France* (1995); Jon Arrizabalaga, John Henderson, and Roger French, *The Great Pox: The French Disease in Renaissance Europe* (1997); Monica Green, ed., "Pandemic Disease in the Medieval World: Rethinking the Black Death," *The Medieval Globe* 1 (2014).

1980년대 에이즈 위기는 감염병 및 유행병에 대한 학문을 되살렸다. 역사학자들은 문화적 틀의 형성 과정이 어떠한 식으로 질병에 대한 접근법을 결정했는지 밝히기 위해 분석적 감각을 총동원했다. 에이즈가 의학사에 미친 영향을 분석한 문헌은 다음과 같다. Allan Brandt, "Emerging Themes in the History of Medicine," *Milbank Quarterly* 69 (1991): 199-214 그리고 Charles Rosenberg, "Disease and Social Order in America: Perceptions and Expectations," *Milbank Quarterly* 64 (January 1986): 34-55.

최근 몇 년간 감염병과 유행병은 다양한 사회 및 환경에 존재하는 의료 격차를 부각해왔다. 인종은 그 자체로 인종차별과 의료 서비스 불균형을 드러내는 핵심 변수다. 나얀 샤Nayan Shah는 《*Contagious Divides: Epidemics and Race in San Francisco's Chinatown*》(2001)에서 샌프란시스코에 거주하는 중국계 미국인들이 보이는 전염병에 대한 공중보건적 접근이 어떠한 식으로 중국계 미국인의 시민권 접근을 제한하는지 밝힌다. 데이비드 S. 존스David S. Jones는 놀랄 만큼 긴 역사를 추적하여 유럽계 미국인 정착민들이 질병률과 사망률을 어떻게 비합리적으로 '합리화'하여 자신들과 원주민들 사이에 건강 격차를 만들어 지속시켰는지 보여준다. *Rationalizing Epidemics: Meanings and Uses of American Indian Mortality since 1600* (2004). 새뮤얼 켈튼 로버츠Samuel Kelton Roberts는 《*Infectious Fear: Politics, Disease, and the Health Effects of Segregation*》(2009)에서 인종차별을 정당화하는 정치가 어떠한 식으로 볼티모어에 거주하는 아프리카계 미국인의 결핵 발병률을 높였는지 알린다. 서아프리카에서 최근 발병한 에볼라는 전염병의 발생률, 유행률, 사망률 형성에 경제적, 사회적 불균형이 관여한다는 것을 다시 한 번 증명했다. Paul Farmer, "Who Lives and Who Dies," *London Review of Books*, February 5, 2015. 학자들은 전염병과 유행병 연구에 집중하는 동안 만성질환과 정신 질환을 포함한 비전염성 질병의 역사도 탐구했다. 1960년대와 1970년대의 반反기관, 반反정신과학적 정서에 자극받고, 그와 동시에 정신과 의사 토머스 자즈Thomas Szasz, 사회학자 어빙 고프먼, 철학자 미셸 푸코 등의 영향을 받은 의학 및 정신과학 역사가들은 질병의 본질을 조사하고, 일탈에 대한 진단 범주와 법적 정의를 만들며, 치료 개입 체계를 구축하는 데 특히 마음의 질병이 생산적인 도구라는 것을 발견했다. 엘리자베스 룬벡Elizabeth Lunbeck은 《*In The Psychiatric Persuasion: Knowledge, Gender, and Power in Modern America*》(1994)에서 이전에 정상으로 여겨졌던 행동들이 의학의 대상으로 변해가는 과정을 추적했다. 이후에는 히스테리, 신경쇠약, 알코올의존증, 다중인격장애, 외상후스트레스장애PTSD, 자폐증, 그리고 시민 평등권을 옹호하는 시위가 진행되는 동안 주로 아프리카계 미국인 시위자에게 진단이 내려진 일종의 조현병과 같은 질병의 범주를 조사하고, 그러한 질병의 역사적 우발성, 문화 기반 등을 지적하며 환자의 고통을 진지하게 고찰했다. 관련 문헌은 다음과 같다. Allan Young, *The Harmony of Illusions: Inventing Post-Traumatic Stress Disorder* (1997); Ian Hacking, *Rewriting the Soul: Multiple Personality and the Sciences of Memory* (1998); Mark Micale, *Approaching Hysteria: Disease and Its Interpretations* (1995); Sarah Tracy, *Alcoholism in*

America: From Reconstruction to Prohibition (2005); Jonathan Metzl, *The Protest Psychosis: How Schizophrenia Became a Black Disease* (2011); David Schuster, *Neurasthenic Nation: America's Search for Health, Happiness, and Comfort, 1869-1920* (2011); Chloe Silverman, *Understanding Autism: Parents, Doctors, and the History of a Disorder* (2012). 근대에 탄생한 초기 정신과학과 정신 질환을 다룬 유용한 문헌은 다음과 같다. R. A. Houston, "A Latent Historiography? The Case of Psychiatry in Britain, 1500-1820," *Historical Journal* 57, 1 (March 2014): 289-310; William Harris, ed., *Mental Disorders in the Classical World* (2013); Elizabeth Mellyn, *Mad Tuscans and Their Families: A History of Mental Disorder in Early Modern Italy* (2014). 3천 년 동안 인류가 정신이상에 접근한 방식을 종합한 최신 문헌에는 앤드루 스컬Andrew Scull의 《*Madness in Civilization: A Cultural History of Insanity, from the Bible to Freud, from the Madhouse to Modern Medicine*》(2015)이 있다.

정신 질환의 범주를 연구하는 학자들은 질병의 본질과 역할을 광범위하게 논의할 때 필요한 새로운 어휘를 고안하면서 인류학, 사회학, 여성학적 접근을 도입했다. 아커크네히트의 저작은 문화인류학에서 영향을 받아 장차 의학인류학으로 알려질 분야를 형성하는 데 관여했다. 인류학이 결정적인 자극제가 되어, 질병이 비정상을 제도화하고 정상을 제재한다는 담론이 형성되었다. 아커크네히트가 미국 자연사박물관에서 일했던 시기에 동료였던 루스 베니딕트는 1934년 발표한 저작에서 정상성과 비정상성의 문화적 차이를 지적했다. "Anthropology and the Abnormal," *Journal of General Psychology* 10: 59-82. 1966년 사회학자 피터 버거Peter Berger와 토머스 루크먼Thomas Luckmann은 《*The Social Construction of Reality*》에서 지식이 생산되는 과정에 작용하는 사회적 타협을 논하려는 목적으로 '사회 구성social construction'이라는 용어를 만들었다. 곧 '사회 구성'이라는 용어를 채택한 역사학자들은 질병에 관한 경제적, 사회적, 정치적, 개인적 맥락이 질병의 실제를 결정하는 수준을 탐구했다. 이러한 접근법이 개발되는 과정과 그 접근의 유용성을 보여주는 설득력 있는 사례는 다음 문헌을 참고하라. Ludmilla Jordanova, "The Social Construction of Medical Knowledge," in Huisman and Warner, *Locating Medical History* (2004): 338-63 그리고 Peter Conrad and Kristin Barker, "The Social Construction of Illness: Key Insights and Policy Implications," *Journal of Health and Social Behavior* 51, 1 (November 2010): S67-S79. 1989년 찰스 로젠버그는 다양한 역사적, 문화적 맥락에서 질병이 발현하는 과정에 드러나는 생물학적, 사회학적 요인의 상호작용을 표현하기 위해 '프레이밍framing'이라는 개념을 도입했다("Disease in History: Frames and Framers," *Milbank Quarterly* 67 Suppl. 1, 1989: 1-15). 로젠버그는 또한 자원을 동원하고 의미를 할당한 현대 관료주의 의학의 핵심 원리로 특정 질병의 범주가 어떻게 형성되는지 묘사했다("The Tyranny of Diagnosis: Specific Entities and Individual Experience," *Milbank Quarterly* 80, 2, June 2002: 237-60). 줄리 리빙스턴Julie Livingston, 다이앤 B. 폴Diane B. Paul, 제프리 P. 브로스코Jeffrey P. Brosco, 키스 와일루Keith Wailoo 등은 제각기 다른 시간대와 지리적, 정치적 맥락에서 질병이 다양한 수준으로 가시성을 획득하는 과정을 연구했다. 키스 와일루는 《*Dying in the City of the Blues: Sickle Cell Anemia and the Politics of Race and Health*》(2001)에서 20세기 전반 낫적혈구빈혈에 얽힌 편견, 관심, 기회, '다양한 형태의 주술사', 그리고 서로 다른 시기에 그 질병과 관련된 사람들 간의 복잡한 상호작용을 도표화했다. 다이앤 B. 폴과 제프리 P. 브로스코는 《*The PKU Paradox: A Short History of a Genetic Disease*》(2013)에서 희소한 질병인 페닐케톤뇨증을 주제로

질병의 가시성을 확인했다. 줄리 리빙스턴은 《*Improvising Medicine: An African Oncology Ward in an Emerging Cancer Epidemic*》(2012)에서 특정 암, 특히 HIV를 비롯한 바이러스가 유발하는 암이 성병과 연관되면서 높은 가시성을 얻은 과정을 밝히는 한편, 남아프리카 광부들의 폐암 같은 암들이 가시성을 얻지 못한 상태로 남은 과정을 폭로한다. 미셸 머피Michelle Murphy는 독성학과 전염병학 같은 학문에서 '독성 노출'을 가리키는 방식이 어떻게 달라졌는지 밝히고, '지각 체계regimes of perceptibility'라는 개념을 사용해 새집증후군이 어떻게 형성되었는지 살펴본다(*Sick Building Syndrome and the Problem of Uncertainty*, 2006). 크리스토퍼 햄린Christopher Hamlin은 《*More Than Hot: A Short History of Fever*》(2014)에서 열에 대한 인식과 측정 방법이 변화하는 과정을 짚어보고, 그와 관련하여 열의 본질과 의미를 탐구한다. 크리스 퓨트너Chris Feudtner는 치료법이 어떻게 작용하여 질병의 범주와 경험을 형성하는지 조사했는데, 특히 생명을 위협하는 급성질환이었던 당뇨병이 인슐린의 등장을 계기로 장기간 몸이 쇠약해지는 만성질환으로 변화하는 과정을 추적했다. *Diabetes, Insulin, and the Transformation of Illness* (2003). 스콧 포돌스키Scott Podolsky는 《*Pneumonia Before Antibiotics: Therapeutic Evolution and Evaluation in Twentieth-Century America*》(2006)에서 폐렴과 '특정' 치료와 공중보건 문제가 어떠한 관계를 맺으며 개념이 변화했는지 조사한다. 제러미 그린Jeremy Greene은 이전에 위험하다고 식별된 무증상 질병이 어떠한 과정을 거쳐 새로운 질병 분류 체계와 치료약을 만드는지 밝힌다(*Prescribing by Numbers: Drugs and the Definition of Disease*, 2009). 최근 몇 년간 역사학자들은 장애에 많은 관심을 기울이고 있다. 의학사에서 장애를 탐구한 방법은 베스 링커Beth Linker의 다음 논문을 참고하라. "On the Borderland of Medical and Disability History: A Survey of the Fields," *Bulletin of the History of Medicine* 87, 4 (2013):

499-535.

아커크네히트는 《*Malaria in the Upper Mississippi Valley, 1790-1900*》(1945)에서 질병이 인간과 환경 간의 관계를 탐구하는 훌륭한 무대를 제공한다는 것을 증명한다. 질병과 환경에 대한 연구는 최근 환경의 역사와 질병생태학이 주목받고 기후변화에 따른 문제가 부상하면서 활력을 얻었다. 제럴드 마코위츠Gerald Markowitz와 데이비드 로스너David Rosner가 집필한 《*Deceit and Denial: The Deadly Politics of Industrial Pollution*》(2002)은 산업 오염이 일으킨 질병사를 다루며 화학을 비롯한 주요 산업의 기만 행위를 비판했다. 브렛 워커Brett Walker는 《*Toxic Archipelago: A History of Industrial Disease in Japan*》(2009)에서 일본의 환경오염이 노동자와 시민의 건강에 영향을 준 역사를 다뤘다. 코네버리 발렌시우스Conevery Valencius는 미국 서부, 린다 내시Linda Nash는 캘리포니아 센트럴밸리를 대상으로 환경 건전성을 측정하는 지표로 신체와 질병을 탐구했다(Valencius, *The Health of the Country: How American Settlers Understood Themselves and Their Land*, 2004; Nash, *Inescapable Ecologies: A History of Environment, Disease, and Knowledge*, 2006). 그렉 미트먼Gregg Mitman은 2008년 저서 《*Breathing Space: How Allergies Shape Our Lives and Landscapes*》에서 환경사와 의학사를 결합하여, 환경 공간이 알레르기 질환에 미치는 영향과 알레르기가 문화적, 사회적, 물리적 공간을 형성하는 과정을 보여준다.

병원과 정신병원

몇몇 의학사학자는 정치, 철학, 임상을 토대로 설립된 병원을 연구했다. 귄터 리세Guenter Risse는 1986년 저서 《*Hospital Life in Enlightenment Scotland: Care and Teaching at the Royal Infirmary of Edinburgh*》에서 에든버러 왕립병원이 '의료, 경제, 박애주의, 종교'를 비롯한 계몽주

의 사상의 산물이라고 주장했다. 중세 및 근대 초기에 세워진 병원에 대한 연구는 사회적, 종교적 관심이 병원 설립 초기에 중요했음을 밝혔다. 중세 및 르네상스 병원에 얽힌 방대한 역사적 사례를 살펴보고 싶다면 다음 문헌을 참고하라. Michael Dols, "The Origins of the Islamic Hospital: Myth and Reality," *Bulletin of the History of Medicine*, 61, 3 (1987): 367-90; Peregrine Horden, "A Discipline of Relevance: The Historiography of the Later Medieval Hospital," *Social History of Medicine* 1, 3, December (1988): 359-74; Carole Rawcliffe, *Medicine for the Soul: The Life, Death and Resurrection of an English Medieval Hospital, St Giles's, Norwich, c. 1249-1550* (1999); Peregrine Horden, "The Earliest Hospitals in Byzantium, Western Europe, and Islam," *Journal of Interdisciplinary History* 35, 3 (Winter 2005): 361-89; John Henderson, *The Renaissance Hospital: Healing the Body and Healing the Soul* (2006); Barbara Bowers, ed., *The Medieval Hospital and Medical Practice* (2007); Faith Wallis, "The Ethics of Medical Care: Hospitals and the Provision of Charity," in *Medieval Medicine: A Reader* (2010): 461-84; Ahmed Ragab, *The Medieval Islamic Hospital: Medicine, Religion, and Charity* (2015). 중세 및 르네상스 시대의 병원을 다루는 문헌은 언제, 어떻게, 왜 '병원이 질병을 치료했는가', 그리고 '의사가 환자를 병원에 입원시켰는가'에 대하여 의문을 던졌다(Charles Rosenberg, *Care of Strangers*, 1987, 346). 로젠버그는 《*Care of Strangers*》에서 사회적, 경제적 압력, 행정상 필요, 환자의 기대감, 기술 진보, 질병 개념의 변화, 현대 병원을 설립한 의학 교육의 우선순위 변화 등의 복잡한 상호작용을 추적했다. 현대 병원이 어떠한 경로로 구축되었는가에 관한 의문은 다음 문헌에서 탐구했다. Morris Vogel in *The Invention of the Modern Hospital, Boston, 1870-1930* (1980) and David Rosner in

A Once Charitable Enterprise: Hospitals and Health Care in Brooklyn and New York, 1885-1915 (1982). 후대 역사가들은 병원의 물리적 공간에도 관심을 가졌으며 관련 문헌은 다음과 같다. Allan Brandt's and David Sloan's essay "Of Beds and Benches: Building the Modern American Hospital" in Peter Galison's and Emily Thompson's *The Architecture of Science* (1999) 그리고 Annemarie Adams' *Medicine by Design: the Architect and the Modern Hospital, 1893-1943* (2008). 지난 수십 년간은 의학과 민족성 그리고 공간에 대한 관심이 증가하면서 공간 격리, 물질, 상징성 개념이 학계에 영감을 주었다. 이에 관한 문헌은 다음과 같다. Vanessa Gamble's *Making a Place for Ourselves: The Black Hospital Movement, 1920-1945* (1995) 그리고 Todd Savitt's *Race and Medicine in Nineteenthand Early-Twentieth-Century America* (2007).

병원 연구를 이해하려면 1960년대와 1970년대에 기관들이 반反기관 정서를 바탕으로 설립된 역사적 배경을 알아야 한다. 역사학자들은 정신과학이 '교도소 및 동물원의 혼합체를 정신병원으로 개선한' 계몽적이며 해방적인 운동이라는 해석에 이의를 제기하고, 정신과학과 정신병원이 정신 질환 체계를 구성하는 과정에 어떠한 중심 역할을 했는지 강조했다(Ackerknecht, *Short History*, 204). 미셸 푸코는 《*Madness and Civilization: A History of Insanity in the Age of Reason*》(1965), 《*Discipline and Punish: The Birth of the Prison*》(1977)을 통해 정신병원 발전사를 탐구하면서 의학사학의 한 갈래에 내재한 거대한 영향력을 증명했다. 데이비드 로스먼David Rothman은 《*The Discovery of the Asylum: Social Order and Disorder in the New Republic*》(1971)에서 정신이상과 비행, 빈곤이 일부 사회계층의 문제로 보이지 않는 시기에 이르자 정신병원, 교도소, 빈민 구호소 같은 기관이 일종의 처방약 역할을 했다고 주장했다. 정신병원과 다른 치료 기관 사이에 존재하는 연속성은 노르베르트 핀츠Norbert Finzsch와 로베르트 위테Robert Jütte 가 집필한 저서에 드러난다. *Institutions of Confinement: Hospitals, Asylums, and Prisons in Western Europe and North America, 1500-1950* (2003). 낸시 톰스Nancy Tomes는 정신병원이 순수한 사회적 통제도 아니고, 의료 진보의 결과도 아니라고 주장했다. 톰스는 《*A Generous Confidence: Thomas Story Kirkbride and the Art of Asylum-Keeping, 1840-1883*》(1984)에서 정신병원을 이해하는 열쇠는 '정신병원 의학'이라 부르는 개념과 정신병 환자를 살펴보는 것이라고 설명한다. 최근 들어 등장한 탈시설화deinstitutionalization 정책(장애인을 시설에 수용하는 것에서 탈피하여 지역 사회에 거주하게 하고 필요한 서비스를 제공하는 것-옮긴이)은 학자들이 정신병원 담장 너머의 지역사회, 가정, 그리고 가족 네트워크에 소속된 정신 질환자 현황을 살펴보도록 자극했다. 정신병원과 그 정신병원이 세워진 지역사회를 탐구한 문헌은 다음과 같다. Diana Gittins, *Madness in Its Place: Narratives of Severalls Hospital 1913-1997* (2006) 그리고 Catherine Cox, *Negotiating Insanity in the Southeast of Ireland, 1820-1900* (2012). 시설 밖 정신요법은 피터 바틀릿Peter Bartlett과 데이비드 라이트David Wright가 《*Outside the Walls of the Asylum: The History of Care in the Community 1750-2000*》(1999)에서 검토했다. 역사에 기록된 비기관 정신요법의 개요는 다음 문헌을 참고하라. Thomas Mueller, "Re-Opening a Closed File of the History of Psychiatry: Open Care and Its Historiography in Belgium, France and Germany, 1880-1980," in Waltraud Ernst and Thomas Mueller, eds., *Transnational Psychiatries: Social and Cultural Histories of Psychiatry in Comparative Perspective c. 1800-2000* (2010): 172-99; David Wright, "Getting Out of the Asylum: Understanding the Confinement of the Insane in the Nineteenth Century," *Social History of Medicine* 10, 1 (April 1997): 137-55. 제인 햄릿Jane Hamlett은 기관에 가정이 재현되는 방식을 묻는다(*At Home in the Institution: Material Life in Asylums, Lodging Houses and Schools in Victorian and Edwardian England*, 2014). 앤절라 가르시아Angela Garcia는 《*The Pastoral Clinic: Addiction and Dispossession along the Rio Grande*》(2010)에서 중독이 환자의 지역 환경, 기억력, 가족 관계, 종교 경험에 어느 수준으로 내재하는지 보여주고, 정신 치료 기관이 그와 같은 내재 요소를 적절하게 다루지 못하는 실태를 비판한다.

지식과 의료 관행

의료 관행에도 집중한 아커크네히트는 1880년대 세균학 혁명과 실험실 의학을 비판적인 관점에서 재평가했다. 찰스 로젠버그는 19세기 뉴욕에서 의사이자 실험실 조수로 활동한 존 쇼 빌링스John Shaw Billings의 경력을 탐구하여 특히 세균학과 의학이 의학자의 명성과 신뢰를 높이는 한편, 위달검사와 항독소 같은 기술에서 볼 수 있듯 실질적인 문제와 한계를 드러냈음을 설명했다("Making It in Urban Medicine: A Career in the Age of Scientific Medicine," *Bulletin of the History of Medicine* 64, 2, 1990: 163-68). 회색질척수염이 유행하면서 직면한 의학과 백신의 한계는 나오미 로저스Naomi Rogers의 《*Dirt and Disease: Polio before FDR*》(1992)에 기술되어 있다. 에벨린 하몬즈Evelynn Hammonds의 《*Childhood's Deadly Scourge: The Campaign to Control Diphtheria in New York City, 1880-1930*》(1999)는 20세기 초 뉴욕시가 실험실 의학에 기반한 공중보건학 관점에서 디프테리아를 예방한 결과를 강조한다. 1992년 주디스 왈저 리빗Judith Walzer Leavitt은 질병을 세균학에 기반하여 탐구한 이후에도 전염병을 환원주의적으로 바라보거나 도덕적 징벌의 대상으로 여기는 시선은 여전하며, 공중보건 관행에 중요한 변화가 일어나지도 않았다고 지적했다("'Typhoid Mary' Strikes Back: Bacteriological Theory and Practice in Early Twentieth-Century Public Health," *Isis* 83, 4, December 1992: 608-29. 리빗의 주장은 다음 문헌에서도 확인할 수 있다, J. Andrew Mendelsohn, "'Typhoid Mary' Strikes Again: The Social and the Scientific in the Making of Modern Public Health," *Isis* 86, 2, June 1995: 268-77; Judith Walzer Leavitt, "Letter to the Editor," *Isis* 86, 4, December 1995: 617-18). 1997년 학술지《의학의 역사 및 연합 과학*History of Medicine and Allied Sciences*》특별판에서 낸시 톰스와 존 할리 워너John Harley Warner는 널리 만연한 세균에 대한 믿음과 관행을 지적하고, 역사학자는 세균의 이론이 아닌 세균성 질병의 이론을 말해야 한다고 주장했다("Introduction to Special Issue on Rethinking the Reception of the Germ Theory of Disease: Comparative Perspectives," *Journal of the History of Medicine and Allied Sciences* 52, 1, January 1997: 7-16). 낸시 톰스는《*The Gospel of Germs: Men, Women, and the Microbe in American Life*》(1999)에서 미생물을 두려워하는 미국인들을 설득하기 위해 위생학자와 공중보건 개혁가들이 어떠한 노력을 했는지 되짚었다. 마이클 워보이스Michael Worboys는《*Spreading Germs: Disease Theories and Medical Practice in Britain, 1865-1900*》(2006)를 통해 세균 이론이 다양한 맥락 내에서 어떻게 작용하는지를 논했다.

의학은 전통적으로 순수 의학과 응용 의학을 구분하는 동시에 지식의 실천을 강조했는데, 그러한 강조는 1970년대에 들어서자 지식이 대량으로 생산되며 폭을 넓혔다. 사회학자와 과학인류학자들은 실험실에 사회 공간이라는 개념을 부여했고, 그 공간 안에서 실행과 협상을 거쳐 지식이 생산되었다. 이 과정은 과학 실험을 하고, 실험 도구와 동물의 중요성을 인식하며, 실험실 문화를 구축하는 데 영감을 주었다. 관련 주제를 다룬 문헌은 다음과 같다. Frederic Holmes, *Lavoisier and the Chemistry of Life: An Exploration of Scientific Creativity* (1987). 프레더릭 홈즈가 한스 크레브스Hans Krebs에 관하여 집필한 다음 두 권의 책도 같은 주제를 다룬다(*Hans Krebs: The Formation of a Scientific Life, 1900-1933*, 1991, and *Hans Krebs: Architect of Intermediary Metabolism, 1933-1937*, 1993); Frederic Holmes, Jürgen Renn, and HansJörg Rheinberger, eds., *Reworking the Bench: Research Notebooks in the History of Science* (2003); Karen Rader, *Making Mice: Standardizing Animals for American Biomedical Research, 1900-1955* (2004); Robert Kohler, *Lords of the Fly: Drosophila Genetics and the Experimental Life* (1994). 과학과 의료 관행 사이의 관계는 20세기에 대규모 임상 시험과 무작위대조시험randomized controlled trial, RCT이 출현하면서 변화했다. 그러한 변화에 비추어, 역사학자들은 인체 실험의 윤리성뿐만 아니라 과학 연구과 의료 관행 사이의 상관관계를 조사하기 위해 눈을 돌렸다. 데이비드 로스먼은 《*Strangers at the Bedside: A History of How Law and Bioethics Transformed Medical Decision Making*》(1991)에서 제2차 세계대전 이후 과학 연구 관행의 변화가 의학 분야로 확산한 과정을 추적한다. 해리 마크스Harry Marks는 《*The Progress of Experiment: Science and Therapeutic Reform in the United States, 1900-1990*》(2000)에서 무작위대조시험의 불확실한 본질을 강조하면서, 이 시험을 임상 시험에 적극적으로 활용하자는 사람들이 이 시험이 인체 실험 건수를 낮추리라는 개념을 만들었다고 주장했다. 명시적이거나 암묵적인 윤리 규제와 임상 시험 간의 관계는 생체 해부, 악명 높은 터스키기 매독 실험, 방사선 연구, 냉전 기간 플루토륨을 대상으로 진행한 비밀 의학 실험 등 수많은 역사적 연구에서 발견되는 문제다. 이에 관련한 사례는 다음 문헌을 참고하라. Susan Lederer, *Subjected to Science: Human Experimentation in America Before the Second World War* (1997); Allan Brandt, "Racism and Research: The Case of the Tuskegee Syphilis Study," *The*

Hastings Center Report 8, 6, December (1978): 21-29; Susan Reverby, *Examining Tuskegee: The Infamous Syphilis Study and Its Legacy* (2009); M. Susan Lindee, *Suffering Made Real: American Science and the Survivors at Hiroshima* (1994); Eileen Welsome, *The Plutonium Files: America's Secret Medical Experiments in the Cold War* (1999). 유용한 의학 지식을 발굴하기 위하여 특정 유형의 실험에 집중하는 경향은 로버트 프록터Robert Procter와 론다 쉬빙거Londa Schiebinger가 고안한 '아그노톨로지agnotology', 즉 '고의적이고 연속적인 무지의 창조'라는 개념을 탐구하는 길을 열었다(*Agnotology: The Making and Unmaking of Ignorance*, 2008). 앨런 브랜트Allan Brandt는 《*The Cigarette Century: The Rise, Fall, and Deadly Persistence of the Product That Defined America*》(2007)에서 담배 산업이 과학적 인식론을 부당하게 이용했고, 심지어 담배의 유해성이 확실해지는 상황에도 회의론자에게 연구를 권장하여 과학적 '논란'이 진행 중이라는 오해를 조장했다고 주장한다. 임상 시험의 세계화가 윤리적으로 얼마나 치명적인 문제인가는 아드리아나 페트리나Adriana Petryna의 《*When Experiments Travel: Clinical Trials and the Global Search for Human Subjects*》(2009)와 소니아 샤Sonia Shah의 《*The Body Hunters: Testing New Drugs on the World's Poorest Patients*》(2006)에 묘사되어 있다.

의학 기술

실천에 집중하는 '행동주의자'는 마취, 엑스선, 소변검사 같은 의료 기술의 기능을 조사하여 유익한 성과를 냈다. 기술의 역사를 탐구하여 얻은 통찰력은 의료기술학에 자양분이 되었고, 기술의 활용과 응용에 관심을 집중시켰다. 스탠리 조엘라이저Stanley Reiser는 《*Medicine and the Reign of Technology*》(1982)에서 다양한 의료 진단 기술이 도입되면 의료 관행에 어떠한 변화가 일어나는지 조사하고, 《*Technological Medicine: The Changing World of Doctors and Patients*》(2009)에서 기술이 환자와 의사의 관계에 미치는 영향과 윤리적 딜레마를 탐구했다. 마틴 페르닉Martin Pernick은 미국 의료 관행에서 마취를 선별적으로 활용하는 풍토를 설명하며, 미국이 마취법 도입에서 승리를 거둔 이유가 기술적 장점 때문이라는 주장을 반박했다(*A Calculus of Suffering: Pain, Professionalism, and Anesthesia in Nineteenth-Century America*, 1985). 조 웰 하월Joel Howell은 《*Technology in the Hospital: Transforming Patient Care in the Early Twentieth Century*》(1995)에서 미국 병원에 기술이 도 입되고 쓰이는 과정을 추적하고, 기술을 탐구할 때는 그 기술이 사회 체 계의 일부임을 인식해야 한다고 주장했다. 학자들은 또한 새로운 기술이 의료 관행과 어떻게 상호작용하는지 조사했다. 제프리 베이커Jeffrey Baker 는 신생아 집중 치료에서 인큐베이터 기술이 어떠한 역할을 하는지 연구 했다(*The Machine in the Nursery: Incubator Technology and the Origins of Newborn Intensive Care*, 1996). 니컬러스 크리스타키스Nicholas Christakis 는 질병의 예후를 다루는 의료 관행에 기술이 어떠한 영향을 주었는지 분석했고(*Death Foretold: Prophecy and Prognosis in Medical Care*, 1999), 배리 손더스Barry Saunders는 《*CT Suite: The Work of Diagnosis in the Age of Noninvasive Cutting*》(2008)에서 병원의 경제 구조가 구축되 는 데 컴퓨터단층촬영CT이 어떤 역할을 하는지 탐구했다. 커크 제프리 Kirk Jeffrey는 《*Machines in Our Hearts: The Cardiac Pacemaker, the Implantable Defibrillator, and American Health Care*》(2001)에서 기 술과 산업의 관계를 조명한다. 조셉 두미트Joseph Dumit는 자아의 개념을 변화시킨 뇌 양전자방출단층촬영PET을 연구했다(*Picturing Personhood: Brain Scans and Biomedical Identity*, 2004). 채리스 톰슨Charis Thompson 은 《*Making Parents: The Ontological Choreography of Reproductive*

Technologies》(2005)에서 생식과 친족 관계의 생물의학화biomedicalization
에 주목했다. 최근 역사학자들은 통신 기술이 의학 지식 생산에 어떻게
관여하는지 조사하는 등 진단 이외에 쓰이는 기술에도 접근하기 시작
했다(*Jeremy Greene, Medicine at a Distance*[진행 중]).

치료학

역사학자들은 아커크네히트가 탐구한 치료학 또한 받아들여 발전시
켰다. 찰스 로젠버그는 해당 문화의 맥락을 고려하여 치료 체계를 이해해
야 한다고 주장했다. "The Therapeutic Revolution: Medicine, Meaning
and Social Change in Nineteenth-Century America," *Perspectives in
Biology and Medicine* 20, 4, 1977: 485-506. 사혈과 하제는 근대 초기
의사와 환자들이 공유하는 치료 체계와 효능을 토대로 '작용'했다. 존 할
리 워너는 지식의 창조 및 검증에 대한 관념이 변화하고, 의사 동업자조
합이 조직되면서 19세기 미국 치료 관행이 점진적으로 어떻게 바뀌었는
지를 서술했다(*The Therapeutic Perspective: Medical Practice, Knowledge,
and Identity in America, 1820-1885*, 1986). 역사학자들은 또한 과거에 이
따금 거론되었던 '정통' 의학과 '대안' 의학의 차이를 시험했다. 이를테
면 앨리슨 윈터Alison Winter는 최면술이 19세기 영국 의학과 문화계의 중
심축이었음을 입증하고, 최면술을 변두리 관행으로 취급하는 인식에 도
전했다(*Mesmerized: Powers of Mind in Victorian Britain*, 1998). 세계 제
약 시장이 형성되고 제약 회사가 출현하면서 치료학의 지형이 20세기와
21세기에 극적으로 변화하는 동안, 치료학의 역사도 다시 활발하게 기록
되었다. 역사학자는 갈수록 더 많은 병들, 특히 정신 질환과 감정을 약물
로 치료하는 실태를 기술하고, 질병과 약물의 관계에 의문이 제기되고 있
음을 지적했다. 데이비드 힐리David Healy는 《*The Antidepressant Era*》
(1997)와 《*The Creation of Psychopharmacology*》(2002)에서 항우울

제와 정신병 치료제가 우울증과 정신 질환을 진단하고 치료하는 데 어떤 식으로 기능하는지 탐구하고, 조너선 메츨Jonathan Metzl은 정신분석학적 개념이 약물 처방과 우울증 치료제 프로작Prozac을 이해하는 데 도움이 되었다고 주장했다(*Prozac on the Couch: Prescribing Gender in the Era of Wonder Drugs*, 2003). 임상학에서 정신 안정제로 불안을 치료하여 거둔 놀라운 성공은 앤드리아 톤Andrea Tone이 《*The Age of Anxiety: A History of America's Turbulent Affair with Tranquilizers*》(2009)에서 설명한다. 데이비드 허즈버그David Herzberg는 《*Happy Pills in America: From Miltown to Prozac*》(2010)에서 소위 블록버스터 의약품으로 불리는 '해피필happy Pill'이 일으킨 현상을 폭넓게 다룬다. 메츨과 톤, 허즈버그는 제2차 세계대전 이후 미국의 소비문화, 대중문화, 그리고 냉전의 맥락에서 의약품을 다룬다. 문화, 정치, 사회 상황을 고려하여 의약품을 조명하는 세 학자의 저서는 모두 의약품을 연대기별로 탐구한 역사 기록물에 속하며, 특정 시기에 널리 확산한 불안과 염려를 부각하는 렌즈로 의약품을 활용했다. 가령 암페타민의 흔적을 따라가면 제2차 세계대전의 전투 기술, 전쟁 이후 일상, 1960년대와 1970년대에 등장한 반문화운동 등 다양한 주제를 연결한 니컬러스 라스무센Nicolas Rasmussen의 2008년 저서 《*On Speed: The Many Lives of Amphetamine*》을 만난다. 제러미 그린과 엘리자베스 왓킨스Elizabeth Watkins가 《*Prescribed: Writing, Filling, Using, and Abusing the Prescription in Modern America*》(2012)에서 증명했듯 의약품을 처방하는 의사는 새로운 의약품 역사학에서 중요한 위치를 차지한다. 두 저자가 책에서도 언급했듯 의사는 임상 실무, 의학 산업, 학술 연구, 보건 행정 및 환자 등과 복잡한 관계를 형성한 연결망의 일부다. 그러한 연결망을 탐구하면 약물을 연구하고 질병을 정의하는 제약 회사를 연구하거나(David Healy, *Pharmageddon*, 2012, and Joseph Dumit, *Drugs for Life: How Pharmaceutical Companies Define Our Health*,

2012), 제약 산업과 학술 기관, 의료계 사이의 복잡한 상호작용을 분석하는 과정에 도움이 된다(Dominique Tobbell, *Pills, Power, and Policy: The Struggle for Drug Reform in Cold War America and Its Consequences*, 2012, and Greene, *Prescribing by Numbers*, 2007). 의약품을 처방하는 의사의 역할은 약의 가용성을 결정하는 문화적, 국가적, 세계적 요인 때문에 더욱 복잡해진다. 아미 칼러Amy Kaler는 《*Running after Pills: Politics, Gender, and Contraception in Colonial Zimbabwe*》(2003)에서 피임약이 가족 관념과 식민지 독립 이후 국가가 지향하는 목표와 복잡하게 연관되어 있음을 보여주었다. 빈-킴 응우옌Vinh-Kim Nguyen은 《*The Republic of Therapy: Triage and Sovereignty in West Africa's Time of AIDS*》(2010)에서 2000년 헬싱키에서 채택된 의료윤리 선언 이전에 서아프리카에서 항레트로바이러스제 투약 여부를 결정했던 환자 분류 체계를 폭로한다. 의약품 연구는 제약 산업과 그 산업계의 과학적, 도덕적 범위와 연관된 복잡한 개념을 생성하는 데 기여하고, 의약품에 대한 사람들의 인식을 확장했다. 가브리엘라 소토 라베아가Gabriela Soto Laveaga는 지역사회를 재편할 수 있는 의약품의 잠재력을 밝히고, 토착 사회를 돕는 과학 기관을 설립하는 과정에는 토착 지식이 중요하다는 것을 강조한다(*Jungle Laboratories: Mexican Peasants, National Projects, and the Making of the Pill*, 2009). 의약품은 또한 다음 문헌에서 탐구하는 다양한 유기물질의 표준화와 분류에 관한 통찰을 제시한다(Alexander von Schwerin, Heiko Stoff, and Bettina Wahrig, eds., *Biologics: A History of Agents Made from Living Organisms in the Twentieth Century*, 2013). 제러미 그린은 복제약을 탐구하여 의약품 접근성과 수익을 둘러싸고 벌어지는 분쟁에서 복제약 산업이 어떠한 역할을 하는지 조사하고, 약물의 과학적 유사성 개념을 밝힌다(*Generic: The Unbranding of Modern Medicine*, 2014). 엘리자베스 시겔 왓킨스Elizabeth Siegel Watkins는 약학의 역사가 의학사와는 다

른 이야기를 하기에 의학사를 연구할 때와는 다른 기술이 필요하다고 주장했다. 약학의 역사에 새로운 의문과 맥락이 나타나자 역사학자들은 왓킨스가 주장한 대로 의학사의 범위를 약학사까지 확장했다("From History of Pharmacy to Pharmaceutical History," *Pharmacy in History* 51, 1, January 2009: 3-13).

외과학

기술과 치료법에 대한 관심이 고조되면서 외과학의 역사에 이목이 집중되었다. 아커크네히트가 참고 문헌 목록을 작성한 당시, 외과학은 자명하게 발전한 기술과 외과 의사의 역할에 찬사를 보낸다는 의미로 연구되었다. 이 책《간추린 서양 의학사》의 모든 판본에 수록된 참고 문헌은 외과학 및 외과학 도구의 역사와 빌로트, 심스, 제멜바이스 같은 주요 인물의 전기에 초점을 맞춘다. 1992년 크리스토퍼 로런스Christopher Lawrence는 기존 관점에서 벗어나, 외과학 역사를 거대한 난관을 해결한 기술의 역사로 봐야 한다고 주장했다. "surgical concepts of disease as puzzling" (*Medical Theory, Surgical Practice: Studies in the History of Surgery*, 1992). 역사적 맥락에서 치료법의 효과와 의미를 찾는다는 로젠버그의 제안을 반영한 잭 프레스먼은 뇌엽절리술이라는 외과 기술이 유용한 치료법으로 쓰였던 시기에 어떠한 사회적, 과학적 문제가 있었는지 밝혔다(*Last Resort: Psychosurgery and the Limits of Medicine*, 1998). 데이비드 S. 존스David S. Jones는《*Broken Hearts: The Tangled History of Cardiac Care*》(2013)에서 심장 질환을 일으키는 원인을 설명하고, 이 질환에 수술 및 비수술적으로 접근하는 방식이 어떠한 복잡한 관계에 놓였는지 조사한다. 수술 및 비수술적 요법이 변화하면서 유방암의 의미가 바뀌는 과정은 배런 러너Barron Lerner의《*The Breast Cancer Wars: Hope, Fear, and the Pursuit of a Cure in Twentieth-Century America*》(2001)

와 로버트 아로노위츠Robert Aronowitz의 《*Unnatural History: Breast Cancer and American Society*》(2007)에 기술되어 있다. 토마스 슐리히Thomas Schlich가 집필한 《*The Origins of Organ Transplantation: Surgery and Laboratory Science, 1880-1930*》(2010)는 장기이식의 역사를 추적하고, 장기이식을 생리학 연구에서 도출된 '발명'으로 간주하자고 제안한다. 수술 절차의 표준화와 혁신은 슐리히의 저서 《*Surgery, Science and Industry: A Revolution in Fracture Care, 1950s-1990s*》(2002)가 다룬다. 베스 린커Beth Linker는 미국이 역사적으로 경제적, 군사적 복지에 어떠한 문제를 제기했는지 살펴보고, 이와 관련하여 제1차 세계대전 이전 및 전쟁 중 장애 군인 치료에 외과학적으로 접근한 방식을 설명한다(*War's Waste: Rehabilitation in World War I America*, 2011). 현대 수술에 앞서 근대 이전에 시행한 수술을 새로운 관점에서 바라보려는 시도가 있었다. 중세 외과학 교육 및 관행의 변화 개요를 다룬 문헌은 다음과 같다. Nancy Siraisi, "Surgeons and Surgery," in *Medieval and Early Renaissance Medicine: An Introduction to Knowledge and Practice* (1990), 153-86; "Stones, Bones, and Hernias: Surgical Specialists in Fourteenthand Fifteenth-Century Italy," in Roger French, Jon Arrizabalaga, Andrew Cunningham, and Luis Garcia-Ballester, eds., *Medicine from the Black Death to the French Disease* (1998): 110-30; Vivian Nutton, "Humanist Surgery," in Andrew Wear, Roger French, and Iain Loni, eds., *The Medical Renaissance of the Sixteenth Century* (1985): 75-99. 마이클 맥보Michael McVaugh는 합리적 원칙과 이용 가능해진 문헌에 근거하여 규율을 확립하기 위해 노력한 중세 외과 의사의 발자취를 추적하여, 중세의 수술을 미숙한 손 기술로 규정하는 기존 관념에 반기를 든다(Michael McVaugh, *The Rational Surgery of the Middle Ages*, 2006). 캐서린 파크는 다음 논문에서 제왕절개와 종교적 믿음의 관

계를 파헤친다. "The Death of Isabella Della Volpe: Four Eyewitness Accounts of a Postmortem Caesarean Section in 1545," *Bulletin of the History of Medicine* 82 (2008): 169-87. 마리-크리스틴 푸셸Marie-Christine Pouchelle은 《*The Body and Surgery in the Middle Ages*》(1990) 에서 중세에 외과학이 신체를 표현하는 문화적 어휘와 개념에 어떤 영향을 주었는지 탐구한다. 셀레스테 챔버랜드Celeste Chamberland는 다음 논문에서 외과학의 전문성과 정체성을 살펴본다. "Honor, Brotherhood, and the Corporate Ethos of London's Barber-Surgeons' Company, 1570-1640," *Journal of the History of Medicine and Allied Sciences* 64, 3 (2009): 300-32. 산드라 카발로Sandra Cavallo는 《*Artisans of the Body in Early Modern Italy: Identities, Families and Masculinities*》(2010)에서 신체를 중점적으로 다루는데, 이발사 겸 외과의와 가발 제작자, 재단사 같은 전문가 집단이 광범위한 연결망을 구축하여 신체에 관한 관심을 공유했다고 주장한다.

의학과 의학사

의학과 의학사의 수준이 향상하고 체계가 발전하자 의대생 교육과 양성에 의학사가 활용되었고, 아커크네히트의 관심사가 학계에 반향을 일으키며 새로운 관점을 도입했다. 프랭크 휘스먼Frank Huisman과 존 할리 워너는 의학의 역사를 소개하는 저술에서 18세기부터 제2차 세계대전까지 의학과 역사의 관계를 다루는 다양한 관점을 조사한다. 두 학자는 의학사를 기록하는 전통적인 방식을 밝히는 동시에, 과거보다 환원주의적인 의학을 배운 의대생들을 '인간화'하고, 과거의 의료 업적에서 의료 전문가가 영감을 얻을 수 있는 동기를 부여하고, 의학 지식과 관행의 한계를 겸허히 드러내는 도구로서 의학사가 과거의 지식과 치료에 관한 통찰을 발휘해온 방식을 보여준다("Medical Histories," in *Locating Medical History:*

The Stories and Their Meanings, 2006, 1-30). 의학과 의학사의 관계는 의료계에서도 탐구했다. 재컬린 더핀Jacalyn Duffin은 저서에서 전문 역사 지식을 보유한 의료 종사자는 역사 감수성을 발휘하여 의료 행위를 수행하는 동안 유용하다고 느꼈던 방식을 성찰한다고 주장한다(*Clio in the Clinic: History in Medical Practice*, 2005). 의학인문학은 의학사를 의학 교육 및 관행과 통합하는 새로운 방향을 제안했다. 이에 관해서는 다음 문헌을 참고하라. Brian Dolan in "History, Medical Humanities and Medical Education" (*Social History of Medicine* 23, 2, August 2010: 393-405) 그리고 Alan Bleakley in *Medical Humanities and Medical Education: How the Medical Humanities Can Shape Better Doctors* (2015). 데이비드 존스, 제러미 그린, 재컬린 더핀, 존 할리 워너에 따르면 의학사는 의사에게 간접적으로 성격을 부여하고 겸손을 가르쳐서 좀 더 전체론적인 존재로 만드는 도구가 아니라, 의료 전문가가 갖춰야 할 임상 전문지식을 직접적으로 전수하는 수단이다. 의학사는 또한 질병에 관한 주체가 바뀌는 과정을 밝히고, 치료 효과에 대한 평가 변화를 조명하며, 의학 지식과 관행의 역사적, 사회적, 정치적, 경제적 위치에 주목하는 통찰을 제시한다 ("Making the Case for History in Medical Education," *Journal of the History of Medicine and Allied Sciences*, published online November 13, 2014).

새로운 방향

아커크네히트가 탐구한 수많은 주제는 관련 학문에 계속 영향을 주었고, 이 학문들은 20세기 후반 등장한 새로운 접근법의 여파로 크게 변화했다. 새로운 현안과 연대기를 연구하기 시작한 사회사학자 및 문화사학자들이 시간이 흐를수록 의학적 논제에 많은 관심을 보였다. 또한 의학사는 의학사회학과 인류학, 여성학 등 늘어나는 하위 분야에 영향받았으며, 반대로 주요 논제와 연구 대상 및 도구에 영향을 주기도 했다.

'의료 시장'과 환자

의학사에 대한 사회적, 경제적, 문화적 접근은 사회학 및 '아래로부터의 역사'가 촉발하고, 의료 시장과 관계를 형성하는 환자의 역할 및 의료 시장의 역학을 탐구하는 학자들이 자극했다. 사회학자 N. D. 주슨N. D. Jewson은 논문 〈Medical Knowledge and the Patronage System in 18th Century England〉(*Sociology* 8, 3, September 1974: 369-85)에서 환자와 의사가 협상한 결과로 의학 지식이 탄생한다고 주장했고, 그러한 주장은 환자의 관점에서 역사를 재조명해야 한다는 로티 포터의 주장에도 반영되었다(Roy Porter, "The Patient's View: Doing Medical History from Below," *Theory and Society* 14, 2, March 1985: 175-98). 환자의 질병 경험이 의료 관계 구조의 중심축이라는 것에 주목한 인류학 연구도 눈길을 끌었다(Arthur Kleinman, *The Illness Narratives: Suffering, Healing, and the Human Condition*, 1988). 사회경제학적 차원에서 환자와 의료 행위에 초점을 맞추는 접근법은 수많은 문헌에 영감을 주었고, 미래 의학을 분석하는 과정에 환자를 중심에 두도록 만들었다. 역사학자들은 환자가 어떤 식으로 질병을 경험했는지(Roy Porter and Dorothy Porter, *In Sickness and in Health: The British Experience, 1650-1850*, 1989), 환자가 아픈 상황을 대비하여 무슨 일을 했는지(Dorothy Porter and Roy Porter, *Patient's Progress: Doctors and Doctoring in Eighteenth-Century England*, 1989), 환자가 '의료 시장'에서 고를 수 있는 선택지는 무엇인지(Roy Porter, *Health for Sale: Quackery in England, 1660-1850*, 1989), 그리고 의학 전문화와 지식 생산의 변화가 환자 선택을 어떻게 제한했는지 조사했다(Mary Fissell, *Patients, Power and the Poor in Eighteenth-Century Bristol*, 1991). 환자에게 목소리를 되찾아주는 프로젝트가 진행되는 동안, 환자 병력 청취는 처음부터 비난받았다. 임상 측면에서 환자를 바라보는 것이 곧 권력이라는 푸코의 사상을 바탕으로, 사회학자 데이비드 암스트롱David Armstrong은 환자를 있

는 그대로 아는 건 거의 불가능하다고 경고했다. 그리고 환자를 '사회 인식의 산물'로 보는 것만이 가능하다고 설명했다("The Patient's View," *Social Science & Medicine* 18, 9, 1984: 737-44, 743). 암스트롱에게 자극받은 역사학자들은 최근 들어 환자의 역사가 상대적으로 미비하게 발전했음을 지적하고, 환자라는 범주를 재검토해야 한다고 촉구했다(Flurin Condrau, "The Patient's View Meets the Clinical Gaze," *Social History of Medicine* 20, 3, December 2007: 525-40). 20세기에 나타나는 환자 행동주의는 역사학자가 환자와 의학 지식의 관계를 탐구하는 새로운 기회를 창출했다. 관련 문헌은 다음과 같다. Steven Epstein, *Impure Science: AIDS, Activism, and the Politics of Knowledge* (1996); Alondra Nelson, *Body and Soul: The Black Panther Party and the Fight against Medical Discrimination* (2011). '의료 소비자consumer patient'가 증가하는 현상도 최근 연구되기 시작했으며, 관련 문헌은 다음과 같다. Nancy Tomes, "Merchants of Health: Medicine and Consumer Culture in the United States, 1900-1940," *Journal of American History* 88, 2 (September 2001): 519-47 그리고 Alex Mold, "Repositioning the Patient: Patient Organizations, Consumerism, and Autonomy in Britain during the 1960s and 1970s," *Bulletin of the History of Medicine* 87, 2 (2013): 225-49.

환자와 질병 경험에 집중되는 관심은 의학의 역사에 주관성이 도입되어 광범위하게 역사의 균형이 변화하고 있음을 알려준다. 이 같은 의학사의 변화는 감각, 감정, 고통을 연구하는 새로운 학문 흐름으로 구체화되었다. 역사학자들은 의학 진단에 감각적 인식이 중요함을 강조하고, 감각 인식을 의학 및 문화적 연구 대상으로 삼아 조사했다(Alain Corbin, *The Foul and the Fragrant: Odor and the French Social Imagination*, 1986; William Bynum and Roy Porter, eds., *Medicine and the Five Senses*, 1993;

Lisa Cartwright, *Screening the Body: Tracing Medicine's Visual Culture*, 1995; Elizabeth Harvey, *Sensible Flesh: On Touch in Early Modern Culture*, 2003; Robert Jütte, *A History of the Senses: From Antiquity to Cyberspace*, 2005; Alexandra Hui, *The Psychophysical Ear: Musical Experiments, Experimental Sounds*, 1840-1910, 2012). 고통과 감정의 역사는 생리학과 심리학을 연결하는 새로운 방법을 제공하고, 역사학자가 역사의 주관성을 탐구하도록 유도했다. 역사학적으로 고통을 성찰한 문헌은 다음과 같다. Elaine Scarry, *The Body in Pain: The Making and Unmaking of the World* (1985); Martin Pernick, *A Calculus of Suffering: Pain, Professionalism, and Anesthesia in Nineteenth-Century America* (1985); Andrew Hodgkiss, *From Lesion to Metaphor: Chronic Pain in British, French and German Medical Writings, 1800-1914* (2000); Esther Cohen, *The Modulated Scream: Pain in Late Medieval Culture* (2010); Joanna Bourke, *The Story of Pain: From Prayer to Painkillers* (2014). 역사학적으로 감정을 성찰한 문헌은 다음과 같다. Thomas Dixon, *From Passions to Emotions: The Creation of a Secular Psychological Category* (2003); Joanna Bourke, *Fear: A Cultural History* (2005); Jan Plamper and Benjamin Lazier, eds., *Fear: Across the Disciplines* (2012); and Jan Plamper, *The History of Emotions: An Introduction* (2015). 고통과 감정을 융합하여 고찰한 문헌은 다음과 같다. Robert Boddice, ed., *Pain and Emotion in Modern History* (2014).

신체

환자에 관심을 두는 것과 관련이 있지만 다른 차원에서 결과를 창출하는 새로운 분석 분야로, 신체에 집중하는 연구도 병행되었다. 인류학, 여성학, 사회학, 문학, '아래로부터의 역사', 푸코가 주창한 '생물학' 개넘, 그리고 중세 시대에 관한 관심이 증가하며 등장한 수많은 학문적 접근 및 이론과 대화를 주고받은 역사학자들은 '신체 자체에 역사가 있을지도 모른다'는 사상을 진지하게 받아들이기 시작했다(Caroline Walker Bynum, "The Female Body and Religious Practice in the Later Middle Ages," in *Fragmentation and Redemption: Essays on Gender and the Human Body in Medieval Religion*, 1991, p. 195).

의학은 인체를 연구하고 해석하고 관리하는 역할을 해왔기에, 역사에 등장하는 인체를 탐구하는 데 특히 유용한 도구로 여겨졌다. 인체의 역사는 부분적으로 환자에 대한 관심과 겹쳤다. 바르바라 두덴Barbara Duden 은 《*The Woman Beneath the Skin: A Doctor's Patients in Eighteenth-Century Germany*》(1991)에서 18세기 독일 의사가 기록한 사례를 바탕으로 여성 환자들이 자신의 몸과 질병 경험에 비추어 치료법을 깨닫고 설명하는 과정을 추적했다. 다른 학자들은 해부학 연구가 신체 구조와 기능에 대한 문화적 인식을 형성하고 표현하는 데 중요한 역할을 한다는 것을 강조했다. 구리야마 시게히사栗山茂久는 신체에 대한 중국인과 그리스인의 접근 방식을 비교하고, 문화적으로 다양한 거주 환경 및 사고방식이 신체를 감각적으로 인식하고 탐구하는 행위에 얼마나 큰 영향을 주는지 증명했다(*The Expressiveness of the Body and the Divergence of Greek and Chinese Medicine*, 1999). 캐서린 파크Katharine Park는 《*Secrets of Women: Gender, Generation, and the Origins of Human Dissection*》(2006)에서 '은밀한' 여성 신체와 생식에 관한 의학적, 문화적, 종교적 관심이 교차하는 지점에서 인체 해부가 지식 창출의 장이 되었다고 밝혔다. 캐슬린 브라운Kathleen Brown은 《*Foul Bodies: Cleanliness in Early America*》(2009)에서 신체를 단련하고 깨끗이 하는 관행과 의학 지식의 관계를 탐구했다.

일부 학자들은 중세 여성들이 겪은 영적인 경험을 신체적 관점에서 해석하거나 의사와 과학자들이 지식 전달의 수단으로 신체 기능을 동원한 방법들을 탐구하기 위해 심신이원론의 변화 양상을 조사했다(Caroline Walker Bynum, "The Female Body and Religious Practice in the Later Middle Ages" in *Fragmentation and Redemption: Essays on Gender and the Human Body in Medieval Religion*, 1991: 181-238; Christopher Lawrence and Steven Shapin, eds., *Science Incarnate: Historical Embodiments of Natural Knowledge*, 1998).

의학사학자와 인류학자들은 현대 생물의학에서 신체 부위와 조직을 상품화하는 실태에도 주목했다(Hannah Landecker, *Culturing Life: How Cells Became Technologies*, 2009; Nancy Scheper-Hughes and Loic Wacquant, eds., *Commodifying Bodies*, 2002; Kara Swanson, *Banking on the Body*, 2014.)

여성학이 가한 충격, 젠더, 섹슈얼리티

여성학과 젠더, 섹슈얼리티에 관한 연구는 의학사학자들이 성性을 탐구하고 젠더 특성을 가지는 신체를 연구하도록 영감을 주었다. 초기 여성학적 관점은 의학의 역사에 숨겨진 여성의 업적을 재조명해야 한다고 강조하고, 여성 치료사의 역사를 탐구했다. 이 분야에 큰 영향력을 미친 연구는 다음과 같다. Susan Reverby, *Ordered to Care: The Dilemma of American Nursing, 1850-1945* (1987); Laurel Ulrich, *A Midwife's Tale: The Life of Martha Ballard, Based on Her Diary, 1785-1812* (1990); Margarete Sandelowski, *Devices and Desires: Gender, Technology, and American Nursing* (2000); Monica Green, *The Trotula: A Medieval Compendium of Women's Medicine* (2001); Janet Golden, *A Social History of Wet Nursing in America: From Breast to Bottle* (2001); Alisha Rankin, *Panaceia's Daughters: Noblewomen as Healers in Early Modern Germany* (2013). 역사학자들은 또한 환자로서의 여성을 탐구하고, 여성(혹은 남성)의 신체를 의학적으로 어떻게 관리했는지 탐구했다. 여기에는 히스테리, 위황병 등 전통적으로 여성의 병으로 여겨진 질병에 대한 조사도 포함되었다. 이처럼 의학에 젠더가 개입된 역사를 다룬 문헌은 다음과 같다(Elaine Showalter, *The Female Malady: Women, Madness, and English Culture, 1830-1980*, 1987; Keith Wailoo, "'Chlorosis' Remembered: Disease and the Moral Management of American Women" in *Drawing Blood: Technology and Disease Identity in Twentieth-Century America*, 2002, 17-46; Mark Micale, *Hysterical Men: The Hidden History of Male Nervous Illness*, 2008). 젠더에 대한 이상ideal과 기대를 다룬 문헌은 다음과 같다(Peter Stearns, *Fat History: Bodies and Beauty in the Modern West*, 1997; Sander Gilman, *Making the Body Beautiful: A Cultural History of Aesthetic Surgery*, 1999).

역사학자들은 생리, 폐경, 사춘기, 처녀성virginity, 출산, 수유 등을 분석하여 여성 생리학을 탐구하기도 했다. 관련 문헌은 다음과 같다. Rima Apple, *Mothers and Medicine: A Social History of Infant Feeding, 1890-1950* (1987); Helen King, *The Disease of Virgins: Green Sickness, Chlorosis, and the Problems of Puberty* (2004); Elizabeth Watkins, *The Estrogen Elixir: A History of Hormone Replacement Therapy in America* (2007); Lara Freidenfelds, *The Modern Period: Menstruation in Twentieth-Century America* (2009). 남성 신체와 남성성의 형성을 탐구한 문헌은 다음과 같다. Joanna Bourke, *Dismembering the Male: Men's Bodies, Britain, and the Great War* (1996), Sandra Cavallo, *Artisans of the Body in Early Modern Italy: Identities, Families and Masculinities* (2010), 그리고 Jessica Meyer, *Men of War: Masculinity and the First World War in Britain* (2012).

1990년대에는 여성학적 접근, 젠더 연구, 퀴어queer 이론 등이 결합하면서 역사 속 성적 지향 및 성에 관한 탐구가 활발하게 진행되었다. 이와 관련한 문헌은 다음과 같다. Danielle Jacquart and Claude Thomasset, *Sexuality and Medicine in the Middle Ages* (1989); Mary Odem, *Delinquent Daughters: Protecting and Policing Adolescent Female Sexuality in the United States, 1885-1920* (1995); Mark Jordan, *The Invention of Sodomy in the Middle Ages* (1997); Karma Lochrie, Peggy McCracken, and James A. Schultz, eds., *Constructing Medieval Sexuality* (1997); Helmut Puff, "Female Sodomy: the Trial of Katherina Hetzeldorfer (1477)," in *Journal of Medieval and Early Modern Studies* 30 (2000): 41-61; Siobhan Somerville, *Queering the Color Line: Race and the Invention of Homosexuality in American Culture* (2000); Mary Louise Roberts, *Disruptive Acts: The New Woman in Fin-de-Siècle France* (2002). 최근 여성학은 기존의 성별 및 젠더 범주를 굳히기 위해 과학적, 의학적으로 어떠한 일들이 진행되었는지 폭로했다. 이에 관한 문헌은 다음과 같다. Anne Fausto-Sterling, *Sexing the Body: Gender Politics and the Construction of Sexuality* (2000); Rebecca Jordan-Young, *Brainstorm: The Flaws in the Science of Sex Differences* (2010); Sarah Richardson, *Sex Itself: The Search for Male and Female in the Human Genome* (2013).

인종

인종 또한 현대에 정치적, 사회적으로 관심을 모았을 뿐만 아니라, 신체에 대한 호기심이 증가한 영향으로 의학사 연구의 중심 주제가 되었다. 최근 학술지《이시스*Isis*》의 특별호는 인종에 관한 학문을 살펴보고, 인종과 과학을 역사적으로 연구하여 다양한 차원에서 확장하는 방법을 제안했다. 그리고 의학이 인종을 연구하는 학자들에게 놀라울 만큼 관심을 받지 못한 분야라고 설명했다(Isis Focus Issue "Relocating Race," *Isis* 105, 4, December 2014). 앞에서 언급했듯, 인종은 의학사학자가 놀라운 업적을 남길 수 있는 분야이며 이미 수많은 연구가 진행되었다. 토드 사빗 Todd Savitt은 《*Medicine and Slavery: The Diseases and Health Care of Blacks in Antebellum Virginia*》(1981)에서 미국 남북전쟁 이전 남부 개척지에서 살았던 흑인 노예의 건강 상태와 건강 관리법을 설명하고 이러한 주제가 의학 연구에서 어떻게 다루어졌는지 논의한다. 키스 와일루는 2011년 《*How Cancer Crossed the Color Line*》에서 암을 주제로 인종과 질병 간의 복잡한 상호작용을 탐구했고, 말리 와이너Marli Weiner는 남북전쟁 이전 노예제도 내에서 인종화된 신체와 질병을 극복하는 과정을 그렸다(*Sex, Sickness, and Slavery: Illness in the Antebellum South*, 2014). 런디 브라운Lundy Braun은 폐활량 측정에 인종 정체성을 부여했던 사례를 조사하여 진단 기술과 인종 간의 관계를 밝혔다("Spirometry, Measurement, and Race in the Nineteenth Century," *Journal of the History of Medicine and Allied Sciences* 60, 2, March 2005: 135-69). 앤 폴록Anne Pollock과 조너선 칸Jonathan Kahn은 인종이라는 렌즈를 통해 치료 및 의약품 개발의 역사를 조명했다(Anne Pollock, *Medicating Race: Heart Disease and Durable Preoccupations with Difference*, 2012; Jonathan Kahn, *Race in a Bottle: The Story of BiDil and Racialized Medicine in a Post-Genomic Age*, 2013). 현대에 발전한 유전학과 유전체학은 인종 연구에 새로운 자극을 주었다. 나디아 아부 엘 하지Nadia Abu El-Haj는 《*The Genealogical Science: The Search for Jewish Origins and the Politics of Epistemology*》(2012)에서 유전자의 역사를 탐구하고, 인종 집단의 기원을 이해하려 시도한 연구를 추적했다. 다음 두 권의 책은 인종과 유전학의 교차점에서 도출된 논제들을 다루는 참신한 학문적 접근법을 제시한다(Barbara Koenig, Sandra

Soo-Jin Lee, and Sarah Richardson, eds., *Revisiting Race in a Genomic Age*, 2008; Keith Wailoo, Alondra Nelson, and Catherine Lee, eds., *Genetics and the Unsettled Past: The Collision of DNA, Race, and History*, 2012).

식민지 시대와 식민지 이후 시대의 의학, 그리고 세계 의학사

인종과 젠더를 다루는 학문은 식민주의 및 제국주의, 그리고 탈식민지 이론 및 종속 집단에 관한 연구로부터 압력을 받아 상당히 발전했다. 그러한 배경에서 학자들은 세계 의학사에 주목하기 시작했다. 많은 의학 사학자와 제국주의 역사학자가 건강과 의학이 식민지 정복에서 중요한 도구였다는 사실을 지적했다. 그리고 제국주의 강대국이 식민지를 개화하는 동시에 통제하는 수단으로 의학을 사용한 사례를 탐구했다. 존 파리John Farley는 《*Bilharzia: A History of Imperial Tropical Medicine*》(1991)에서 '열대 의학tropical medicine'이 식민지 정복 과정에 어떠한 역할을 했는지 강조했다. 조너선 사도스키Jonathan Sadowsky는 《*Imperial Bedlam: Institutions of Madness in Colonial Southwest Nigeria*》(1999)에서 식민지 정신과학이라는 매력적인 주제를 다루었다. 워윅 앤더슨Warwick Anderson은 《*Colonial Pathologies: American Tropical Medicine, Race, and Hygiene in the Philippines*》(2006)에서 미국이 필리핀을 식민 지배하는 동안 의학과 공중보건이 어떻게 기능했는지 조명하고, 미국 의사들이 필리핀에서 백인 남성 식민지 개척자가 마주할 건강 '위협 요소'를 개념화한 과정을 추적했다. 앨리슨 배시퍼드Alison Bashford는 《*Imperial Hygiene: A Critical History of Colonialism, Nationalism and Public Health*》(2004)에서 공중보건이 오스트레일리아에서 벌어지는 인종차별을 뒷받침하는 도구라고 밝혔다. 데이비드 아널드David Arnold의 《*Colonizing the Body: State Medicine and Epidemic Disease in NineteenthCentury India*》(1993)와 클레어 앤더슨Clare Anderson의

《*Legible Bodies: Race, Criminality and Colonialism in South Asia*》(2004)는 인체가 의학적, 과학적 개입이 일어나는 식민 권력의 중심지라고 설명했다. 로라 브릭스Laura Briggs는 《*Reproducing Empire: Race, Sex, Science, and U.S. Imperialism in Puerto Rico*》(2002)에서 미국이 푸에르토리코를 통치하는 과정에 젠더가 중심 역할을 했음을 설명했다.

제국주의 역사학 연구자들이 중심-주변부 관계에만 집중하던 것에서 벗어나 아제국주의subimperialism와 간間제국주의transimperialism와 주변부-주변부 관계를 탐구하기 시작하면서, 식민지 의학의 역사 또한 새로운 추세에 따라 연구되었다. 워윅 앤더슨은 《*The Collectors of Lost Souls: Turning Kuru Scientists into Whitemen*》(2008)에서 이전에 고립되었던 파푸아 뉴기니의 포레족이 백인 연구원을 만나 국제적인 과학 교류 네트워크에 들어가는 과정을 탐구했다. 앤 딕비Anne Digby, 발트라우트 에른스트Waltraud Ernst, 프로지트 무카지Projit Mukharji가 집필한 《*Crossing Colonial Historiographies: Histories of Colonial and Indigenous Medicines in Transnational Perspective*》(2010)는 식민지 역사에 새로운 접근을 도입한 수많은 학자를 언급했다.

식민지 학문의 다양성은 '세계적' 관점으로 의학을 보도록 자극했다. 의학사를 바라보는 세계적 관점이 어느 형태여야 한다는 공감대는 거의 형성되지 않았지만, 기본적으로는 비서구적 관점에 집중하고, 질병 통제를 위해 전 세계적으로 이루어진 시도를 추적하고, 생물의학이나 생물의학 교육처럼 겉보기엔 세계적이지만 본질은 비세계적인 개념에 주목하고, 세계적 관점을 일부 지역에도 도입하고, 예기치 않게 형성된 세계적 연결망을 밝히는 활동을 의미한다. 2013년에 학술지 《이시스》는 그간 무시되었던 라틴아메리카 지역의 의학과 과학을 세계적 관점에서 접근하는 연구에 집중했다. 여기서 마리올라 에스피노사Mariola Espinosa는 라틴아메리카의 역사, 세계사, 질병, 공중보건, 의학사를 연결하는 독특한 접근법이 등장하기 시작했다고 주장했다("Globalizing the History of Disease, Medicine, and Public Health in Latin America," *Isis* 104, 4, December 2013: 798-806). 에스피노사는 《*Epidemic Invasions: Yellow Fever and the Limits of Cuban Independence*》(2009)에서 복잡한 국제 정치에 세계적인 보건 위기가 어떻게 동원되었는지 탐구했다. 세계적 관점은 국내외 보건 기구의 역사를 조사하고, 질병을 통제하거나 퇴치하려고 시도한 조직적 활동을 탐구하는 학문에서 탄생한다(E. Richard Brown, *Rockefeller Medicine Men: Medicine and Capitalism in America*, 1979; Marcos Cueto, *Missionaries of Science: The Rockefeller Foundation and Latin America*, 1994; Paul Weindling, ed., *International Health Organisations and Movements, 1918-1939*, 1995; Javed Siddiqi, *World Health and World Politics: The World Health Organization and the UN System*, 1995; Sanjoy Bhattacharya, *Expunging Variola: The Control and Eradication of Smallpox in India, 1947-1977*, 2006; Randall Packard, *The Making of a Tropical Disease: A Short History of Malaria*, 2007). 줄리 리빙스턴Julie Livingston 같은 학자는 상상 속의 존재와 같다는 점에서 생물의학에 한계가 있다고 지적했다. 리빙스턴은 보츠와나의 암 병동와 미국의 암 병동에서 겪는 암은 물질적, 사회적 측면에서 근본적으로 다르다고 설명한다(*Improvising Medicine: An African Oncology Ward in an Emerging Cancer Epidemic*, 2012). 클레어 웬들랜드Clare Wendland는 세계적 관점에서 볼 때 말라위 의학 교육에 내재한 민족지학은 교육 목표 및 효과가 독특하다고 말한다(*A Heart for the Work: Journeys through an African Medical School*, 2010). 수전 D. 존스Susan D. Jones는 《*Death in a Small Package: A Short History of Anthrax*》(2010)에서 특정 지역과 전 세계에 형성된 복잡한 상호작용을 탐구한다. 세계 지향적인 실험실 학문은 서구 과학이 세계로 전파되는 방식에 도전하며 지역 실험실 문화의 중요성을 강조한다(Pratik Chakrabarti,

Bacteriology in British India: Laboratory Medicine and the Tropics, 2012).
학자들이 세계적 관점에서 갈수록 복잡해지는 세계 의약품 연구 및 생산 실태를 탐구하자 제약의 역사도 완전히 바뀌었다(Adriana Petryna, Andrew Lakoff, and Arthur Kleinman, eds., *Global Pharmaceuticals: Ethics, Markets, Practices*, 2006).

새로운 매체

환자, 신체, 젠더, 인종, 세계적 관점 등 새로운 주제와 경향은 의학의 변화를 이끌었고, 의학사에도 표현의 변화를 유도했다. 이런 변화가 과장되어서는 곤란하지만, 새로운 매체는 기존 학술서와 학술지 논문을 보완하기 시작했다. 베를린에 설립된 막스플랑크 과학사연구소Max Planck Institute for the History of Science에서는 학자들이 1년간 특정 연구 주제를 공동 연구하여 새로운 형태의 출판물 '워킹 그룹 북Working Group Book'을 개발하고, 참신한 형식의 온라인 출판을 개척하고 있다. 예를 들어 이 연구소 프로젝트인 '가상 실험실: 생명의 실험화에 관한 글과 자료'는 짧지만 정교한 학술 논문을 디지털 사진 및 1차 자료와 결합하는데, 실험이나 기술 혹은 연구자 기준으로 내용을 검색할 수 있다(vlp.mpiwg-berlin.mpg.de). 의학사 블로그와 웹 사이트는 새로운 독자들과 학술적 대화를 나누기 위해 낯선 형식을 실험하고 있다. 이를테면 웹 사이트 소마토스피어Somatosphere는 의학인류학, 과학 기술 연구, 문화정신과학, 심리학, 생명윤리를 새로운 관점에서 논하거나 분야 간 융합을 시도하면서 독자와 교류한다(somatosphere.net). 의학사 웹 사이트는 많은 독자에게 학술 자료를 제공하고, 시사 문제에 관한 역사적 관점을 제시하며, 특정 주제를 두고 대화를 나누거나, 특정 작가의 학문적 성과를 매력적인 방식으로 꾸준히 소개한다(다음 사이트 참조, www.theguardian.com/science/the-h-word; genotopia.scienceblog.com; nursingclio.org; americanscience.blogspot.

com; remedianetwork.net). 의학, 과학, 기술의 역사에 관한 방대한 학술 자료는 whewellsghost.wordpress.com을 참조하면 된다. 의학사를 다루는 디지털 자료 및 학문에 관한 진지한 성찰은 다음 논문을 참조하라. Heidi Knoblauch and Nancy Tomes, "The History of Medicine in the Digital Age," *Bulletin of the History of Medicine* 88, 4 (2014): 730-33.

찾아보기

ㄱ

간추린 서양 의학사

서구 사회가 건강과 질병의 관점에서 몸을 이해해가는 과정

초판 1쇄 발행 2022년 1월 20일

지은이 에르빈 H. 아커크네히트
옮긴이 김주희

편집 강진홍
디자인 이수정

펴낸이 양미자
펴낸곳 도서출판 모티브북
등록번호 제313-2004-00084호
주소 서울시 마포구 토정로 222, 304호(한국출판콘텐츠센터)
전화 010 8929 1707, 팩스 0303 3130 1707
이메일 motivebook@naver.com

ISBN 978-89-91195-60-8 03500